高职高专"十二五"规划教材

园林植物保护

主编　胡作栋　杜勇军

U0345912

航空工业出版社

北京

内 容 提 要

本书主要介绍了园林植物保护的相关知识,全书共分 6 部分,具体内容包括绪论、园林植物病害鉴别、园林植物害虫与天敌鉴别、园林植物病虫害综合治理、园林植物病害防治,以及园林植物害虫防治。

本书可作为职业技术院校园林类专业教学以及相关专业技术人员培训的教材,也可作为从事园林、农林业植物保护技术工作者的参考书。

图书在版编目(C I P)数据

园林植物保护 / 胡作栋,杜勇军主编. -- 北京:
航空工业出版社,2013.7
ISBN 978-7-5165-0226-6

Ⅰ. ①园… Ⅱ. ①胡… ②杜… Ⅲ. ①园林植物-植物保护-高等职业教育-教材 Ⅳ. ①S436.8

中国版本图书馆 CIP 数据核字(2013)第 161090 号

园林植物保护
Yuanlin Zhiwu Baohu

航空工业出版社出版发行
(北京市安定门外小关东里 14 号　100029)
发行部电话:010-64815615　010-64978486

北京忠信印刷有限责任公司印刷　　　全国各地新华书店经售
2013 年 7 月第 1 版　　　　　　　　2013 年 7 月第 1 次印刷
开本:787×1092　　1/16　　印张:17.25　　字数:388 千字
印数:1—3000　　　　　　　　　　　定价:38.00 元

序

　　园林绿化是城市现代化建设的重要组成部分。人们利用丰富的园林树木、草坪和花卉资源对环境进行绿化、美化和香化，不仅创造了优美的生活环境，净化了空气，减少了噪声，改善了小区域气候环境，而且还能在陶冶人的情操、传播文化方面起到很大的作用。

　　然而，园林植物在生长发育的过程中，常因遭受病虫的为害而导致生长不良，降低了观赏价值及绿化效果，而且还会直接影响人们的正常工作和生活秩序。园林病虫害防治是城市园林绿化养护管理的重要组成部分，是城市绿化、美化事业健康、有序和可持续发展的重要基础，是巩固、提高和发展城市绿化美化成果的重要措施。

　　随着现代生产力的发展和人民生活水平的提高，人们对生活的追求将从数量型转为质量型，从物质型转为精神型，从室内型转为户外型，生态休闲正在成为人们日益增长的生活需求，建设生态城市已成为城市发展的焦点和经济社会可持续发展的重要基础。因此，城市园林建设越来越受到重视，社会对园林类专业人才的需求日益增加。从事园林工作岗位的高技能人才和生产一线的技术管理型人才的培养，自然就成为园林类高等职业教育关注的重点。

　　《园林植物保护》教材是在航空工业出版社的精心组织和全力支持下编写的。按照教育部对高等职业教育教材建设的要求，以职业能力培养为核心，集中体现专业教学过程与相关职业岗位工作过程的一致性，以培养综合技能为重点，突出技能培训与生产实际相结合，从而满足培养实用型和应用型园林技术人才的需要。

　　本教材由胡作栋研究员、杜勇军副研究员主编，西北农林科技大学教授刘绍友担任主审。其内容包括园林植物病害鉴别、园林植物害虫与天敌鉴别、园林植物病虫害综合治理、园林植物病害防治、园林植物害虫防治等。本教材广泛吸收植物保护研究领域的最新成果，其中包括作者近二十年来从事园林、园艺植物保护技术研究与推广工作中的新发现、新成果。本教材以我国北方园林植物病虫害为重点，详细阐述了 33 种病害和 49 种害虫的发生规律和综合治理技术，并配以插图 100 余幅，增加了教材内容的直观性和可读性。

　　本教材的特点是集中体现了国家关于高等职业教育在满足适度理论的基础上，主要加强学生的技能培养，使之成为较高层次的专业技术人才的要求。教材内容尽量结合生产或工作实际，做到图文并茂，可作为高等职业院校园林类专业教学以及相关专业技术人员培训的教材，也可作为园林、农林业植物保护技术工作者的参考书。希望本教材为推动和实现园林类专业教学改革与发展做出应有的贡献。

中国科学院动物研究所

2013 年 6 月 19 日

编者的话

园林植物种类繁多，形态各异，以其丰富的色彩、风韵和芳香为城市增色。园林植物不但具有美化环境、陶冶情操的功能，还具有改善环境、净化空气的作用，可有效地调节环境小气候。在实施城市可持续发展战略中，生态化城市已成为可持续发展的方向。在此背景下，园林病虫害管理理念逐步更新、完善并渗入园林科研、生产的实践中。采用科学的园林病虫害防治策略，是园林植物及其景观功能健康和良性发展的重要保证。

《园林植物保护》教材是按照教育部对高等职业教育教材建设的要求，以职业能力培养为核心，以培养高技术、高技能人才为目标，以培养园林植物病虫害综合防治能力为重点，在理论上注重知识的全面性和系统性，在实践上强调理论联系实际，注重技能的培养和实用性，系统阐述了园林植物病虫害防治的基本理论及应用技术。

本书内容包括园林植物病害鉴别、园林植物害虫与天敌鉴别、园林植物病虫害综合治理、园林植物病害防治，以及园林植物害虫防治等内容。本教材广泛吸收植物保护研究领域的最新成果，集中体现专业教学过程与相关职业岗位工作过程的一致性，突出技能培训与生产实际相结合，满足培养实用型和应用型园林技术人才的需要。在编写的过程中，充分考虑高等职业教育改革精神和特点，体现重点突出、实用为主、够用为度的原则。本教材以我国北方园林植物病虫害为重点，详细阐述了33种病害和49种害虫的发生规律和综合治理技术，并配以插图100余幅，增加了教材内容的可读性和直观性。书中的许多生态图片均为胡作栋近20年在田间拍摄的，并由何浩在电脑中进行处理。

本书由胡作栋、杜勇军任主编，胡美绒、何浩、张富和任副主编。其中张富和编写第1章，胡美绒编写第2章，何浩编写绪论和第3章，杜勇军编写第4章，胡作栋编写第5章，全书的整理、统稿由胡作栋完成。西北农林科技大学教授刘绍友担任主审。中国科学院动物研究所研究员、中国科学院研究生院博士生导师乔格侠作序。在此对刘绍友教授、乔格侠研究员严谨的科研态度、认真务实的工作精神表示衷心的感谢！

本书在编写的过程中参考了大量的文献资料，其中许多插图来源于这些参考文献，在此对文献的作者表示衷心的谢忱！还要感谢西安天虹园林绿化有限公司、陕西省西安植物园的全力支持和配合。

由于园林植物病虫害种类繁多，涉及面广，加之编者水平所限，错误和不当之处在所难免，敬请广大读者批评指正，以便今后修改、补充和完善。

编　者
2013 年 6 月

本书编委会

主　审：刘绍友

主　编：胡作栋　　杜勇军

副主编：胡美绒　　何　浩　　张富和

目 录

绪 论

第一节 学习《园林植物保护》的重要意义

园林植物是适用于园林绿化的植物材料，包括木本和草本的观花、观叶和观果植物，以及适用于园林、绿地和风景名胜区的防护植物与经济植物。园林绿化是城市现代化建设的重要组成部分。人们利用丰富的园林树木、草坪和花卉资源对环境进行绿化、美化和香化，不仅创造了优美的生活环境，净化了空气，减少了噪声，改善了小区域气候环境，而且还能在陶冶人的情操、传播文化上起很大的作用，经济效益、社会效益和生态效益都非常明显。

然而，这些园林植物在生长发育的过程中，常因遭受病虫的为害而导致生长不良，叶、花、果、茎、根出现坏死斑，或发生畸形、凋萎、腐烂及形态残缺不全、落叶等现象，失去观赏价值及绿化效果，甚至整株、成片衰败或死亡，从而降低了花木的质量，使其观赏价值及绿化效果的功能得不到充分的发挥，造成重大经济损失，而且还会直接影响人们的正常工作和生活秩序，甚至造成人身伤亡事故。

园林植物保护是城市园林绿化养护管理的重要组成部分，是城市绿化、美化事业健康、有序和可持续性发展的重要基础，是巩固、提高和发展城市绿化、美化成果的重要措施。如何实现园林植物病虫害可持续性地控制，是城市园林绿化决策者和管理者迫切需要解决的问题，也是城市园林植物病虫害防治工作由被动防治逐步走上主动地、顺应自然地和科学地控制轨道的关键。

我国园林植物上的病害有 5 000 多种，害虫和其他有害动物 8 000 多种，且随着国际贸易的频繁进行，还会传入新的病虫害。这些病虫害将对城市绿化和美化构成直接或潜在威胁。因此，在进行园林绿化建设时，只注重种植和造景是远远不够的，还要注重园林植物的有效管理，特别是园林植物病虫害的综合防控。

第二节 园林植物保护的主要内容和任务

园林植物保护是研究园林植物病虫害发生、流行规律及防治原理与方法的科学，属于应用科学范畴，直接服务于城市绿化、美化、香化和园林生产。内容涉及园林植物病理学和园林植物害虫学两个方面，主要包括病虫的形态特征、症状与为害特点、发生发展规律和防治技术等。通过学习掌握本学科的基本概念、基础知识和实际操作技能，密切联系实际，利用一切现代技术，采取综合治理措施，安全、有效、经济地将病虫害控制在允许水平以下，以避免、消除或减少病虫害对园林植物的危害，充分发挥园林植物的最佳生态效益、美学效益、社会效益和经济效益。

园林植物保护的基本任务，是在正确判定危害园林植物的因素（特别是生物因素），并在充分掌握其发生、发展规律的基础上，以生态学原理作为指导，以可持续控制为目标，灵活、正确、综合运用法规、园林技术、生物、物理和化学等手段把有害因素控制在人们能够忍受的范围内，确保园林植物健康生长和功能的正常发挥。其具体任务为：首先是保护城市绿化面貌，保护园林植物免受或少受外界不良环境因素和有害生物的危害，使园林植物能正常生长、发育，充分发挥其应有的绿化功能；其次是使花卉、果实、盆景和苗木等商品化园艺产品不因病虫的为害而降低产量和质量，影响市场销售，保护园林生产者的经济利益；第三是在引种驯化和种子种苗的交流过程中，防止危险性病虫以及其他有害生物的传播、蔓延；第四是保护风景区、旅游景点的固有特色和自然环境，促进旅游事业的发展。此外，控制某些病虫害，还能给人们提供良好的工作和生活环境。

第三节　园林植物病虫害发生与防治的特殊性

一、园林植物种类的多样性决定了园林植物病虫害种类的多样性

我国园林植物资源丰富，品种繁多，在风景区、公园、庭院及城市街道绿化中，为了达到四季花香，常年绿树成荫的效果，园林工作者常将花、草、树木和其他地被植物等巧妙而科学地配置在一起，形成一个独特的园林生态环境，从而使各种病菌、害虫都能寻找到适宜的小生态环境，病虫发生种类多而严重。

苗木调运使病虫害快速传播扩散。园林绿化苗木调运频繁，打破了植物分布的原有疆界。非当地原有的病虫种类，通过苗木调运传入，人为扩大了这些病虫害发生的地域范围，在新的环境条件下极易暴发成灾。又由于国际园林植物种类的频繁交流，新的园林植物种类不断引进，新的病虫种类不断携带而来，造成了非常大的损失。

二、脆弱的人工生态系统导致园林植物病虫害发生普遍而严重

城镇（风景区、公园、庭院和街道）是园林植物的主要栽植区，城镇环境是人工建造的特殊的生态环境，与园林植物病虫害之间存在着一种脆弱的生态关系，助长了园林植

病虫害发生。在园林植物方面，大多数植物品种都经过了长期的人工驯化，抗逆性减退；有的树龄高，已进入生长衰老时期，抗病虫能力减弱；有的因人工过度整形，生长不良。在环境方面，土壤坚实，透气性差，土层薄，生长空间狭窄，空气污染严重，光照不足，气温高，粉尘多，水分缺，创伤多，不利于园林植物的健康生长。在栽培方面，既有露天栽培、又有温室栽培，既有土地栽培、又有水体栽培、盆栽、室内盆栽，有利于园林病虫避开不宜生长发育的场所、时间，使得园林病虫互相传播、终年危害。

密集灯光的引诱，招引害虫迁入。大多数园林害虫，对灯光、特别是紫外线光有很强的趋性。园林绿化景观范围内，一般都有很强的灯光，其中还有紫色灯光陪衬，对昆虫形成了一个很强的诱集圈。这些灯光一方面可将周围的害虫诱入，使其为害程度加重；另一方面可将长途迁飞性害虫诱入，使其突发成灾。

三、园林植物病虫害防治标准要求高，防治技术实施难

有些园林植物以其古老、稀有、奇特和纪念意义而显得十分珍贵，有些园林植物因其所处的地理位置特别重要而对养护标准有特别高的要求。当这些具有特殊价值的园林植物，受到病虫危害后，需要采取特殊手段，不惜代价地进行抢救和防治。

城市人口密集，公园、风景区和街道游（行）人众多，采用常规的喷药防治办法，虽能快速、直接消灭某些病虫害，但有些农药却会污染花木，影响景观，并且还会污染环境，影响人类的健康。因此，改进栽培技术措施，将病虫害防治贯穿于花木养护的各个环节，创造不利于病虫害发生的环境条件以及逐步推广应用生物防治措施等，对控制园林植物病虫害的发生显得更为重要。

第四节　园林植物保护工作的发展概况

世界各国开展园林病虫害防治工作大多在 20 世纪初，我国对园林病虫害较为系统的研究开始于 20 世纪 70 年代末 80 年代初。1984 年由原城乡建设环境保护部下达的《全国园林植物病虫害、天敌资源普查及检疫对象研究》课题，组织了全国 44 个大中城市的园林植物保护工作者参加了这项调查研究工作，历时 3 年得以完成。通过这次普查，初步摸清了我国园林病虫害的种类、分布、危害程度和园林病虫天敌的种类等，并初步提出了我国园林植物病虫检疫对象的建议名单，为今后进一步开展主要病虫害的管理研究奠定了基础。近年来，随着园林事业的蓬勃发展，园林病虫害的研究也不断深入，对危害我国园林植物较为严重的有害生物开展了专项研究，对危害花木病虫的专题研究报告也日益增多，并出版了许多有关草坪、观赏植物、城市绿化树木病虫害防治的专著。

1992 年 6 月联合国"世界环境与发展大会"的召开，标志着人类对环境与发展关系

的认识有了一个质的飞跃,提出了一些有害生物管理的新策略和新思路,主要有植物保健、生态管理、有害生物的可持续控制等。这些策略和思路在观念上是一个飞跃,其关键在于把以前对有害生物的被动"治理"变为充分利用和完善园林生态系统、促进其防疫机能,实现主动"预防"。从规划上动脑筋,从园林植物与环境的关系出发,设计一个能够有效降低病虫发生几率的方案;从栽培上下工夫,选用良种壮苗,加强水肥管理,清除害源,从基础上降低病虫的发生几率;从技术上做文章,运用高新技术和现代手段,以尽可能小的环境和经济代价获取尽可能好的病虫控制效果。

第五节　园林植物保护课程的学习方法

一、提高认识,培养兴趣

园林植物病虫害防治是园林植物生产过程中一个重要环节,关系园林绿化的成败和绿化效果的发挥,学习园林植物保护课程,掌握科学防治园林植物病虫害的理论与方法,对保证园林植物的可持续发展具有十分重要的作用。兴趣是最好的老师,观察和研究自然,识别病虫种类,探索病虫的发生规律,发现自然界中的一个又一个奥秘,也是十分有趣的,园林植物保护课程的学习为我们打开了观察自然界的又一个窗口。

二、理解理论,注重实践

没有理论指导的实践是盲目的实践,离开实践的理论是一种空洞无用的理论。园林植物保护是一门具有广泛理论基础的实践性很强的应用科学,我们必须坚持理论与实践相统一的原则,从实践中学习,在学习中实践。要识别某一种害虫或病害,除了课堂教学外,更重要的是要到野外作实地考察。要掌握害虫的生活史,最好的办法就是进行室内人工饲养和不间断的田间观察、调查,通过饲养和田间观察、调查,不但能对害虫的各个虫态有初步的认识,而且能掌握其孵化、蜕皮、化蛹和羽化等变态过程,还可以发现害虫的嗜食寄主植物、部位和食量等习性,这样获得的知识往往印象深刻,有的甚至终生难忘。

三、抓住重点,举一反三

园林植物病虫害种类虽然繁多,但按其发生危害的频率和严重程度大体上可分为三类:第一类为常发性病虫,这类病虫发生量大,发生频率也高,如不及时有效地防治会造成严重的损失;第二类为偶发性病虫,通常情况下发生的数量很小,无须进行防治,但在某些特殊的情况下(例如气候条件特别适宜、自然控制作用的丧失等)发生数量较大,亦须组织防治；第三类为次要性病虫，这些病虫发生数量较小，达不到防治标准。在园林植物保护课程学习上，重点应放在第一类病虫上。如果对常发性主要病虫的发生规律及防治技术研究得比较清楚，那么对第二、三类病虫就能起到触类旁通的作用。

四、主动学习，教学相长

随着社会的发展和经济的发展，园林事业发展迅猛，有大量的园林植物种类被引进或引种驯化，因而新的病虫也被不断地发现，病虫防治的新技术也不断地涌现，我们要利用各种学习途径，特别是充分利用网络资源主动学习，及时掌握新知识。教学过程是一个师生互动的过程，教师要积极地提出问题，引导学生去思考，学生要积极主动地去发现问题，促进教师认真地钻研教学内容，做到教学相长。

复习思考题

1. 学习园林植物保护课程有什么现实意义？
2. 园林植物病虫害防治与其他植物病虫害防治比较有何特殊性？
3. 园林植物保护工作的发展趋势如何？

第一章　园林植物病害鉴别

第一节　园林植物病害基本知识

在长期的生物进化过程中，植物自身形成了一整套适应环境的生存能力、抵御外界不良因子侵袭的防护系统和自身内部相对于环境变化而进行的调节机制。只有当它们的防护系统被击破以及内部调节机制受到干扰时，病害才可能成为一个问题。研究园林植物病害一方面在理论上增进人们对园林植物病害发生的原因和发展规律等方面知识的了解，另一方面在实践上帮助人们预防、减轻和控制各种不利因素对园林植物造成的危害，保护它们正常的生长发育，形成优美的景观和良好的生态环境。

一、园林植物病害的含义

园林植物在生长发育和储运过程中，由于受到环境中物理化学因素的非正常影响或受到其他生物的侵染，导致生理、组织结构或形态上产生局部或整体上的不正常变化，使植物的生长发育不良，品质变劣，甚至引起死亡，造成重大经济损失和降低绿化效果及观赏价值，这种现象称为园林植物病害。

园林植物遭受其他生物侵袭或不适宜环境条件的影响后，首先是正常的生理程序发生改变，继而导致植物组织结构和外部形态产生一系列的变化，表现出病态。这一系列逐渐加深和持续发展的过程，称为病理变化过程，或简称病理程序。它与生物因素或非生物因素引起的损伤是不同的。例如，害虫和动物咬伤、机械损伤、风折、雪压和火灾等伤害没有引起植物发生病理变化过程，不能称为病害，而称为伤害或损伤。

园林植物病害的定义是从人类的经济观点而言的。有些园林植物，虽然受其他生物或不良环境因素的侵染和影响，表现出某些"病态"，但却增加了它们的经济价值和观赏价值，如碎锦郁金香、月季品种中的"绿萼"是由病毒和植原体侵染引起的；羽衣甘蓝是食用甘蓝叶的变态。这些虽然都是"病态"植物，但是由于提高了经济和观赏价值，人们将这些"病态"植物视为观赏园艺中的名花或珍品，因此不被当做病害。

二、园林植物病害的病原

园林植物病害必须要有植物和引起植物发病的因素。直接引起植物病害发生的因素称为病原，间接引起植物病害发生的因素则称为诱因。病原按其性质可分为生物性病原和非生物性病原两大类。

　　生物性病原主要是指以园林植物为寄生对象的一些有害生物，主要有真菌、病毒、细菌、植原体、寄生性种子植物、线虫和寄生螨螨类等，通常将这类病原也称为病原物或寄生物。其中，属于菌类（真菌及细菌）的又称为病原菌；被病原物寄生的植物称为寄主。由生物性病原引起的园林植物病害都能相互传染，故称为传染性病害或侵染性病害，也称寄生性病害。由于该类病害病原复杂，因此是园林植物病害研究重点。

　　非生物性病原是指一切不利于园林植物正常生长发育的环境因素，包括气候、土壤、营养和有毒有害物质等多种因素。例如，温度过高引起叶片、树干及果实的日灼；低温引起冻害；土壤水分不足引起植物枯萎；营养元素不足引起各种缺素症；空气和土壤中的有毒化学物质对植物的毒害等。凡由非生物性病原引起的园林植物病害都是不能互相传染的，故称为非侵染性病害或非传染性病害，也叫生理病害。

三、园林植物病害的发生因素

　　园林植物侵染性病害的发生是植物与病原在特定的外界环境条件下相互斗争，最后导致植物生病的过程。所以，影响植物病害发生的基本因素是：病原、寄主植物和环境条件，即植物病害发生的三要素，也称植物病害的三角关系。在侵染性病害中，病原物的侵染和寄主的反侵染活动，始终贯穿于植物病害的全过程。在这一过程中，病原物与寄主之间的相互作用受外界环境条件的制约。当环境条件有利于植物生长而不利于病原物的活动时，病害就难以发生或发展缓慢，甚至病害过程终止，植物仍保持健康状态，或受害轻微；反之，病害就能顺利发生或迅速发展，植物受害也重。例如，潮湿温暖有利于大多病原菌病害的发生，而控制媒介昆虫则能减轻病毒和植原体病害的流行。因此，植物侵染性病害形成的过程，是寄主和病原物在外界条件影响下相互作用的过程。

　　病原物的存在及其大量繁殖和传播是植物侵染性病害发生发展的重要因素。因此，消灭或控制病原物的传播蔓延是防治植物病害的重要措施。

　　园林植物非侵染性病害是各种不利的外界环境因素引起的植物病害，所以发病因素包括两个方面：一是某种不适宜的环境条件，二是园林植物对这种环境条件忍受的程度，即病原与植物之间的二元关系。如果不利的环境条件超越了植物本身的适应能力，必然导致园林植物非侵染性病害的发生。

　　在病害的消长过程中，人的作用（社会因素）也非常重要。许多病害都是人为因素传播的，人可以抑制或助长病害的发生发展。因此，园林植物病害受种种自然因素和社会因素的影响。

四、园林植物病害的症状

园林植物生病以后，会使正常的生理程序发生改变，最终导致植物组织结构和外部形态发生病变。植物生病后外部形态表现出来的不正常特征称为病害的症状。症状按性质可分为病状和病征。

生病植物本身的不正常表现称为病状。病原物在发病部位的特征性表现称为病征。通常病害都有病状和病征，但也有例外。非侵染性病害不是由病原物引发的，因而没有病征。侵染性病害中也只有真菌、细菌和寄生性种子植物有病征，病毒、植原体所致的病害无病征。也有些真菌病害没有明显的病征，在识别病害时应加以注意。

无论是非侵染性病害还是侵染性病害，都是由生理病变开始，随后发展到组织病变和形态病变。因此，症状是植物内部一系列复杂病理变化在植物外部的表现。各种植物病害的症状均有一定的特征和稳定性，对于植物的常见病和多发病，可以依据症状进行诊断。

园林植物病害的病状可分为斑点、叶枯、腐烂、矮缩和流胶等多种类型，如图 1-1 所示。

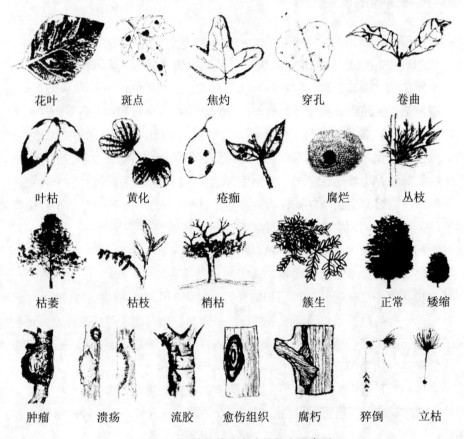

图 1-1　园林植物病害病状的主要类型

园林植物病害的病征主要有藻斑、霉状物、粉状物、点（粒）状物、木霉菌等类型，如图1-2所示。

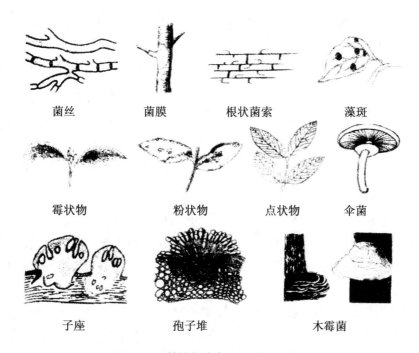

菌丝　　　　菌膜　　　　根状菌索　　　　藻斑

霉状物　　　　粉状物　　　　点状物　　　　伞菌

子座　　　　孢子堆　　　　木霉菌

图 1-2　园林植物病害病征的主要类型

有的病害只有病状没有可见的病征，如全部非侵染性病害、病毒病害。也有些病害病状非常明显，而病征却不明显，如变色病状、畸形病状和大部分病害发生的早期病状。还有些病害病征非常明显，病状却不明显，如白粉类病征，霉污类病征，早期难以看到寄主的特征性变化。

病害的症状并不是固定不变的，即使是同一种病原物所引起的病害，寄生在不同的寄主上或同一寄主不同的器官、不同的发育阶段，其症状也常常有差异；同一病害，往往前期症状和后期症状表现不同；环境条件或栽培条件的改变，也影响同一病害症状的变化。此外，有些不同的病原物可能引起相似的病害症状。因此，单凭症状来鉴定病害并不完全可靠，尚需配合其他方法（病原物显微镜检查、分离培养和接种试验等），才能做出正确的诊断。

复习思考题

1. 园林植物病害的含义都包括哪些内容？
2. 园林植物病害的病原有哪些？
3. 病状和病征的含义是什么？有什么区别？

第二节　园林植物的非侵染性病原

由不适宜的非生物因素直接引起的病害称非侵染性病害。它和侵染性病害的区别在于没有病原物的侵染以及在植物的不同个体之间不能互相传染，所以又称为非传染性病害或生理性病害。引起园林植物非侵染性病害的病原因子很多，主要可归纳为营养失调、土壤水分失调、温度不适宜、光照不适宜及通风不良、土壤酸碱度不适宜以及有害物质对大气、土壤和水的污染等，这些因素有的是单独起作用，但在自然条件下也常常配合起来引起病害。

一、营养失调

植物在正常生长发育过程中需要氮、磷、钾、钙、硫和镁等大量元素，以及铁、硼、锰、锌等微量元素。当营养元素缺乏或过剩、比例失调或者由于土壤的理化性质不适宜而影响了植物对这些元素的吸收，都会导致植物的缺素症，进而影响园林植物的正常生长发育和观赏效果。

例如，植物对土壤营养元素的吸收受土壤理化性质的综合因素影响；低温会降低植株根的呼吸作用；直接影响根系对氮、磷和钾的吸收；而在土壤干燥、土壤溶液的浓度过高、温度高、空气湿度小、土壤水分蒸发快以及土壤呈酸性的情况下，植物易发生钙的缺乏。

植物发生缺素症，常通过改良土壤和补充所缺乏的营养元素来治疗。但值得注意的是，一般情况下，植物必需的主要元素过量不会引起病害，但微量元素的量超过一定限度，特别是硼、锰和铜等元素超过一定的限度，会对植物造成较大毒害。因此，植物补充营养要适宜。

二、土壤水分失调

水分是植物生长不可缺少的条件。水直接参加植株体内各种物质的合成和转化，也是维持细胞膨压、溶解土壤中矿物质养料和平衡体温的因素。水分在植物体内的含量可达80%～90%，水分的缺乏或过多及供给失调都会对植物产生不良影响。

在土壤干旱缺水的条件下，会引起叶片变黄、焦枯以及早期落叶，会使植物的营养生长受到抑制，营养物质的积累减少从而降低品质，造成落花和落果，缺水严重时，会造成植株萎蔫，甚至整株枯死。

土壤中水分过多，俗称涝害，会造成氧气供应不足，使植物的根部处于窒息状态，最后导致根部变色或腐烂，叶片变黄、落叶和落花等症状。木本植物中的悬铃木、合欢、女贞、青桐、板栗和核桃等树木易受涝害。

空气湿度过低的现象通常是暂时的，很少直接引起病害，但如果与大风、高温结合起来，形成干热风，会导致植株大量失水，造成叶片焦枯、果实萎缩以及暂时或永久性的植株萎蔫。

当土壤出现水分失调现象时，要根据实际情况，适时适量灌水，注意及时排水。浇灌时尽量采用滴灌或沟灌，避免喷淋和大水漫灌。

三、温度不适宜

温度是植物生理生化活动赖以顺利进行的基础。各种植物的生长发育有它们各自的最低、最适和最高的温度，超出了它们的适应范围，植物代谢过程将受到阻碍，就可能发生病理变化而发病，造成不同程度的损害。不适宜的温度包括高温、低温和变温。

高温可使植物的茎、叶及果实受到伤害，通称为灼伤。在自然条件下，高温往往与强光照相结合，所以高温灼伤一般都是表现在植物器官的向阳面。在苗圃，夏季的高温常使土壤表面温度过高，而引起幼苗茎基部灼伤。例如，银杏苗木茎基部受到灼伤后，茎基腐病病菌便趁机而入，因而夏季高温造成银杏苗木茎基腐病发生严重。在荫蔽条件下，当气温超过 32℃时，新移栽的铁杉、紫藤和绣球花等花木，也容易受到高温的伤害。预防苗木的灼伤可采取适时的遮阴和灌溉以降低土壤温度。

低温的影响主要有冷害和冻害两种情况，多数发生在秋季的早霜、春季的晚霜期。冷害也称寒害，是指 0℃以上的低温所致的病害。当气温低于 10℃时，喜温植物就会出现冷害，其最常见的症状是变色、坏死和表面斑点等，如木本植物出现的芽枯、顶枯等。冻害是 0℃以下的低温所致的病害。冻害的症状主要是幼茎或幼叶出现水渍状暗褐色的病斑，之后组织逐渐死亡，严重时整株植物变黑，枯干死亡。而冬季的反常低温对一些常绿观赏植物及落叶花灌木等未充分木质化的嫩梢、叶片同样引起冻害；针叶树木受冻害，一般表现为针叶先端枯死并呈红褐色。

剧烈的变温对植物的影响往往比单纯的高温、低温的影响更大。若昼夜温差过大，会使木本植物的枝干发生灼伤或冻裂，这种症状多见于树木的向阳面。如龟背竹插条上盆后不久，若从 16℃条件下转到 35℃的温度 48 h 时，会导致新生出的叶片变黑并腐烂，这是由于快速升温造成的，对这种快速升温敏感的植物还有喜林芋、橡皮树和香龙血树等盆栽植物。树干受到冻害，常因外围收缩率大于内部而引起树干皮层纵裂，甚至木质部纵裂，这种现象多发生于树干中下部南面和西南面，主要是昼夜温差较大所致，如北方普遍发生的杨树、合欢树干破腹病。树干涂白是保护树木免受日光灼伤和冻害的有效措施。

四、光照不适宜及通风不良

光照的影响包括光强度和光周期。光照不足通常发生在温室和保护地栽培的情况下，导致植物徒长，影响叶绿素的形成和光合作用，造成植株黄化和组织结构脆弱，容易使植物发生倒伏或受到病原物的侵染。光照过强一般都与高温干旱相结合，引起日灼病和叶烧病。

按照植物的光周期现象可将它们分为长日照、短日照和中性植物。通过温室光照长短的人为变化，可以使园林花卉植物的开花和结实延迟或提前。

我们应根据植物的习性加以养护。喜光植物，宜种植在向阳避风处，如梅花、桃花、仙人掌类、月季、荷花、菊花、牡丹、美人蕉和长春花等。而耐阴植物，喜阴湿环境，忌阳光直射，所以应种植在背阴环境中，花圃、温室花卉均应置荫棚下养护，如杜鹃、万年青、巴西铁树、兰花、绿巨人、桂花和夹竹桃等。

无论是露地栽培还是温室栽培的花木，植株种植过密，不但通风不好，湿度也会加大，叶缘易积水，会使植株叶片相互摩擦出现伤口，尤其在昼夜温差大时，易在花瓣上凝结露水，诱发霜霉病和灰霉病的发生。例如，蝴蝶兰喜通风干燥条件，通风不良的温室易造成高温、高湿和闷热的环境，诱发根系腐烂。

植株栽植密度或花盆摆放密度都应合理。适宜的株行距有利于通风、透气和透光，改善环境条件，提高植物生长势，并营造不利于病菌生长的条件，减少植物病害的发生。

五、土壤酸碱度不适宜

许多园林植物对土壤酸碱度要求比较严格，若酸碱度不适宜易表现各种缺素症，并诱发一些侵染性病害的发生。我国南方多为酸性土壤，易缺磷、缺锌；北方多为石灰性土壤，易发生缺铁性黄化病。由于微碱性环境利于病原细菌的生长发育，因此在偏碱的砂壤土上，樱花、月季和菊花等花木易发生根癌病；在中性或碱性土壤上，一品红根茎腐烂病、香豌豆根腐病发病率较高。土壤酸碱度较低时，利于香石竹镰刀菌枯萎病的发生。

为使土壤保持适宜的酸碱度，确保植物健壮生长，调节土壤 pH 值，灌溉用水也应加以注意。例如，杜鹃、山月桂以雨水或泉水浇灌为好，不宜用含有盐碱的水；盆栽花卉如用自来水浇灌，自来水最好在容器中存放几天后再用。对碱性土壤增施有机肥，种植绿肥，是解决缺铁症的有效措施；缺铁症发病初期，喷 0.2%硫酸亚铁加 0.1%柠檬酸液，或加 0.3%柠檬铁铵有一定效果。在酸性土壤中按 1 t/hm^2 或 1~2 kg/株的用量增施钙镁磷肥，能够调节土壤至微酸性。

六、有毒物质的污染

空气中存在的有毒物质，也能引起园林植物病害。空气中污染物主要有硫化物、氟化物、氯化物、氮氧化合物、臭氧、粉尘及带有各种金属元素的有毒气体。园林植物受害后，表现出病害的特征，通常称为烟害。大气污染物对园林植物的危害是由多种因素所决定的：

首先取决于有害气体的浓度及作用延续的时间,同时也取决于受害园林植物的种类和它的发育时期以及外界环境条件等。大气污染物除直接对园林植物生长产生不良影响外,还降低了园林植物的抗病力。

空气中粉尘过多,附着在植物叶片上,也会影响植物的光合作用。

农药、化肥和植物生长调节剂等使用不当,浓度过大或条件不适宜,可使花木发生不同程度的药害或灼伤,叶片常产生白化、斑点或枯焦脱落,甚至植株畸形等,特别是花卉柔嫩多汁部分最易受害。喷施植物生长调节剂时,浓度过高会严重抑制植物的生长;除草剂使用浓度不当,会使苗木叶黄化,甚至死亡。农药在土壤中积累到一定浓度,也可使植物根系受到毒害,影响其生长,甚至导致死亡。

当今社会,人类活动对于环境的影响日益增强,随着现代社会工业化和城市化的不断发展,这种影响日益加剧。园林植物是伴随着城市发展由人类栽培和管护的一类植物,它们不像森林那样处于天然的生长环境,而是在一个喧闹多变的、旨在方便人类的、对植物来说并不友好的环境中生长,最易遭受人类活动的影响而导致生长不良,甚至死亡。

非侵染性病害不但直接给园林植物造成严重的伤害,削弱了园林植物对某些侵染性病害的抵抗力,同时也为许多病原生物开辟了侵入途径,容易诱发侵染性病害。同样的,侵染性病害也会削弱植物对外界环境的适应能力。

复习思考题

1. 园林植物的非侵染性病原都包括哪些内容?
2. 什么是营养失调引起的病害?都有哪些表现?
3. 哪些有毒污染物能对园林植物造成病害?

第三节　园林植物的侵染性病原

园林植物侵染性病害的发生是植物与病原在特定的外界环境条件下相互斗争,最后导致植物生病的过程。影响植物病害发生的基本因素是:病原、寄主植物和环境条件。植物侵染性病害形成的过程,是寄主和病原物在外界条件影响下相互作用的过程。

园林植物侵染性病害的病原主要是真菌,其次还有细菌、植原体、病毒、线虫、寄生性种子植物和瘿螨类等。病原物的存在及其大量繁殖和传播是植物侵染性病害发生发展的重要因素。因此,消灭或控制病原物的传播蔓延是防治植物病害的重要措施。

一、园林植物病原真菌

（一）真菌的一般形态

在园林植物侵染性病害中，病原真菌引起的病害种类和数量最多，约占植物病害种类的70%以上，真菌是最重要的植物病原类群。

真菌是真菌界生物的统称。真菌具有细胞壁和真正的细胞核，属真核生物，其营养体为单细胞或丝状体；以各种类型的无性、有性孢子或菌丝体繁殖；没有叶绿素，不能进行光合作用，属于异养生物。

真菌在其生长发育过程中会出现多种形态，个体发育分为营养阶段和繁殖阶段，即真菌先经过一定时期的营养生长，然后形成各种复杂的繁殖结构，产生各种孢子。

（二）真菌的营养体

1. 菌丝及其类型

真菌进行营养生长的菌体称为营养体，典型的营养体为纤细多枝的丝状体。单根细丝称为菌丝，菌丝可不断生长分枝，许多菌丝集聚在一起，称为菌丝体。菌丝通常呈管状，直径5~6 μm，管壁无色透明。有些真菌的细胞质中含有各种色素，菌丝体就表现出不同的颜色，尤其是老龄菌丝体更明显。高等真菌的菌丝有隔膜，称为有隔菌丝，如图1-3所示。低等真菌的菌丝一般无隔膜，称为无隔菌丝，如图1-4所示。菌丝一般由孢子萌发产生的芽管生长而成，以顶部生长和延伸。菌丝每一部分都潜存着生长的能力，每一断裂的小段菌丝在适宜的条件下均可继续生长。

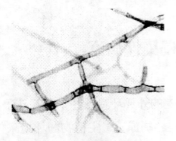
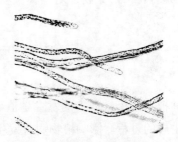

图1-3　真菌的有隔菌丝　　　　图1-4　真菌的无隔菌丝

2. 菌丝体及其变态类型

相互交织在一起的菌丝叫做菌丝体。菌丝体是真菌获得养分的结构，寄生真菌以菌丝侵入寄主的细胞间或细胞内吸收营养物质。生长在细胞间的真菌，特别是专性寄生菌，还可在菌丝体上形成特殊机构，即吸器，如图1-5所示，伸入寄主细胞内吸收养分和水分。吸器的形状多样，因真菌的种类不同而异，有掌状、丝状、分枝状、指状或瘤状等。有些真菌还有假根，其形状如高等植物的根，但结构简单，与菌丝对生，可从基物中吸收营养。

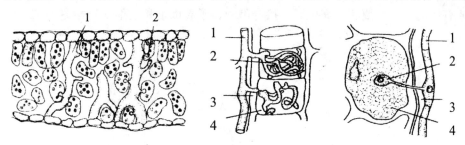

1. 菌丝；2. 吸器；3. 寄主细胞壁；4. 寄主原生质

图 1-5　真菌的几种吸器

有些真菌的菌丝在一定条件下发生变态，交织成各种形状的特殊结构，如菌核（参见图 1-6）、菌索（参见图 1-7），菌膜和子座等。这对真菌的繁殖、传播及增强对环境的抵抗力有很大作用。

图 1-6　真菌的菌核

图 1-7　真菌的菌索

（三）真菌的繁殖体

真菌经过营养生长后，即进入繁殖阶段，形成各种繁殖体进行繁殖。大多数真菌只以一部分营养体分化为繁殖体，其余营养体仍然进行营养生长，少数低等真菌则是整个营养体转变为繁殖体。真菌的繁殖方式分为无性繁殖和有性繁殖，无性繁殖产生无性孢子，有性繁殖产生有性孢子。任何产生孢子的组织或结构都统称为子实体。

1．无性繁殖及无性孢子的类型

无性繁殖是指不经过两个性细胞或性器官的结合而产生新个体的繁殖方式。无性繁殖产生的孢子称为无性孢子，有六种类型：芽孢子、粉孢子（节孢子）、厚垣孢子（厚壁孢子）、游动孢子、孢囊孢子和分生孢子，如图 1-8 所示。

真菌的无性孢子在一个生长季节中，可以重复产生、重复侵染，为再侵染来源，但其对不良环境的抵抗力较弱。

2．有性繁殖及有性孢子的类型

有性繁殖是指真菌通过性细胞或性器官的结合而产生孢子的繁殖方式。有性繁殖产生的孢子称为有性孢子。真菌的性细胞称为配子，性器官称为配子囊。经过有性繁殖产生的孢子叫有性孢子，主要有：卵孢子、接合孢子、子囊孢子和担孢子，如图1-9所示。

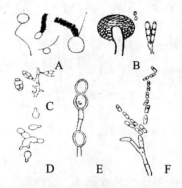

A. 游动孢子；B. 孢囊孢子；C. 分生孢子；D. 芽孢子；E. 粉孢子 F. 厚垣孢子

图1-8　真菌的无性孢子

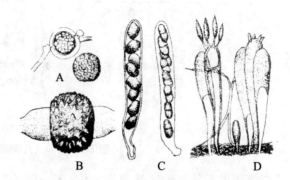

A. 卵孢子；B. 接合孢子；C. 子囊孢子；D 担孢子

图1-9　真菌的有性孢子

真菌的有性孢子多是一个生长季节产生一次，且多产生在寄主植物生长后期，它有较强的生活力和对不良环境的忍耐力，是越冬的孢子类型，并且是次年病害的初侵染来源。

（四）真菌的生活史

真菌从孢子萌发开始，经过营养生长和繁殖阶段，最后又产生同一种孢子的过程，称为真菌的生活史或发育循环。

典型的真菌生活史包括无性阶段和有性阶段，如图1-10所示。

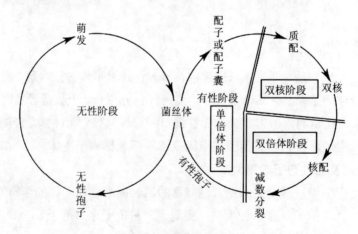

图1-10　真菌的生活史

真菌的有性孢子在适宜的条件下萌芽，产生芽管，伸长后发育成菌丝体，在寄主细胞间或细胞内吸取养分，生长蔓延，经过一段时间的营养生长后，产生无性繁殖器官，并生成无性孢子飞散传播，无性孢子再萌发，又形成新的菌丝体，并扩展繁殖，这就是真菌发育过程中的无性阶段。在一个生长季节中，这样无性繁殖往往可以发生若干代，无性孢子繁殖量大，常成为园林植物病害发生流行的重要原因。

当环境条件不适宜或在真菌发育后期，则进行有性繁殖。从菌丝体上开始形成两性交配细胞，两性细胞经质配进入双核阶段，再经核配形成双倍体的细胞核，又经过减数分裂形成含有单倍体细胞核的有性孢子，有性孢子萌发再产生菌丝体。有性孢子一年只发生一次，数量较少，常是休眠孢子，经过越冬或越夏后，次年再进行萌发，成为初次侵染的来源。也有一些真菌能以菌核、厚垣孢子的形态越冬。

但是，在有些真菌的生活史中，并不是都具有有性和无性两个阶段。例如，半知菌只有无性阶段，而多数担子菌只有有性阶段。此外，真菌的有性阶段也不都是在营养生长的后期才出现，有些同宗配合的真菌，它们的有性阶段和无性阶段可以在整个生活过程中同时并存，在营养生长的同时产生有性孢子和无性孢子，如某些霜霉目的真菌。

许多真菌在整个生活史中可以产生两种或两种以上的孢子，称为多型现象，如典型锈菌类可以产生五种类型的孢子。多种病原真菌在一种寄主上就可以完成其生活史，称为单主寄生；而有些病原真菌必须在两个亲缘关系完全不同的寄主上才能完成其生活史，称为转主寄生，如梨胶孢锈菌的冬孢子和担孢子产生在桧柏上，性孢子和锈孢子产生在梨树上。

综上所述，真菌的生活史是真菌的个体发育和系统发育的过程。研究真菌的生活史，在园林植物病害防治中有着重要的意义。

（五）真菌的分类和命名

真菌各级的分类单元是界、门、亚门、纲、亚纲、目、科、属、种。种是真菌最基本的分类单元。现以禾布氏白粉菌为例进行说明，如表 1-1 所示。

表 1-1 真菌各级分类单元表

分类阶元	分类单元
界 Kingdom	真菌界 Fungi
门 Phylum	子囊菌门 Ascomycota
纲 Class	核菌纲 Pyrenomycetes
目 Order	白粉菌目 Erysiphales
科 Family	白粉菌科 Erysiphaceae
属 Genus	布氏白粉属 Blumeria
种 Species	禾布氏白粉菌 Blumeria

真菌的命名和其他生物一样也采用"拉丁文双名制命名法"，前一个名称为属名，后一个名称为种名，学名之后为命名人的姓氏，假如原学名被更改，则将原命名人放在学名的括弧内，在括弧后再加更名人，如 *Pythium aphanidermatum*（EdS.）Fitzp.（瓜果腐霉菌）。

有些真菌有两个学名，这是因为最初命名时只发现无性阶段，后来发现了有性阶段时又另外命名。按国际命名法，每一种真菌只能有 1 个学名，这个学名应当指它的有性阶段，例如油茶炭疽病菌的有性阶段学名为 *Glomerella cingulata*（Stonem.）Spauld.et Schrenk，无性阶段的学名为 *Colletotrichum camelliae* Mass.，通常用前一个作正规的学名。但因为有些真菌的有性阶段很少发现，从实际出发，也有采用无性阶段学名的。

真菌一般是根据形态学、细胞学、生物学特性及个体发育和系统发育资料进行分类的，其中最重要的是形态特征，有性生殖和有性孢子的性状是真菌分类的重要依据。近年来，科学技术的迅猛发展，尤其是分子生物学的渗透，如 DNA 碱基组成的测定、核酸杂交、氨基酸序列测定、数值分类、光谱和色谱技术等，都为真菌分类学的研究开辟了新的前景。

T.Cavalier-Smith 的生物八界系统已经被人们所接受，按照《菌物词典》第八版和第九版将菌物划分为原生动物界、藻物界和真菌界。真菌界划分为壶菌门 Chytridiomycota、接合菌门 Zygomycota、子囊菌门 Ascomycota、担子菌门 Basidiomycota，许多人认为半知菌应当归入子囊菌门，但在以 DNA 同源性确定其系统发育关系前，仍将半知菌 Deuteromycota 单列。真菌界分类检索表如表 1-2 所示。

表 1-2　真菌界分类检索表

1. 菌体单细胞或根状假菌丝体，流动孢子后生单尾鞭···壶菌门
1. 菌体为有隔菌丝或酵母状单细胞，不产生流动孢子 ···2
2. 无性繁殖在孢子囊内产生不动孢子或形成分生孢子，有性孢子为二倍体的接合孢子··········接合菌门
2. 无性繁殖产生分生孢子，有性孢子为子囊孢子或担孢子或未知的 ·······································3
3. 有性孢子未知··半知菌
3. 具有性孢子 ···4
4. 有性生殖在子囊内形成子囊孢子，双核阶段很短···子囊菌门
4. 有性生殖在担子上产生担孢子，营养体为双核体···担子菌门

（六）真菌的主要类群

1. 壶菌门 Chytridiomycota

多为水生，大多腐生在动植物残体上或寄生于水生植物、藻类、小动物和其他真菌上，少数寄生于高等种子植物上。大多数种类能分解纤维素和几丁质。

营养体形态复杂多样，从简单到复杂。较低等的壶菌为多核的单细胞，具细胞壁（早期无细胞壁），呈球形或近球形，寄生在寄主细胞内；稍进化的单细胞营养体基部可以形成无核的假根（即单细胞具须）；较高等的壶菌可以形成无隔、多核和分枝的菌丝体。

无性繁殖时形成线形、圆柱形、梨形至球形的孢子囊。低等壶菌因孢子囊产生游动孢子而称为游动孢子囊。游动孢子囊萌发时以液泡割裂方式将囊内多核原生质体分为小块，小块变圆，围以薄膜而形成游动孢子。具囊盖的游动孢子囊成熟时，囊盖打开而释放游动

孢子；无囊盖的则通过游动孢子囊的孔或逸出管释放游动孢子。每个游动孢子囊可以释放多个游动孢子。游动孢子呈梨形、肾形或椭圆形，具一个后生尾鞭式鞭毛，常具一显著油滴，一端或两端萌发。

有性生殖大多是通过两个同型或异型游动配子配合形成的合子经发育形成休眠孢子囊，有的通过假根间的融合或两个配子囊的接触交配产生休眠孢子囊，在休眠孢子囊内进行减数分裂而产生游动孢子；少数通过不动的雄配子囊（藏卵器）与游动配子（精子）结合形成卵孢子。

壶菌门仅有一个壶菌纲 Chytridiomycetes，下分为 5 个目，即壶菌目 Chytridiales、芽枝霉目 Blastocladiales、单毛菌目 Monoblepharidales、小壶菌目 Spizellomycetales 和新美鞭目 Neocallimastigales。已知约 112 属 793 种，只有少数壶菌是高等植物上的寄生菌。

2. 接合菌门 Zygomycota

营养体为单倍体，为简单到发达的菌丝体，大多是发达的无隔、多核的菌丝体，较高等接合菌的菌丝体有隔膜。有的接合菌菌丝可以分化形成吸器、吸盘、假根和匍匐丝等，有的表面能分泌黏性物质。细胞壁由几丁质、壳聚糖及聚葡萄糖醛酸组成，以几丁质为主。

无性繁殖产生孢子囊，通过原生质割裂的方式在孢子囊中产生孢囊孢子，孢囊孢子又称为静孢子。孢子囊一般着生于孢囊梗上，孢子囊可分为两类：较低等的接合菌产生大型的孢子囊，大多为球形，也有呈梨形、瓶形或不规则形，内生大量的孢囊孢子，少则 50～100 个，多则可达 100 000 个；高等的接合菌产生小型孢子囊，呈球形或圆柱形，其内产生几个孢囊孢子。圆柱形孢子囊内孢囊孢子排成一排，称为柱形孢子囊。有的孢子囊仅含 1 个孢囊孢子，称为单孢子囊，单孢子囊的作用相当于分生孢子。有些种类还产生厚垣孢子、粉孢子和酵母状孢子，少数种类产生节孢子、毛孢子或变形虫状孢子。孢子单核、双核或多核，串生或单生，内生或外生，成熟的孢子大多很快直接萌发。

有性生殖是以同型或异型配子囊配合的方式进行质配，产生接合孢子，接合孢子是一厚壁的休眠孢子。对于异宗接合的种类，开始两个邻近异质的菌丝体各向对方产生一个侧枝，称原配子囊。原配子囊接触后逐渐膨大，各产生一个隔膜，将原配子囊划分为配子囊和配囊柄。质配时，两个配子囊相接触部分的细胞壁消解，融合成一个细胞，由此发育形成接合孢子。接合孢子有各种形状，其形态是重要的分类特征。有些种类从配囊柄基部产生附属丝，包围或不包围接合孢子。有的接合菌可进行孤雌生殖，产生单性接合孢子或称拟接合孢子。核配和减数分裂在接合孢子中进行。接合孢子萌发产生芽管，其顶端形成的孢子囊叫做芽孢子囊。

接合菌门分为 2 个纲，即接合菌纲 Zygomycetes、毛菌纲 Trichomycetes，下分为 11 目 37 科 173 属约 1 056 种。

表 1-3　接合菌门分纲检索表

1. 腐生或寄生，后者菌丝能侵入寄主组织内；菌丝体一般发达 ···接合菌纲
1. 菌丝体以固着器附着在节肢动物消化道或体表角质层上；多以吸盘与寄主相连，菌体一般较简单 ······
··毛菌纲

3. 子囊菌门 Ascomycota

营养体除少数种类（如酵母菌）是单细胞以外，一般都是分枝繁茂的有隔菌丝体。隔膜的中央都有 1 个微小的孔道，为单孔隔膜，相邻细胞的原生质由此互相沟通。每一菌丝细胞通常只含有 1 个单倍体核，也有双核或多核的，个别类群含双倍体的核。菌丝常互相交织在一起形成菌组织，并构成子囊果的包被、菌核和子座等组织体。

无性繁殖的基本方式是从营养菌丝上分化出分生孢子梗，梗上形成分生孢子。分生孢子产生于分生孢子梗顶端或侧面，其形态各异，有球形、卵形、长形、圆柱形、线形、螺旋形或星状，单胞、双胞、多胞或砖格状（有纵、横隔膜），有色或无色。分生孢子成熟后脱落，随风、雨或由动物传播，在适宜的条件下萌发形成菌丝体。分生孢子在一个生长季节可以产生若干代。有些种类还通过芽殖、裂殖或断裂的方式形成芽孢子、粉孢子及厚垣孢子，这些孢子萌发后都形成菌丝体，其功能与分生孢子相同。

有性生殖产生子囊和子囊孢子。子囊菌性结合的方式和子囊、子囊孢子、子囊果的形态及其形成过程是多种多样的，这些差异是子囊菌分类的重要依据。

子囊菌的分类比较复杂，由于目前对子囊菌的结构、个体发育及生活史的研究不够，不同学者对子囊菌的亲缘关系见解颇不一致，至今还没有一个比较合理的、为大家所公认的分类系统。根据子囊果的有无、子囊果的类型以及子囊的特征，可以将子囊菌分为 6 个纲，即原子囊菌纲 Archiascomycetes、腔菌纲 Loculoascomycetes、不整囊菌纲 Plectomycetes、虫囊菌纲 Laboulbeniomycetes、核菌纲 Pyrenomycetes 和盘菌纲 Discomycetes。子囊菌是真菌中数量最多的一个类群，约 2 000 属 15 000 种。

表 1-4　子囊菌门分纲检索表

1. 无子囊果，子囊裸露 ··原子囊菌纲
1. 有子囊果和产囊丝，营养体菌丝状 ···2
2. 子囊双层壁，子囊果为子囊座或假囊壳 ···腔菌纲
2. 子囊单层壁，若双层壁，则子囊果为子囊盘 ···3
3. 子囊散生于闭囊壳内，子囊孢子成熟时子囊壁易消解 ···不整囊菌纲
3. 子囊有规则地排列于子囊果的内部 ···4
4. 节肢动物寄生菌，子囊果为子囊壳 ···虫囊菌纲
4. 非节肢动物寄生菌 ···5
5. 子囊果为典型的子囊壳或闭囊壳，子囊无盖 ···核菌纲
5. 在肉质、杯状或碟状子囊盘上产生子囊 ···盘菌纲

4. 半知菌 Deuteromycota

典型的真菌生活史包括有性阶段和无性阶段，许多真菌在自然条件下尚未发现有性阶段，仅进行无性繁殖。这些真菌由于不同的交配系发生的时间或空间可能不同而难以相遇，有性生殖在自然条件下很少见，或者有些已经丧失有性生殖的能力，或者有些有性生殖已被准性生殖所代替。对于这些真菌人们只找到无性阶段而没有发现有性时期，从而只了解生活史的一半，所以通常称这类真菌为半知菌或不完全菌，也有人称之为无性生殖真菌、有丝分裂孢子真菌或分生孢子真菌。

随着研究工作的不断深入，越来越多的半知菌有性阶段被发现。已经证明半知菌的有性阶段大多数属于子囊菌，少数属于担子菌。鞭毛菌、接合菌以及担子菌中的锈菌和黑粉菌的一些种也仅发现其无性阶段，但它们都具有易于鉴别的稳定特征，在传统上不属于半知菌。

真菌的自然分类系统主要以有性生殖器官和有性孢子为依据，半知菌却不具备这种特点。但是半知菌在自然界分布广泛，具有重要的经济意义。为了更好地利用有益菌和更有效地控制有害菌，有必要对它们进行研究、鉴别和分类。不过半知菌的分类完全是为应用的方便，不反映它们之间的亲缘关系，这样的分类单位称为"形式纲"、"形式目"和"形式属"。半知菌分为 3 个纲，即芽孢纲 Blastomycetes、丝孢纲 Hyphomycetes 和腔孢纲 Coelomycetes。

表 1-5　半知菌分纲检索表

1. 营养体是单细胞或发育程度不同的菌丝体或假菌丝体，以芽孢子繁殖·············芽孢纲
1. 营养体是多细胞的菌丝体，以分生孢子繁殖 ···2
2. 分生孢子不产生在分生孢子盘或分生孢子器内·······································丝孢纲
2. 分生孢子产生在分生孢子盘或分生孢子器内···腔孢纲

5. 担子菌门 Basidiomycota

绝大多数担子菌的营养体由分枝发达的有隔菌丝体组成，菌丝单核或双核，菌丝体白色、淡黄色或橘黄色。隔膜多为桶孔隔膜，每个隔膜中心有小孔贯通，小孔周围被一个桶状肿大物所包围，隔孔上方覆盖着一个帽状物。在适宜条件下，菌丝生长迅速。当环境条件不良或进入休眠状态时，有些担子菌的菌丝体可形成菌核，或多根菌丝平行排列，相互联合成索状，外包一层鞘，称为菌索。多数异宗配合的担子菌生活史中可以产生 3 种类型的菌丝，即初生菌丝、次生菌丝和三生菌丝。

担子菌无性繁殖不发达，大多数担子菌在自然条件下不发生或极少发生。无性繁殖一般通过芽殖或菌丝断裂的方式产生芽孢子或粉孢子，也有产生分生孢子的。担子菌的菌丝体呈单细胞片断，这就是节孢子。它们可能是单核或双核，取决于是从次生菌丝产生还是从初生菌丝产生。粉孢子是由特殊的短菌丝分枝顶端逐个割裂产生的。有些担子菌能产生真正的分生孢子，如异担子菌 *Heterobasidium annosum*。

有性生殖除锈菌产生特殊性孢子器的生殖结构外，担子菌一般无明显的性器官。性结合方式有菌丝配合、孢子结合、性孢子与受精丝结合 3 种方式。

担子菌是真菌中最高等的类群，基本特征是有性生殖产生担子和担孢子。担子菌种类多，数量大，分布广。许多担子菌对人类是有益的，具有食用价值和药用价值；少数可与植物共生形成菌根，有利于作物的栽培和造林。有些担子菌可寄生在植物上，引起严重的植物病害，给农林生产造成重大的经济损失。

不同真菌学家对担子菌的起源、演化及各种性状在分类体系上的意义存在一定的分歧，致使分类体系还存在一定的争议。根据担子菌菌丝隔膜的显微结构特征和 rDNA 序列分析，担子菌分为 3 个纲，即层菌纲 Hymenomycetes、黑粉菌纲 Ustilaginomycetes 和锈菌纲 Urediniomycetes。锈菌纲包括锈菌目 Uredinales 和隔担菌目 Septobasidiales，锈菌目全部为高等植物的寄生菌，隔担菌目多为昆虫共生菌。黑粉菌纲仅包括黑粉菌目 Ustilaginales，绝大多数都是高等植物上的寄生菌。

表 1-6 担子菌门分纲检索表

1. 菌丝为桶孔隔膜，有性生殖产生无隔担子或有隔担子···层菌纲
1. 菌丝隔膜简单，有性生殖产生冬孢子，萌发后产生有隔担子 ··2
2. 菌丝为简单的隔膜···锈菌纲
2. 菌丝为黑粉菌隔膜或简单的桶孔隔膜···黑粉菌纲

二、园林植物其他侵染性病原

（一）园林植物病原细菌

园林植物细菌病害已知有 300 多种，主要见于被子植物，在裸子植物上很少发现。

细菌属于原核生物界、细菌门，为单细胞生物。其遗传物质分散在细胞质内，没有核膜包围而成的细胞核。细胞质中含有小分子的核蛋白体，没有线粒体、叶绿体等细胞器。它们的重要性仅次于真菌和病毒。细菌引起的病害主要有桃细菌性穿孔病、花木青枯病和根癌病等。

1. 病原细菌的一般性状

① 细菌的形态结构：细菌的形态有球状、杆状和螺旋状。园林植物病原细菌大多为杆状，因而称为杆菌，两端略圆或尖细。菌体大小为（0.5～0.8）$\mu m \times$（1～3）μm。

细菌的构造简单，由外向内依次为黏质层或荚膜、细胞壁、细胞质膜、细胞质以及由核物质聚集而成的核区，细胞质中有颗粒体、核糖体和液泡等内含物。植物病原细菌细胞壁外有黏质层，但很少有荚膜。

绝大多数植物病原细菌从细胞膜长出细长的鞭毛，伸出细胞壁外，是细菌运动的工具。

鞭毛通常为 3～7 根，最少为 1 根，生在菌体一端或两端的称极毛，着生在菌体周围的称周毛。鞭毛的有无、数目和着生位置是细菌分类的重要依据之一。

植物病原细菌一般不产生芽孢，但有少数细菌可以生成芽孢。芽孢对光、热、干燥及其他因素有很强的抵抗力。通常，煮沸消毒不能杀死全部芽孢，必须采用高温、高压处理或间歇灭菌法才能杀灭。

② 细菌的繁殖：细菌的繁殖方式很简单，一般是裂殖，即细菌的细胞生长到一定限度时，在菌体中部产生隔膜，随后分裂成 2 个大小相似的新个体。细菌繁殖的速度很快，在适宜条件下 1 h 分裂 1 次至数次；有的只要 20 min 就能分裂 1 次。

③ 生理特性：大多数植物病原细菌对营养的要求不严格，可在一般人工培养基上生长繁殖。它们能够在固体培养基上形成各种形状和颜色的菌落，通常以白色和黄色的菌落为多，这是细菌分类的重要依据。菌落边缘整齐或粗糙，胶黏或坚韧，平贴或隆起；颜色有白色、灰白色或黄色，也有褐色等。

植物病原细菌生长繁殖的最适温度一般为 26～30℃，多数细菌在 33～40℃时停止生长；能耐低温，即使在冰冻条件下仍能保持生活力；对高温较敏感，通常在 50℃左右处理 10 min，能导致多数细菌死亡。大多数植物病原细菌都是好气性的，在中性或微碱性（pH7.2）的基物上生长良好。

④ 染色反应：细菌的个体很小，一般在光学显微镜下必须进行染色才能看清。染色方法中最重要的是革兰氏染色法，即将细菌制成涂片后，用结晶紫染色，然后用碘液处理，再用 95%酒精脱色，如不能褪色则为革兰氏阳性反应；能褪色则为革兰氏阴性反应。细菌的革兰氏染色反应是重要的细菌鉴别特征。植物病原细菌革兰氏染色反应大多是阴性，只有棒杆菌属细菌是阳性。

2. 植物病原细菌的主要类群

植物病原细菌根据鞭毛的有无、数目、着生的位置、培养性状及革兰氏染色反应等性状，分别归入 5 个属：

① 假单胞杆菌属 *Pseudomonas*

革兰氏染色反应阴性，极生 3～4 根鞭毛。在人工培养基上，菌落灰白色，有的呈荧光。该属细菌主要引起植物斑点和条斑，如天竺葵、栀子花叶斑病和丁香疫病等。

② 黄单胞杆菌属 *Xanthomonas*

革兰氏染色反应阴性，极生 1 根鞭毛。在人工培养基上，菌落为黄色。该属细菌引起的植物病害有桃细菌性穿孔病、柑橘溃疡病等。

③ 欧氏杆菌属 *Erwinia*

革兰氏染色反应阴性，周生多根鞭毛。在人工培养基上，菌落为白色。该属细菌引起植物腐烂，如鸢尾细菌性软腐病等。

④ 野杆菌属 *Agrobacterium*

革兰氏染色反应阴性，少数没有鞭毛，有鞭毛的为周生；在人工培养基上菌落为白色。该属细菌主要引起花木毛根病和果树根癌病等。

⑤ 棒杆菌属 *Clavibacter*

革兰氏染色反应阳性，多数没有鞭毛，少数有极鞭毛。在人工培养基上菌落呈奶黄色。该属细菌寄生于维管束组织内，引起植物萎蔫症状，如菊花、大丽花青枯病等。

（二）园林植物病原植原体

1. 植原体的一般性状

植原体（类菌原体，MLO）属于原核生物界、软壁菌门、柔膜菌纲和植原体属 *Phytoplasma* 的一类生物。软壁菌门中与植物病害有关的统称为植原体，共包括植原体属和螺原体属 *Spiroplasma*，后者基本形态为螺旋形，只有 3 个种，寄生于双子叶植物。植原体属与园林植物关系密切，常见的病害有泡桐丛枝病、枣疯病、桑萎缩病、矮牵牛黄化病、牡丹丛枝病、仙人掌丛枝病和天竺葵丛枝病等。

植原体形态结构介于细菌与病毒之间，外层无细胞壁，由 3 层结构的单位膜组成的原生质膜包围，厚度 7～8 nm。细胞内只有原核结构，包括颗粒状的核糖体和丝状的 DNA。其形态在寄主细胞内为球形、椭圆形和不规则形，有的形态发生变异如蘑菇形、马蹄形。植原体大小为 200～1 000 nm。繁殖方式为二均分裂、出芽生殖和形成小体后再释放出来等 3 种形式。在实验室内，植原体能透过细菌滤器，能在人工培养基上培养，没有革兰氏染色反应。例如，三叶草变叶病的植原体在人工培养基上产生典型的"荷包蛋"状的菌落。植物植原体对四环素类药物非常敏感，而对青霉素等抗菌素类不敏感，有抗药性。植原体大量存在于韧皮部筛管和管胞细胞内，通过筛板孔移动，从而侵染整个植株，属系统侵染。

2. 植原体的症状特点

植原体造成的植物病害都是系统侵染的病害。它们侵入植物后，主要寄生在植物韧皮部的筛管和管胞细胞中，有时也在韧皮部的薄壁细胞中发现。植原体病害的症状是全株性的，危害园林植物的主要症状类型有丛枝（包括丛芽、花变芽），其次为黄化以及带化、瘿瘤、僵果、萎缩和花变叶等。丛枝上的叶片常表现失绿、变小或发脆等特征，如翠菊黄化病、天竺葵、仙人掌、泡桐、刺槐和松类等丛枝病。

植原体对四环素药物敏感，在植原体引起植物黄化病时，施用四环素类药物后，植物症状明显减轻，甚至恢复正常；而病毒、生理引起的植物黄化病施用四环素药物则不能减轻症状或恢复正常，因此常利用这一特性作为诊断植原体与病毒、生理病害的重要手段。

3. 植原体病害的防治原则

由于植原体可以通过带病的无性繁殖材料、嫁接或菟丝子、昆虫传播和传染。所以控制这类病害，必须切断传播途径，防治园林植物五小害虫。要选用不带病的无性繁殖材料，对嫁接工具进行消毒，注意铲除菟丝子。植原体对四环素类药物非常敏感，化学防治可选用此类农药，可用作树干注射和浸泡种子、苗木和接穗。

（三）园林植物病原病毒

病毒（virus）是非细胞结构的分子寄生物，是包被在蛋白保护性衣壳中，只能在寄主细胞内完成自身复制的核酸分子。病毒寄生植物，有的引起病害；有的对寄主基本没有影响，如许多寄生花卉植物的病毒常为人们所利用。因此，只有侵染园林植物而又引起病害的病毒才是园林植物病原病毒，简称植物病毒。植物病毒引起的病害数量和危害性仅次于真菌。

目前发现的病毒病已超过 700 种，其中树木、花卉病毒病达 400 种以上。园林植物中几乎每种花卉植物都有 1 至几种病毒病。有些病毒病已成为影响我国花卉栽培、生产和外销的重要原因之一。例如，20 世纪 80 年代我国引进的香石竹、仙客来和郁金香等花卉病毒病逐年加重，有些生产基地导致毁种；另外我国的水仙花、大丽花、菊花、一串红、月季和山茶花等多种花卉病毒病也有日益严重的趋势。由于病毒病在 1～3 年生的花卉、苗木上不显症状，人们对植物病毒病的控制了解的甚少，所以给检疫和防治带来了很大的难度。因此，在花木生产和培育中，必须高度重视和加强对植物病毒病的研究和防治。

1. 植物病毒的一般性状

① 病毒的形态结构：病毒形态比细菌还小，只有在电子显微镜下才能观察到病毒粒体。病毒的基本形态为粒体，大部分病毒的粒体为多面体球状、杆状和线状，少数为弹簧状等。不同类型的病毒粒体大小差异很大，其大小是以纳米（nm）来计算的（1 nm＝10^{-9} m）。例如，唐菖蒲银条斑病毒线条状，长 750 nm；大丽花花叶病毒呈多面体球状，直径 50 nm。

绝大多数病毒粒体结构是由核酸和蛋白质两大部分组成。蛋白质在外形成衣壳，核酸在内形成轴心。大部分植物病毒的核酸是核糖核酸（RNA），个别种类是脱氧核糖核酸（DNA）。RNA 为单链，少数是双链的。核酸携带着病毒的遗传信息，使病毒具有传染性。

② 病毒的增殖：病毒是活养生物（专性寄生物），只能存在于活体细胞中，迄今还没有发现能培养病毒的合成培养基。病毒具有很高的增殖能力，它的增殖方式是采取核酸样板复制方式。首先是病毒本身的核酸（RNA）与蛋白质衣壳分离，在寄主细胞内可以分别复制出与它本身在结构上相对应的蛋白质和核酸，然后核酸进入蛋白质衣壳中形成新的病毒粒子。病毒在增殖的同时，也破坏了寄主正常的生理活动，从而使植物表现症状。

③ 病毒的寄生性与致病性：病毒的寄生性和寄生专化性不完全符合。病毒一般对寄主选择性不严格，因此它的寄主范围很广。如烟草花叶病毒能侵染 36 科 236 种植物。不少植物感染某种病毒后不表现症状，其生长发育和产量不受显著的影响，这表明有的病毒在寄主上只具有寄生性而不具有致病性。这种现象称为带毒现象，被寄生的植物称为带毒体。

④ 病毒对外界条件的稳定性：病毒对外界条件的影响有一定的稳定性。不同的病毒对外界环境影响的稳定性不同，这种特性可作为鉴定病毒的依据之一。主要表现如下：

致死温度（失毒温度）：把病株组织的榨出液在不同温度下处理 10 min 使其失去传染力的处理温度称为该病毒的致死温度。病毒对温度的抵抗力比其他微生物高，也相当稳定，一般在 55～70℃。不同病毒具有不同的致死温度。

稀释终点：将病株组织的榨出液用无菌水稀释，超过一定限度时，便失去传染力，这个最大稀释度称为稀释终点。病毒的稀释终点与病毒汁液的浓度有关，浓度越高，稀释终点也越大，而病毒的浓度往往受栽培条件、寄主植物的状况所影响。因此，同一病毒的稀释终点不一定相同，稀释终点只能作为鉴定病毒的参考指标。

体外保毒期：病株组织的榨出液在室温 20～30℃ 下能保持其侵染力的最长时间称为病毒的体外保毒期。不同植物病毒在体外保持致病力的时间长短不一，有的只有几小时或几天，有的可长达一年以上。

对化学物质的反应：病毒对杀菌剂如升汞、酒精、甲醛和硫酸铜等有较强的抗性，但肥皂等除垢剂也可使许多病毒失去毒力。

2. 植物病毒病害的症状特点

植物病毒病大部分属于系统侵染性病害，即全株发病。症状以叶部和嫩枝表现最为明显，但病毒很少进入种子。主干及地下部分虽然也有病毒存在，但很少表现出受害的症状。常见的植物病毒病状可分为三种类型：变色、坏死和畸形。

植物病毒病症状的重要特点是，只有明显的病状，而无病征。这在诊断上有助于将病毒病与其他侵染性病害区分开来。但是植物病毒病的病状却容易与生理病害，特别是缺素病状、有毒有害物质污染病状相混淆，但二者在自然条件下有不同的分布规律。病毒病的植株在田间的分布多是分散的，病株的周围有健康的植株，并且不能因改善环境条件和增施营养元素而使病株恢复健康；而生理病害是成片发病，通过增加营养和改善环境条件后，可能使病株恢复健康。

植物细胞感染病毒后，最为明显的变化是在表现症状的表皮细胞内形成内含体，内含体的形状很多，有风轮状、变形虫形或近圆形的，也有透明的六角形、长条状、皿状、针状或柱状等形状。有些内含体在光学显微镜下就可观察到。

植物受到病毒感染后，病毒虽然在植物体内增殖，但由于环境条件不适宜而不表现显著的症状，甚至原来已表现的症状也会暂时消失，这种现象称为隐症现象，或称症状潜隐。例如，高温可以抑制许多花叶病毒病的症状。这一阶段的带毒体最易被人忽视，往往成为病害传播和侵染来源，给防治工作带来一定的困难。

3. 病毒病害的防治原则

病毒病害与其他侵染性病害比较，更难以防治。由于植物病毒的寄主范围广，对化学药剂抵抗性较强，所以在防治上存在一定的复杂性和局限性。主要防治途径如下：

① 选用无病繁殖材料。这一措施对无性繁殖栽培的苗木、花卉特别重要。选用无病植株的枝条和幼苗作为接穗和砧木，可以避免嫁接传毒。由于病毒在植物中一般不进入生长点，利用植物的芽和生长点进行组织培养可获得无病苗木。

② 减少侵染来源。带病的植株是病毒病的主要传染来源。由于病毒的寄主范围广，所以除草和消灭野生寄主是防治病毒病的重要途径。

③ 防治媒介昆虫。

④ 培育抗病品种。品种的抗性包括对病毒本身的抗性和对传毒虫媒的抗性。

⑤ 病株治疗。用温水处理带病的种苗和无性繁殖材料，可以杀死其中的病毒。用干扰核酸代谢的化学物质来防治病毒，也会获得显著效果。

（四）园林植物病原线虫

线虫是一类低等动物，属线形动物门、线虫纲，在自然界种类多，分布广。多数腐生，少数可寄生在园林植物上引起植物线虫病害。我国园林植物线虫病有百余种，虽然只占少数，但在局部地区危害性较大。线虫能使植物生长衰弱、根部畸形；还能传播其他病原物，如真菌、病毒和细菌等，使植物引发复合性侵染，加剧病害的严重程度。

植物病原线虫都是活养寄生物。线虫的寄生方式有外寄生和内寄生两种。外寄生的线虫主体大部分留在植物体外，仅以头部穿刺入植物组织内吸取食物，如危害草坪草根系的线虫；内寄生的线虫主体则全部进入植物组织内，如花卉根结线虫病，水仙、郁金香茎线虫病，大丽花、菊花叶线虫病等。也有少数线虫内、外兼寄生。

植物受线虫危害后，可以表现局部性症状和全株性症状。局部性症状多出现在地上部分，如顶芽坏死、茎叶卷曲、叶瘿和种瘿等；全株性病害则表现为地上部营养不良、植株矮小、生长衰弱、发育迟缓和叶色变淡等；地下部形成根结、根部坏死或根腐等症状。

（五）寄生性种子植物

寄生性种子植物由于叶绿素缺乏或根系退化，必须依赖其他植物生存。寄生性种子植物都是严格的寄生物，依据它对寄主植物的依赖程度，可分为半寄生和全寄生两类。

半寄生性种子植物为桑寄生科，这些植物的叶片有叶绿素，可以进行光合作用，以吸根伸入寄主木质部，与导管相连吸取寄主体内的矿质元素和水分。

全寄生性种子植物有菟丝子科和列当科，这些植物的根、叶均已退化，没有叶绿素，只保留茎和繁殖器官，以吸器伸入寄主植物体内，并与寄主植物的输导组织导管和筛管相连，以吸取寄主的水分、无机盐和有机营养物质。

（六）瘿螨类

瘿螨类属于节肢动物门、蛛形纲，俗称四足螨、锈壁虱。其主体微小，乳白至浅黄褐色，多呈圆形或长卵圆形，近头部有2对足，腹部略细，尾部侧生两根细长的刚毛。虫体大多隐匿在螨瘿中，刺吸多种园林花木嫩枝、叶，引起阔叶树叶部的毛毡病、瘿瘤病等，还能传播病毒。

复习思考题

1. 真菌的营养体和繁殖体是什么？各有什么作用？
2. 何为无性繁殖和有性生殖？无性孢子和有性孢子各有几种类型？
3. 真菌分为几个门？各门的主要特征有哪些？
4. 植物病原细菌的一般性状有哪些？
5. 植物病原植原体的一般性状有哪些？植原体病害有哪些症状特点？
6. 植物病原病毒的一般性状有哪些？病毒病害有哪些症状特点？

第四节 侵染性病害的发生和流行

园林植物侵染性病害的发生是植物与病原在特定的外界环境条件下相互斗争，最后导致植物生病的过程。病原物的存在及其大量繁殖和传播是园林植物侵染性病害发生发展的重要因素。因此，寄主植物和病原物在外界条件影响下相互作用的过程，始终贯穿于园林植物病害发生和流行的全过程。

一、病原物的寄生性和致病性

（一）病原物的寄生性

病原物的寄生性是指病原物从寄主活的细胞和组织中获得营养物质的能力。这种能力对于不同的病原物来说是不同的，按照它们从寄主获得活体营养能力的大小，把病原物分为4种类型：

① 专性寄生物（严格寄生物）：它们的寄生能力最强，只能从活的寄主细胞和组织中获得营养，所以也称为活体寄生物。寄主植物的细胞和组织死亡后，病原物也停止生长和发育，病原物的生活严格依赖寄主。该类病原物包括所有的植物病毒、植原体和寄生性种子植物，大部分植物病原线虫和霜霉、白粉、锈菌等部分真菌。它们对营养的要求比较复杂，一般不能在普通的人工培养基上培养。

② 强寄生物（兼性寄生物）：其寄生性次于专性寄生物，寄生性很强，以营寄生生活为主，但也有一定的腐生能力，在某种条件下，可以营腐生生活。它们虽然可以在人工培

养基上勉强生长，但难以完成生活史。例如，外子囊菌、外担子菌等多数真菌和叶斑性病原细菌属于这一类。它们根据寄主植物发育阶段的变化而改变寄生特性。当寄主处于生长阶段，它们营寄生生活；当寄主进入衰亡或休眠阶段，它们则转营腐生生活。而且这种营养方式的改变伴随着病原物发育阶段的转变，如真菌的发育也从无性阶段转入有性阶段。因此，它们的有性阶段往往在成熟和衰亡的寄主植物组织中。

③ 弱寄生物（兼性寄生物）：弱寄生物一般也称作死体寄生物或低级寄生物。该类寄生物的寄生性较弱，它们只能侵染生活力弱的活体寄主植物或处于休眠状态的植物组织或器官。在一定的条件下，它们可在块根、块茎和果实等储藏器官上营寄生生活。这类寄生物包括引起猝倒病的丝核菌和许多引起立木腐朽的真菌等，它们易于进行人工培养，可以在人工培养基上完成生活史。

④ 严格腐生物（专性腐生物）：该类微生物不能侵害活的有机体，因此不是寄生物。常见的是食品上的霉菌，木材上的木耳、蘑菇等腐朽菌。

一般认为，寄生物是从腐生物演化而来的，腐生物经过非专性寄生物发展到专性寄生物。分析一种病原物是弱寄生还是强寄生是非常重要的，因为这与病害防治关系密切。例如，培育抗病品种是很有效的防治措施，但其大多数是针对寄生性较强的病原物引起的病害；对于许多弱寄生物引起的病害，一般来说就很难得到理想的抗病品种，而对于这类病害的防治，应着重于提高植物抗病性。

寄主范围与寄生的专化性由于病原物对营养条件的要求不同而对寄主具有选择性，有的病原物只能寄生在一种或几种植物上，如梨锈病菌；有的却能寄生在几十种或上百种植物上，如灰霉病菌。

不同病原物的寄主范围差别很大，一般来说，专性寄生物的寄主范围较窄；弱寄生物的寄主范围较宽。同一寄生物的群体在其寄主范围内，常因对营养条件的要求不同而出现明显的分化，这就是寄生专化性。特别是在严格寄生物和强寄生物中，寄生专化性是非常普遍的现象。

在园林植物病害防治中，了解病原物的寄生性，对选育和推广抗病品种、分析病害流行规律和预测预报具有重要的实践意义。

（二）病原物的致病性

致病性是病原物所具有的破坏寄主后而引起病害的能力。

寄生物从寄主植物细胞和组织中吸取水分和营养物质，起着一定的破坏作用。但是，一种病原物的致病性并不能完全从寄生关系来说明，它的致病作用是多方面的。一般来说，寄生物就是病原物，但不是所有的寄生物都是病原物。例如，豆科植物的根瘤细菌和许多植物的菌根真菌都是寄生物，但不是病原物。因此，寄生物和病原物并不是同义词。

寄生性的强弱和致病性的强弱没有一定的相关性。例如，专性寄生的锈菌的致病性并不比非专性寄生病原物的致病性强。如引起腐烂病的病原物大多数都是非专性寄生的，有的病原物寄生性很弱，但是它们的破坏作用却很大。一般来说，病原物的寄生性越强，其致病性相对越弱；病原物的寄生性越弱，其致病性相对越强。例如，植物病毒侵染后，很少立即把植株杀死，这是因为它们的生存严格依赖寄主，没有活寄主也就没有病毒存在的可能，这是病原与寄主植物长期协同进化的结果。

病原物的致病性大致通过以下几种方式来实现：

① 夺取寄主植物的营养物质和水分，如寄生性种子植物和线虫会吸收寄主植物的营养，使寄主生长衰弱。

② 分泌各种酶类，消解和破坏寄主植物组织和细胞，并引起病害。例如，软腐病菌分泌的果胶酶，可分解消化寄主植物细胞间的果胶物质，使寄主植物组织的细胞彼此分离，组织软化而呈水渍状腐烂。

③ 分泌毒素，使寄主植物组织中毒，引起褪绿、坏死或萎蔫等不同症状。

④ 分泌植物生长调节物质，干扰寄主植物的正常激素代谢，引起植物生长畸形，如线虫侵染形成的巨型细胞，根癌细菌侵染形成的肿瘤等。

不同的病原物往往有不同的致病方式，有的病原物同时具有上述两种或多种致病方式，也有的病原物在不同的阶段具有不同的致病方式。

二、寄主植物的抗病性

寄主植物抑制或延缓病原物活动的能力称为抗病性，是寄主的一种属性。这种能力是由植物的遗传特性决定的，不同植物对病原物表现出不同程度的抗病能力。

（一）寄主植物抗病性的种类划分

按照寄主植物抗病能力的大小，将抗病性划分为免疫、抗病、耐病、感病和避病等几种类型：

① 免疫：寄主植物对病原物侵染的反应表现为完全不发病或观察不到可见的症状。

② 抗病：寄主植物对病原物侵染的反应表现为发病较轻。发病很轻的称为高抗。

③ 耐病：寄主植物对病原物侵染的反应表现为发病较重，但产量损失较小，即外观上发病程度类似感病，但寄主植物的忍耐性较高。有人称之为抗损害性或耐害性。

④ 感病：寄主植物对病原物侵染的反应表现为发病较重，产量损失较大。发病很重的称为严重感病。

⑤ 避病：指寄主植物在某种条件下避免发病或避免病害大范围发生的习性，但寄主植物本身是感病的。例如，寄主植物的感病期与病原物盛发期错开，从而避免病害大范围发生。

（二）寄主植物的抗病性机制

在园林植物病害的发生发展过程中，寄主植物始终在与病原物进行着斗争。按照病原物的发生时期大体分为抗接触、抗侵入、抗扩展和抗损害等几种类型，寄主植物往往在不同的发育阶段以不同的方式体现出来。而按照寄主植物的抗病机制可以分为结构抗病性和生物化学抗病性。前者有时称为物理抗病性或机械抗病性。

寄主植物抵抗病原物的活动，一是利用植物的组织结构特点阻止病原物的接触、侵入与在体内的扩展、破坏，这就是结构抗病性；二是植物的细胞或组织中发生一系列的生理生化反应，产生对病原物有毒害的物质，抑制、抵抗病原物的活动，这就是生化抗病性。

园林植物依靠原有的组织结构特点，抵御或阻止病原物的接触或侵入，发挥其抗侵入的作用。这种组织或结构上的特点是某些植物固有的特点，即先天性的防御结构。例如，植物表面密生茸毛或很厚的蜡质层，形成隔离屏障，使病原物难以接触、穿透表皮细胞，从而难以侵入；也有植物的气孔密闭或孔隙很小，病原物不易侵入。

病原物接触或侵入后，诱导寄主组织结构发生变化，如在病部形成木栓层、离层等来抵制病原物的扩展或增殖。这些后天性的变化与寄主的生物化学代谢分不开。在病原物与寄主接触或侵入后，会诱导寄主植物发生很强烈的生理生化反应，最强烈的是细胞自杀而形成过敏性的坏死反应，使病原物难以得到活体营养，从而限制了病原物的扩展。一种寄生物接触并侵入植物时，会受到植物很强烈的生化反应的抵抗。一种病原物只能侵害特定的寄主植物种类，而不能侵染其他种类。

在病原物的寄主范围内，不同种或品种也有不同程度的抵抗反应，也可分为先天的固有生化抗性和后天的诱导生化抗性两类。先天的生化抗性包括植物向体外分泌的抑菌物质，如松柏类植物向外分泌大量具有杀菌或抑菌活性的挥发性物质，许多微生物都被这些分泌的生化物质所钝化或失活。

诱导的生化抗性是指在寄主细胞内发生的有利于抗病的生理代谢途径的改变，从而产生更多的抗菌或抑菌物质，它们在防御病原物的活动中发挥着十分重要的作用。

三、园林植物侵染性病害的发生

（一）侵染性病害的发生过程

病原物与寄主植物接触之后，引起病害发生的全部过程，称作侵染程序，简称病程。病程一般可分为四个阶段，即接触期、侵入期、潜育期和发病期。

1. 接触期

从病原物与寄主植物接触或到达能够受到寄主植物外渗物质影响的根围或叶围开始，到病原物向侵入部位生长或运动，并形成某种侵入机构为止，称为接触期。病原物同植物体接触是无选择性的，只有与寄主植物的感病部位接触才是有效的。在接触期病原物除了直接受到寄主植物的影响外，还受到环境因素的影响，如大气的温度和湿度、植物表面渗出的化学物质以及植物表面微生物群落拮抗作用或刺激作用等。接触期是病原物侵染过程中的薄弱环节，也是防止病原物侵染的有利阶段。

2. 侵入期

从侵入到病原物与寄主植物建立稳定寄生关系为止，这一时期称为侵入期。

病原物侵入寄主植物的途径因种类不同而异，有以下几种方式：

① 直接侵入：一部分真菌可以从健全的寄主植物表皮直接侵入，如梨黑星病菌的分生孢子，树木根腐病蜜环菌的根状菌索均可直接侵入。

② 自然孔口侵入：植物体表的自然孔口有气孔、皮孔、水孔和蜜腺等，绝大多数真菌和细菌都可以通过自然孔口侵入，如松针褐斑病菌从气孔侵入，松树溃疡病菌从皮孔侵入。

③ 伤口侵入。植物表面各种伤口如剪伤、虫伤、碰伤和落叶的叶痕等都是病原物侵入的门户。在自然界，一些病原细菌和许多寄生性较弱的真菌如皮层腐烂病菌都由伤口侵入。

各种病原物的侵入途径有一定的专化性。病毒仅靠外力通过微伤或以昆虫作为介体而侵入；细菌可以被动地落在自然孔口或伤口而侵入；真菌除以上途径外尚有直接侵入的途径。不同真菌侵入的步骤也不一样，最典型的是孢子在适宜条件下萌发产生芽管，芽管与寄主植物表皮接触后顶端可膨大形成附着胞，然后从附着胞上产生较细的侵染丝侵入寄主体内。

影响病原物侵入的环境条件首先是湿度和温度。

① 湿度：相对湿度对于侵入的影响最大，真菌除白粉菌外，孢子萌发的最低相对湿度都在 80%以上，鞭毛菌的游动孢子和能运动的细菌在水滴中最适宜于侵染。

② 温度：温度影响孢子萌发和菌丝体生长的速度，各种真菌的孢子都有其最高、最适和最低的萌发温度。例如，杨树灰斑病菌分生孢子萌发的最低、最适和最高温度分别为 3℃、23~27℃、38℃，杉木炭疽病菌分生孢子萌发的最低、最适和最高温度分别为 12℃、20~24℃、32℃。在真菌孢子萌发的温度范围内，离最适温度越远，孢子萌发的时间越长；而超出最高或最低温度则不能萌发。在一般情况下，温度更多的作用是影响孢子的发芽率、发芽势，而不一定能确定其是否侵染。应当指出，在病害能够发生的季节里，温度一般都能满足侵入要求，而相对湿度变化较大，常成为病害侵入的限制因素。

3. 潜育期

从病原物侵入与寄主植物建立寄生关系开始，直到表现明显的症状为止称为潜育期。

① 局部侵染和系统侵染：病原物与寄主植物建立寄生关系以后，病原物在寄主植物体内扩展的范围因种类不同而异。大多数真菌和细菌扩展的范围限于侵入点附近，称局部侵染。叶斑类病害是典型的局部侵染病害，如毛白杨黑斑病的单个病斑直径不超过 1 mm。病原物自侵入点能扩展到整个植株或植株的绝大部分，称系统侵染，如许多病毒、植原体

以及少数的真菌、细菌的扩展属于这一类型，枯萎病类、丛枝病类都是系统侵染的结果。

② 环境条件对潜育期的影响：潜育期的长短因病害而异，叶部病害一般为 10 d 左右，也有较短或较长的。例如，杨树黑斑病为 2～8 d，松树落针病为 2～3 个月，立木腐朽病的潜育期有时长达数年或数十年。

在潜育期中，寄主植物体就是病原物的生活环境，其水分养分都是充足的。潜育期长短受外界环境，特别是气温影响最大。一般情况下，在病原物适于生长的温度范围内潜育期较短，偏高或偏低则潜育期延长。例如，毛白杨锈病，在 13℃以下时潜育期为 18 d，15～17℃时为 13 d，20℃时为 7 d。

有些病原物侵入寄主植物后，由于寄主植物和环境条件的限制，暂时停止生长活动而潜伏在寄主体内不表现症状，但当寄主植物抗病性减弱，环境条件有利于病菌生长时，病菌可继续扩展并出现症状，这种现象称为潜伏侵染。有些病害出现症状后，由于环境条件不适宜，症状可暂时消失，称为隐症现象。有些病毒侵入一定寄主植物后，在任何条件下都不表现症状，称为带毒现象。有些植物病害的发生是由于两种以上的病原物同时或先后侵染而引起的，这种现象称为复合侵染。

4. 发病期

受病植物症状的出现，表示潜育期的结束、发病期的开始。也就是说，从寄主植物表现出症状后，到症状停止发展这一阶段称为发病期。

在发病期间，病原物仍有一段或长或短的扩展时期，其症状也随之有所发展，严重程度也不断增加。最后病原物产生繁殖器官（或休眠体），症状便停止发展，一次侵染过程至此结束。

（二）园林植物病害的侵染循环

侵染循环是指病害从前一个生长季节开始发病，到下一个生长季节再度延续发病的过程，它包括初侵染和再侵染、病原物的越冬和病原物的传播 3 个环节。

1. 病害的初侵染和再侵染

由越冬的病原物在植物生长期引起的初次侵染称初侵染。在初侵染的病部产生的病原体通过传播引起的侵染称为再侵染。在同一生长季节，再侵染可能发生许多次，病害的侵染循环可按再侵染的有无分为多病程病害、单病程病害两类。

① 多病程病害：一个生长季节中除初侵染过程外还有再侵染过程，如各种白粉病和炭疽病等。

② 单病程病害：一个生长季节只有一次侵染过程，如松树落叶病、槭黑痣病等。

单病程病害每年的发病程度取决于初侵染多少，只要集中消灭初侵染来源或防止初侵染，这类病害就能得到防治。对于多病程病害，情况就比较复杂，除防治初侵染外，还要解决再侵染问题，防治效率的差异也较大。

2. 病原物越冬

许多园林植物到冬季大都进入落叶休眠期或停止生长状态。寄生在植物上的病原物如何渡过这段时间，并引起下一个生长季节的侵染，这就是越冬问题。越冬是侵染循环中的一个薄弱环节，这个环节是某些病害防治上的关键环节。病原物越冬有以下几个场所：

① 感病寄主。感病寄主是园林植物病害最重要的越冬场所，树木不但枝干是多年生的，常绿针阔叶树的叶子也是多年生的，寄主体内的病原物因有寄主组织的保护，不会受到外界环境的影响而能安全越冬，成为次年初侵染来源。

② 病株残体。绝大部分非专性寄生的真菌、细菌都能在因病而枯死的立木、倒木、枝条和落叶等病残体内存活或以腐生的方式存活一段时间。因此，彻底清除病株残体等措施有利于消灭和减少初侵染来源。

③ 种子苗木和其他繁殖材料。种子及果实表面和内部都可能有病原物存活，春天播种时就成为幼苗病害侵染的来源。种子带菌对园林树木病害并不重要，苗木、接穗、插条和种根等上的病原物作为侵染来源与有病植株情况是一样的。

④ 土壤、肥料。土壤、肥料也是多种病原物越冬的主要场所，侵染植物根部的病原物尤其如此。病原物可以厚垣孢子、菌核等形式在土壤中休眠越冬，有的甚至可存活数年之久。病原物除休眠外，还以腐生方式在土壤中存活。根据病原物在土壤中存活能力的强弱，可以分为土壤寄居菌和土壤习居菌。土壤寄居菌必须在病株残体上营腐生生活，一旦寄主残体分解，便很快在其他微生物的竞争下丧失生活能力。土壤习居菌有很强的腐生能力，当寄主残体分解后还能直接在土壤中营腐生生活。

3. 病原物的传播

在植物体外越冬的病原物，必须传播到植物体上才能发生初侵染，在植株之间传播则能引起再侵染。许多病原物如带鞭毛的细菌、游动孢子等都有主动传播的能力，但这种主动传播的距离极为有限。病原物的传播主要依赖外界因素被动传播，其主要传播方式如下：

① 风力传播（气流传播）：真菌的孢子数量多、体积小，易于随风飞散。很多真菌的孢子是借风力传播的，也就是气流传播。气流传播的距离较远，范围也比较广，但可以传播的距离并不就是有效距离。因为部分孢子在传播的途径中死去，而且活的孢子还必须遇到感病的寄主和适当的环境条件才能引起侵染，传播的有效距离受气流活动、孢子的数量和寿命以及环境条件的影响。

借风力传播的病害，防治方法比较复杂，除注意消灭当地的病原物以外，还要防止外地病原物的传入。确定病原物的传播距离在防治上有很重要的作用，转主寄主的砍除和无病苗圃的隔离距离都是由传播距离决定的。

② 雨水传播：植物病原细菌和真菌中的黑盘孢目、球壳孢目的分生孢子多半是由雨水传播的，低等的鞭毛菌的游动孢子只能在水滴中产生和保持它们的活动性。雨水传播病害的距离一般都比较近，蔓延也比较慢。对于生存在土壤中的一些病原物，还可以随灌溉

和排水的水流而传播。

③ 昆虫和其他动物传播：许多昆虫在植物上取食活动时，也成为传播病原物的介体，能传播病毒、病原细菌和真菌。同时，其在取食和产卵时，给植物造成的伤口，也能够为病原物的侵染造成有利条件。此外，线虫、鸟类等动物也可传带多种病原物。

④ 人为传播：人们在育苗、栽培管理及运输等各种活动中，常常无意识传播病原物。种子、苗木、农林产品以及货物包装用的植物材料，都可能携带病原物。人为传播往往是远距离的，而且不受外界环境条件的限制，这是实行植物检疫的原因。

四、园林植物病害的流行和预测

（一）病害的流行

园林植物病害在一定的地区内和一定的时期普遍而严重发生，使寄主植物受到很大损害，或产量受到很大损失，称为病害的流行。

传染性病害的流行必须具备三个方面的条件，即有大量致病力强的病原物存在，有大量感病寄主植物存在以及有对病害发生极为有利的环境条件。三者相互联系，互相影响。

① 大量的感病寄主。感病的寄主植物大量而集中的存在是病害流行的必要条件。植物的不同种类、不同年龄以及不同个体对病害有不同的感病性，营造大片同龄的纯林，易于引起病害流行。在某些条件下造林选用林木的品系不当，也是引起病害流行的原因。

② 致病力强的病原物。病害的流行必须有大量的致病力强的病原物存在，并能很快地传播到寄主体上。没有再侵染或再侵染次要的病害，病原物越冬的数量，即初侵染来源的多少，对病害流行起着决定性的作用。而再侵染重要的病害，除初侵染来源外，侵染次数多，潜育期短，繁殖快，对病害流行常起很大的作用。病原物的寿命长以及有效的传播方式，也可加速病害的流行。

③ 适宜的发病条件。环境条件影响着寄主植物的生长发育及其遗传变异，也影响其抗病力，还影响病原物的生长发育、传播和生存。气象条件（温度、湿度、光照和风等）、土壤条件、栽培条件（种植密度、肥水管理和品种搭配），与病害的流行关系也很密切。

上述三方面因素是病害流行的必不可少的条件，缺一不可。但是，各种流行性病害，由于病原物、寄主植物和它们对环境条件的要求等方面的特性不同，在一定地区，一定时间内，分析病害流行条件时，不能把三个因素同等看待。可能其中某些因素基本具备，变动较小，而其他因素变动或变动幅度较大，不能稳定地满足流行的要求，限制了病害的流行。因此，把这种易变动的限制性因素称为主导因素。例如，杨树腐烂病，在北方的某些地区，感病的寄主大量而集中地存在着，病原物也普遍地附生于枝干树皮表层，这时病害流行取决于环境条件，如遇突然的干旱或冻害，病害便随即流行起来。在另外一些病害里，病原物或大量的感病寄主的存在可能是流行的决定条件。

（二）病害流行的动态

植物病害的流行是随着时间而变化的，亦即有一个病害数量由少到多、由点到面的发展过程。研究病害数量随时间而增长的发展过程，叫做病害流行的时间动态。研究病害分布由点到面的发展变化，叫做病害流行的空间动态。

1．病害流行的时间动态

病害流行过程是病原物数量积累的过程，不同病害的积累过程所需的时间各异，大致可分为单年流行病害和积年流行病害两类。单年流行病害在一个生长季中就能完成数量积累过程，引起病害流行；积年流行病害需连续几年的时间才能完成该数量积累的过程。

单年流行病害大都是有再侵染的病害，故又称为多循环病害。其发生特点是：① 潜育期短，再侵染频繁，一个生长季可繁殖多代；② 多为气流传播、雨水传播或昆虫传播的病害；③ 多为植株地上部分的叶斑病类；④ 病原物寿命不长，对环境敏感；⑤病害发生程度在年度之间波动大，大流行年之后的第二年可能发生轻微，轻病年之后又可能大流行。属于这一类的重要病害有锈病、白粉病等。

积年流行病害又称单循环病害。其发生特点：① 无再侵染或再侵染次数很少，潜育期长或较长；② 多为全株性或系统性病害，包括茎基部及根部病害；③ 多为种子传播或土壤传播病害；④ 病原物休眠体往往是初侵染来源，对不良环境的抗性较强，寿命也长，侵入成功后受环境影响小；⑤ 病害在年度间波动小，上一年的菌量影响下一年病害的发生数量。属于该类病害的有多种园林树木根部病害等。

2．病害流行的空间动态

病害流行过程的空间动态是指病害的传播距离、传播速度以及传播的变化规律。

① 病害的传播：病害传播的距离按其远近可以分为近程、中程和远程三类。一次传播距离在百米以内的称为近程传播，近程传播主要是病害在林间的扩散传播，显然受林间小气候的影响。当传播距离在几十甚至几百千米以上的称为远程传播。介于二者之间的称为中程传播。中远距离传播受上升气流和水平风力的影响。

② 病害的林间扩展和分布型：病害在林间的扩展和分布型与病原物初次侵染的来源有关，可分为初侵染来源位于本地和外来菌源两种情况：

初侵染源位于本地内，在林间有一个发病中心或中心病株。病害在林间的扩展过程是由点到片，逐步扩展到全片。传播距离由近及远，发病面积逐步扩大。病害在林间的分布呈核心分布。

初侵染源为外来菌源，病害初发时在林间一般是随机分布或接近均匀分布，也称为弥散式传播。如果外来菌量大、传播广，则全片普遍发病。

3．病害流行的预测

根据病害流行的规律和即将出现的有关条件,可以推测某种病害在今后一定时期内流行的可能性,称为病害预测。病害预测的方法和依据因不同病害的流行规律而异。通常主要依据：① 病害侵染过程和侵染循环的特点；② 病害流行因素的综合作用,特别是主导因素与病害流行的关系；③ 病害流行的历史资料以及当年的气象预报等。

由于病害发展中各种因素间的关系很复杂,而且各种因素也在不断变化,因此,病害的预测是一项复杂的工作。

复习思考题

1. 病原物的寄生性、致病性和寄主植物的抗病性之间有什么关系?
2. 病原物侵入寄主植物的途径有哪些? 影响病原物侵入的环境条件有哪些?
3. 病原物越冬的场所主要有哪些?
4. 病原物的传播方式主要有哪些?
5. 园林植物病害流行的基本条件有哪些?

第二章　园林植物害虫与天敌鉴别

第一节　昆虫的特征

昆虫是动物界中最大的一个类群，它们在生物多样性中占有十分重要的地位。

昆虫属于动物界、节肢动物门的一个纲，即昆虫纲（Insecta）。因此，昆虫既具有节肢动物所共有的特征，又具有不同于节肢动物门中其他各纲的特征。

一、节肢动物门的特征

① 体躯分节，体躯由一系列体节组成。

② 整个体躯最外面被有一层含几丁质的外骨骼。

③ 有些体节上生有成对的分节附肢。

④ 体腔即为血腔，循环器官为背血管，位于身体的背面。

⑤ 中枢神经系统位于身体腹面。

二、昆虫纲的特征

① 昆虫成虫的体躯由若干环节组成，这些环节集合成头部、胸部和腹部 3 个体段，如图 2-1 所示。

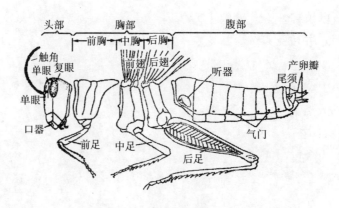

图 2-1　昆虫纲的特征

② 头部是取食和感觉中心，具有口器、3 对口器附肢，1 对触角，1 对复眼、3 个单眼。

③ 胸部是运动和支撑中心，由 3 个体节组成，成虫阶段具有 3 对足，一般还有 2 对翅。

④ 腹部是生殖和代谢中心，由 9～11 个体节组成，内含大部分内脏和生殖系统，腹末多数具有转化成外生殖器的附肢。

⑤ 昆虫在一生的生长发育过程中，通常需经过一系列显著的内部结构变化和外部形态变化（即变态），才能发育成为性成熟的成虫。

三、昆虫与人类的关系

由于昆虫食性的异常广泛，因而昆虫与人类的关系十分复杂。据估计，昆虫中有 48.2% 的种类是植食性的；有 28% 是捕食性的，捕食其他昆虫；有 2.4% 是寄生性的，寄生在其他动物体外和体内；有 17.3% 是腐生性的，取食腐败的生物有机体。这个估计大致上划分出了昆虫"益"与"害"的大致轮廓，但这只不过是个自然现象，而人类的益害观是从对人的经济利益的观点出发的，因而要复杂得多。

（一）昆虫的有害方面

① 农林害虫：为害农林作物及其他经济植物的重要害虫种类约有 1 万种。它们不但以各种方式直接取食植物的不同部位，造成植物生长缓慢或畸形、产量降低、品质变劣，甚至造成植株大量死亡；同时在为害的过程中，还能传播许多种类的植物病害。

② 贮藏害虫：为害动物和农林作物及其他经济植物的产品、加工品和建筑材料等。

③ 卫生害虫：主要有蚤、蚊、蝇、虱和臭虫等，不但直接吸取人或家畜的血液，而且还能传播多种疾病。

（二）昆虫的有益方面

① 传粉昆虫：大约 85% 的植物属于虫媒植物，蜂类、蝇类、蛾类、蝶类和某些甲虫等访花昆虫，多以植物的花蜜和花粉为食料，是传授花粉的必要媒介，可促进和提高作物的结实率和产量，并可促进植物种类的不断繁衍。

② 工业原料资源昆虫：家蚕和柞蚕等吐的丝，白蜡虫分泌的白蜡，紫胶虫分泌的紫胶，五倍子蚜产生的五倍子，从胭脂虫中提取的洋红，荧光素、几丁质和甲壳素等昆虫产品，都是重要的天然工业原料。

③ 天敌昆虫：在自然界中有很多捕食性和寄生性昆虫，它们多以其他小型动物（其中主要是害虫）为食料，被称为天敌昆虫。例如，瓢虫类、草蛉类、食蚜蝇类、胡蜂、赤眼蜂、茧蜂、姬蜂和寄蝇等，在自然界对害虫起着十分重要的抑制作用。

④ 药用昆虫：很多昆虫及其产品，是名贵的营养补品或中药材。例如，蜜蜂的蜂蜜

和王浆、从芫菁科昆虫体内提取的芫菁素、蝙蝠蛾的幼虫被一种真菌寄生后生成的子实体"冬虫夏草"、蝉的蜕皮"蝉蜕"等。

⑤ 腐食昆虫：一些昆虫以动植物尸体、残骸或排泄物为食料，被称为腐食性或粪食性昆虫，它们可以帮助人类清洁环境，成为地球上最大的"清洁工"，如蜣螂、埋葬甲等。

⑥ 食用、饲用昆虫：昆虫体富含蛋白质、不饱和脂肪酸和微量元素等，可供人食用和作为养殖动物的饲料。

⑦ 观赏昆虫：蝶、萤火虫、蟋蟀和螽斯等色彩鲜艳，形态奇特，图案精美，鸣声动听，有的还会发荧光。

⑧ 此外，昆虫还可作为科学研究的对象。例如，通过对果蝇唾腺巨型细胞的巨大染色体的研究，使遗传学得以迅速发展；蜻蜓、蜉蝣可作为指示昆虫，用来检测水质污染的程度；家蝇可作为农药生物测定的重要材料；某些水生昆虫的流线型体型、蜻蜓的翅型以及昆虫复眼的构造等，是轮船、汽车、飞机和照相机等机械设计与制造的仿生材料。

综上所述，昆虫对人类的益与害是多方面的。对害虫加以控制和消灭，对益虫加以保护和利用，兴利除害，造福人类，是学习和研究昆虫学的根本目的和任务。

复习思考题

1．昆虫纲的特征主要有哪些？它与其他节肢动物有什么区别？
2．昆虫与人类的关系都有哪些？

第二节 昆虫体躯的构造

体躯指的是昆虫的整个身体，它由许多环节连接而成，每个环节就叫做体节，整个体躯由18～21个体节组成，各体节按其功能的不同又趋向于分段集中，从而构成了头、胸、腹三个体段。

昆虫体躯的最外层组织叫做体壁。昆虫的体壁大部分骨化为骨板，形成外骨骼。各体节的骨化区，依其所在的体面分别命名为：背板、腹板和侧板。骨板常在适当的部分向里褶陷，褶陷的部位在外表留下的狭槽，称为沟，沟可将骨板划分为若干小片，称为骨片。这些骨片按其所在骨板位置，分别称为背片、腹片和侧片。两相邻骨片相对继续骨化后骨片间留下的一条膜质线叫缝。

一、昆虫的头部

（一）头部的构造

头部是昆虫最前面的一个体段。头部着生有 1 对复眼、1 对触角，有的还有 2～3 个单眼等感觉器官和 1 个取食的口器，是昆虫感觉和取食的中心。

昆虫的头部是由一个完整的体壁高度骨化的坚硬颅壳，没有分节的痕迹，但是有一些与分节无关的后生的沟。由于头壳上沟缝的存在，把头壳分为头顶、额、唇基、颊和后头 5 个区域，如图 2-2 所示。

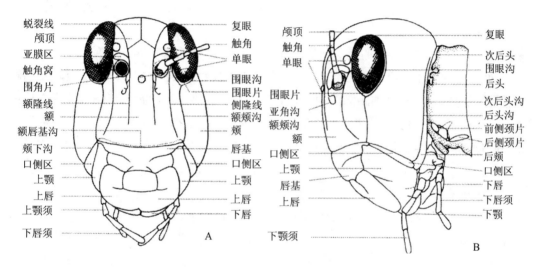

A. 正面观；B. 侧面观

图 2-2　东亚飞蝗的头部

（二）头式

昆虫由于取食方式不同，口器的形状和着生位置也发生了相应的变化。根据口器在头部着生的方向，一般将头部的形式分为下口式、前口式和后口式 3 类，如图 2-3 所示。

下口式　　　　　前口式　　　　　后口式

图 2-3　昆虫头部的形式

① 下口式：口器向下，头部约与身体的纵轴垂直。多见于植食性昆虫，如蝗虫、蟋蟀和蝶蛾类幼虫等。

② 前口式：口器向前，头部约与身体的纵轴平行。多见于捕食性昆虫和一些钻蛀性昆虫，如步行甲、草蛉幼虫等。

③ 后口式：口器向后斜伸，头部与身体纵轴成锐角，不用时常弯贴在身体腹面。多见于刺吸式口器昆虫，如蝽象、蝉和蚜虫等。

（三）触角

大多数昆虫都具有 1 对触角。触角一般着生在头部的额区，有的位于复眼之前，有的位于复眼之间。触角的主要功能是感觉，在寻找食物和配偶上起触觉、嗅觉和听觉作用。

1．触角的功能

昆虫的触角主要功能是嗅觉、触觉与听觉，其表面具有很多不同类型的感觉器，在昆虫的种间和种内的化学通讯、声音通讯及触觉通讯中起着重要的作用。一般雄性昆虫的触角较雌性昆虫的触角发达，能准确地接收雌性昆虫在较远处释放的性信息素。此外，昆虫的触角还有一些其他功能，如芫菁在交配时雄虫的触角能起携助拥抱雌虫的作用，魔蚊的幼虫利用触角可以捕获猎物，仰泳蝽在游泳时触角能平衡身体，水龟虫潜水时可以用触角帮助呼吸。

2．触角的构造

触角是分节的构造，由基部向端部通常可分为柄节、梗节和鞭节 3 部分，如图 2-4 所示。柄节是触角基部的一节，短而粗大，着生于触角窝内，四周有膜相连。梗节是触角的第二节，较柄节小。鞭节是触角的端节，又由许多亚节组成，一般昆虫触角的变化是在梗节和鞭节上。

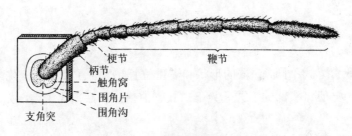

图 2-4　昆虫触角的构造

3．触角的类型

触角的变化主要发生在鞭节部分，其形状因种类不同而变化很大，大致可分为下列几种基本类型，如图 2-5 所示。

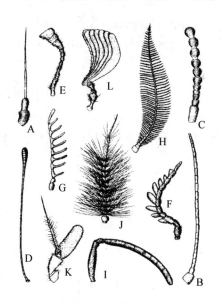

A. 刚毛状；B. 线状；C. 念珠状；D. 棒状；E. 锤状；F. 锯齿状；G. 栉齿状；

H. 羽状；I. 肘状；J. 环毛状；K. 具芒状；L. 鳃状

图 2-5　昆虫触角的类型

① 刚毛状：触角短小，基节和梗节较粗大，鞭节纤细如刚毛。例如，蝉、叶蝉和蜻蜓的触角。

② 线状（丝状）：是昆虫触角最常见的类型。触角细长，圆筒形，基节和梗节较粗大，鞭节各亚节大致相同，向端部逐渐变细，如蝗虫、叶甲的触角。螽斯类、天牛类的触角因各节加粗、加长，属典型的线状，有时触角可长达身体的数倍，形似鞭子，又称鞭状。

③ 念珠状：基节较长，梗节小，鞭节各节大小相似，近于球形，形似一串佛珠。例如，白蚁、褐蛉的触角。

④ 棒状：又叫球杆状触角，结构与线状触角相似，但近端部数节膨大如棒。蝶类和蚁蛉类的触角属于此类。

⑤ 锤状：似棒状，但触角较短，鞭节端部突然膨大，形似锤状，如郭公甲等一些甲虫的触角。

⑥ 锯齿状：鞭节各亚节的端部呈锯齿状向一边突出，如部分叩头甲、芫菁雄虫等的触角。

⑦ 栉齿状：鞭节各亚节向一侧显著突出，状如梳栉，如部分叩头甲及豆象雄虫的触角。

⑧ 羽状：又叫双栉状，鞭节各节向两侧突出呈细枝状，枝上还可能有细毛，触角状如鸟类的羽毛或形似篦子，如很多蛾类雄虫的触角。

⑨ 肘状：又叫膝状或曲肱状，其柄节较长，梗节小，鞭节各亚节形状及大小近似，在梗节处呈肘状弯曲，如蚁类、蜜蜂类和象甲类昆虫的触角。

⑩ 环毛状：除柄节与梗节外，鞭节部分亚节具一圈细毛，如雄性蚊类和摇蚊的触角。

⑪ 具芒状：鞭节不分亚节，较柄节和梗节粗大，其上有一刚毛状或芒状触角芒。为蝇类所特有。

⑫ 鳃状：鞭节端部几节扩展成片，形似鱼鳃，如金龟甲的触角。

除上述类型的触角外，尚有剑状、锥状、耳状以及很多不规则形状的触角，还有一些中间类型的触角。同种昆虫雌雄两性的触角可以属于不同的类型，在描述昆虫时应予注意。

（四）复眼和单眼

眼是昆虫的视觉器官，在昆虫的取食、栖息、繁殖、避敌和决定行动方向等各种活动中，起着很重要的作用。

1．复眼

昆虫的成虫和不完全变态的若虫及幼虫一般都具有 1 对复眼。复眼位于头部的侧上方（颅侧区），大多数为圆形或卵圆形，也有的呈肾形（如天牛）。低等昆虫、穴居昆虫及寄生性昆虫的复眼常退化或消失。复眼是由若干个小眼组成的。

2．单眼

昆虫的单眼又可分为背单眼和侧单眼两类。背单眼一般为成虫和不完全变态的若虫所具有，着生于额区上端两复眼之间，一般 2～3 个。侧单眼为完全变态类幼虫所具有，位于头部的两侧，数目变化大，1～7 对不等。单眼只能辨别光的方向和强弱，而不能形成物体的景象。背单眼能够增加昆虫复眼感受光线刺激的反应，某些昆虫的侧单眼能辨别光的颜色和近距离物体的移动。

（五）口器

口器是昆虫的摄食器官，一般由上唇、上颚、下颚、下唇和舌 5 部分组成。上唇和舌属于头壳的构造，上颚、下颚和下唇是头部的 3 对附肢。各种昆虫因食性和取食方式不同，形成了不同的口器类型。

1．咀嚼式口器

上唇是衔接在唇基前缘的一块双层薄片。上颚是 1 对锥状坚硬的物体，不分节，分基部的磨区和端部的切区两部分，用以切断和磨碎食物。下颚是 1 对分节的构造，可分成 5 个部分：轴节、茎节、内颚叶、外颚叶和下颚须，主要用于握持和推进食物，下颚须有感觉作用。下唇是由类似于下颚的一对物体愈合而成的，也分 5 个部分：前颏、后颏、侧唇舌、中唇舌和下唇须，主要用于托挡食物，下唇须有感觉作用。舌是由头部体壁扩展而来的一个袋状物构造，主要用于运送和吞咽食物，舌壁上有很密的毛带和感觉器，具味觉功能。襀翅目、直翅目、大部分脉翅目、部分鞘翅目和部分膜翅目昆虫的成虫以及很多类群幼虫的口器都属于咀嚼式口器，如图 2-6 所示。

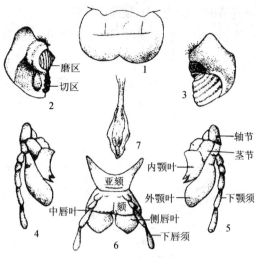

1. 上唇；2-3. 上颚；4-5. 下颚；6. 下唇；7. 舌

图 2-6　蝗虫的咀嚼式口器

2. 刺吸式口器

刺吸式口器不仅具有吮吸液体食物的构造，而且还具有刺入动植物组织的构造，因而能刺吸植物的汁液或动物的血液。刺吸式口器的主要特点是：上颚和下颚延长，特化为针状的构造，称为口针；下唇延长成分节的喙，将口针包藏于其中，食窦和前肠的咽喉部分特化成强有力的抽吸机构的咽喉即筒。半翅目、同翅目和双翅目的蚊类等昆虫成虫的口器属于刺吸式口器，如图 2-7 所示。

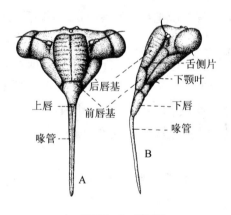

A. 正面观；B. 侧面观

图 2-7　蝉的刺吸式口器

3. 虹吸式口器

虹吸式口器为多数鳞翅目成虫所特有。其显著特点是具有一条能卷曲和伸展的喙，适于吸食花管底部的花蜜。虹吸式口器的上唇仅为一条狭窄的横片。上颚除少数原始蛾类外均已退化。下颚的轴节与茎节缩入头内，下颚须不发达，但左、右下颚的外颚叶却十分发达，两者嵌合成喙；每个外颚叶的横切面呈新月状，两叶中间为食物道；外颚叶内为一系列骨化环，不取食时喙像发条一样盘卷，取食时借肌肉与血液的压力伸直；有些吸果蛾类的喙端尖锐，能刺破果实的表皮。下唇退化成三角形小片，下唇须发达。舌退化，如图2-8 所示。

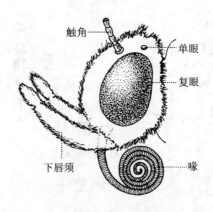

图 2-8　鳞翅目成虫的虹吸式口器

4. 嚼吸式口器

嚼吸式口器兼有咀嚼固体食物和吸食液体食物两种功能，仅为一些高等膜翅目昆虫的成虫如蜂类所特有。其主要特点是下颚和下唇特化为可以临时组成吸食液体食物的喙。上唇与上颚与咀嚼式口器的相似，发达的上颚主要用于咀嚼花粉与筑巢；下颚的外颚叶甚为发达，呈刀片状，下颚须和内颚叶较退化；下唇细长，下唇须与中唇舌延长，侧唇舌较小。

5. 锉吸式口器

锉吸式口器为蓟马类昆虫所特有，能吸食植物的汁液或软体动物的体液，少数种类也能吸人血。锉吸式口器各部分的不对称性是其显著的特征。锉吸式口器具有一个短小的喙，由上唇、下颚的一部分和下唇组成，右上颚退化和消失，左上颚和下颚的内颚叶变成口针，其中左上颚基部膨大，具有缩肌，是刺锉寄主组织的主要器官，下颚须及下唇须均在。

6. 舐吸式口器

舐吸式口器为双翅目蝇类所特有，如家蝇、花蝇和食蚜蝇等。口器粗短，由基喙、中喙及端喙3部分组成。基喙是头壳的一部分，以膜质为主，略呈倒锥状，其前壁有一马蹄形的唇基。唇基前有1对棒状下颚须。上颚与下颚的大部分消失。中喙是真正的喙，主要是下唇的前颏所形成，略呈筒状，后壁骨化为唇鞘，前壁凹陷成唇槽，长片形上唇的内壁凹陷成食物道盖在唇槽上。刀片状的舌紧贴在上唇下面以闭合食物道，唾道自舌内通过。端喙即喙端部两个大椭圆形海绵状吸盘，两唇瓣间有一小孔，即前口，与食物道相通，唾液亦经前口流出。唇瓣的表面有两条较深纵沟及多条环沟，这些沟与气管相似，故称拟气管。

7. 刮吸式口器

刮吸式口器见于双翅目蝇类幼虫中。此类口器十分退化，外观仅见 1 对口钩。取食时，先用口钩刮食物，然后吸收汁液和固体碎屑。其头全部缩入胸部，体躯前端为颈膜。口钩是一个高度骨化的次生构造。

8. 捕吸式口器

捕吸式口器是脉翅目幼虫所独有的一种口器，最显著的特征是成对的上、下颚分别组成一对刺吸构造，因而也称双刺吸式口器。该类口器的上唇不发达；上唇延长呈镰刀状，其腹面纵凹，下颚的外颚叶相应延长紧贴在上颚内侧形成食物道；下颚的轴节、茎节及下唇不发达，下颚须消失，但下唇须则较发达。捕食时，幼虫将成对的捕吸器刺入猎物体内，注入消化液，进行肠外消化后再把消化好的物质吸入。

9. 刺舐式口器

刺舐式口器为双翅目吸血性虻类昆虫所特有。其上唇较长，端部尖，上颚变宽呈刀片状，端部尖锐，能左右活动，与上唇一起切破牲畜比较坚硬的皮或人的皮肤；下颚的外颚叶形成较坚硬、细长的口针，上下抽动能使被刺破的伤口张开；下唇肥大柔软，端部有一对肉质的唇瓣，唇瓣具有一系列通向中央前口的横沟；舌演变成一根较细弱的口针，唾道从舌的中央穿过。虻类昆虫刺破动物的皮肤后，唇瓣即贴在伤口处，血液即通过横沟流向前口，由上唇和舌形成的食物道进入口中。

二、昆虫的胸部

（一）胸部的基本构造

昆虫胸部由 3 个体节组成，由前向后依次分别称为前胸、中胸和后胸。每一胸节各具足 1 对，分别称为前足、中足和后足。大多数昆虫在中、后胸上还各具有 1 对翅，分别称为前翅和后翅。中、后胸由于适应翅的飞行，互相紧密结合，具发达的内骨骼和强大的肌肉。中、后胸又称为具翅胸节或简称翅胸。昆虫胸部每一胸节都是由 4 块骨板构成，根据其在胸节上的位置分别为背板、腹板和两个侧板。骨板按其所在胸节而各有其名称，如前胸背板、中胸侧板、后胸腹板等。各骨板又被若干沟划分成一些骨片，这些骨片也各有名称，如小盾片、基腹片等，其形状、大小常作为昆虫分类的依据。

（二）胸足

1. 胸足的构造

昆虫的胸足是胸部行动的附肢，着生在各节的侧腹面，基部与体壁相连，形成一个膜质的窝，称为基节窝。成虫的胸足一般由 6 节组成，自基部向端部依次分为基节、转节、腿节、胫节、跗节和前跗节，如图 2-9 所示。

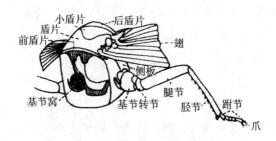

图 2-9 具翅胸节和足的构造

① 基节：是足最基部的 1 节，常短粗，多呈圆锥形。但捕食性的种类如螳螂、猎蝽的前足基节很长。

② 转节：一般较小，基部与基节以前、后关节相连，端部常与腿节相连而不很活动。蜻蜓目昆虫的转节中部狭隘，似为 2 节。

③ 腿节：常为足各节中最发达的一节，基部与转节紧密相连，端部与胫节以前、后关节相接。腿节和胫节间可作较大范围活动，使胫节可以折贴于腿节之下。捕食性昆虫腿节表面，特别是内侧常具有齿或刺。膜翅目细腰亚目的部分种类腿节基部形成一个明显的拟转节。

④ 胫节：通常较细长，与腿节之间的双关节很发达，使胫节可以折叠到腿节之下。捕食性的种类胫节内侧常具有刺或齿，末端常有可活动的距；有些螳螂目、半翅目等昆虫胫节具叶状突起；猎蝽科、姬蝽科昆虫前、中足胫节的端部常具海绵沟，以帮助捕食猎物；螽斯的前足胫节上具听器，能接受声音信息。

⑤ 跗节：通常较短小，分为 1～5 个亚节，各亚节间以膜相连，可以活动。有的昆虫如蝗虫等的跗节腹面有较柔软的垫状物，称为跗垫，可用于辅助行动。有些种类的跗节特化，如蜜蜂后足跗节的第一亚节特别膨大，其上内侧具有成排的梳刷花粉的毛刷；而蜜蜂前足跗节的第一亚节基部有一凹陷，与胫节末端的瓣状物一起构成了净角器，以清除粘在触角上的花粉等脏物。蝼蛄前足跗节各亚节特化为齿状，以适应挖土。

⑥ 前跗节：是足的最末一节，在一般昆虫中，前跗节退化而被两个侧爪所取代。直翅目等昆虫两爪中间还具有一个中垫。

2. 胸足的类型

胸足的原始功能为行动器官，但在各类昆虫中，由于适应不同的生活环境和生活方式，而特化成了许多不同功能的构造。常见的昆虫胸足类型有以下几种，如图 2-10 所示。

① 步行足：是昆虫中最普通的一类，一般比较细长，适于步行，如步甲的足。

② 跳跃足：多为后足所特化，腿节特别发达，用于跳跃，如蝗虫、螽斯的后足。

③ 捕捉足：基节通常特别延长，用以捕捉猎物、抓紧猎物，防止其逃脱。例如，螳

蝉、螳蛉和猎蝽等的前足。

④ 开掘足：形状扁平，粗壮而坚硬。例如，蝼蛄、金龟子等在土中活动的昆虫的前足。

⑤ 游泳足：多见于水生昆虫的中、后足，呈扁平状，生有较长的缘毛，用以划水。例如，龙虱、仰蝽和负子蝽的后足。

⑥ 抱握足：为雄性龙虱所特有。前足跗节特化为吸盘状，在交配时用于挟持雌虫。

⑦ 携粉足：是蜜蜂类用以采集和携带花粉的构造，由工蜂后足特化而成。

⑧ 攀援足：为虱类所特有。各节较粗短，胫节端部有一指状突起，与跗节和呈弯状的前跗节构成一个钳状构造，能牢牢夹住人、畜的毛发。

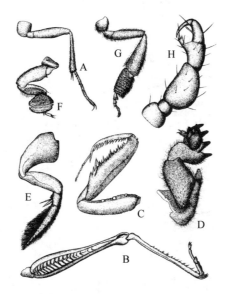

A. 步行足；B. 跳跃足；C. 捕捉足；D. 开掘足；E. 游泳足；F. 抱握足；G. 携粉足；H. 攀援足

图 2-10　胸足的基本类型

（三）翅

1. 翅的基本构造

翅通常呈三角形，具有 3 条边和 3 个角。翅展开时，靠近头部的一边，称为前缘；靠近尾部的一边，称为内缘（或后缘）；在前缘与内缘之间的一边，称为外缘。前缘与内缘间的夹角，称为肩角；前缘与外缘间的夹角，称为顶角；外缘与内缘间的夹角，称为臀角。为了适应折叠和飞行，昆虫的翅常有 3 条槽将翅面划为 4 个区，翅基部三角形的区域称为腋区，腋区外面的褶称为基褶；从腋区外角发出的臀褶和轭褶将腋区外的翅面划分为臀前区、臀区和轭区，如图 2-11 所示。

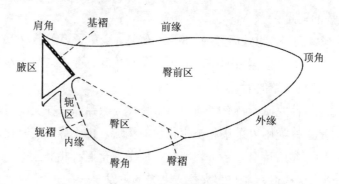

图 2-11 翅的基本构造

2. 翅的类型

翅的主要作用是飞行，一般为膜质。但不少昆虫由于长期适应其生活条件，前翅或后翅发生了变异，或具保护作用，或演变为感觉器官，质地也发生了相应变化。根据质地和翅面上的被覆物，昆虫的翅可分为以下几种类型，如图 2-12 所示。

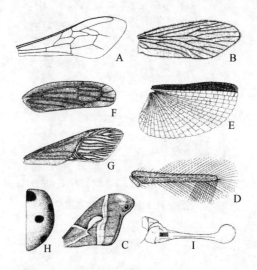

A. 膜翅；B. 毛翅；C. 鳞翅；D. 缨翅；E. 半覆翅；F. 覆翅；G. 半鞘翅；H. 鞘翅；I. 棒翅

图 2-12 翅的类型

① 膜翅：翅的质地为膜质，薄而透明，翅脉明显可见。例如，蜂类、蜻蜓和草蛉的前后翅；甲虫、蝗虫和蟒类的后翅。

② 毛翅：翅的质地为膜质，但翅面和翅脉上被覆很多毛，多不透明或半透明。例如，毛翅目昆虫的前、后翅。

③ 鳞翅：翅的质地为膜质，但翅面上覆盖有密集的鳞片，外观多不透明。例如，蛾类、蝶类的前、后翅。

④ 缨翅：翅的质地为膜质，透明，翅脉退化，翅狭长，周缘具有很长的缨毛。例如，

蓟马的前、后翅。

⑤ 半覆翅：翅的臀前区为革质，其余部分膜质，翅折叠时臀前区覆盖住臀区和轭区，起保护作用。例如，大部分竹节虫的后翅。

⑥ 覆翅：翅的质地较坚韧似皮革，翅脉大多可见，多不透明或半透明，平时覆盖在体背和后翅上，主要起有保护作用。例如，蝗虫、叶蝉类的前翅。

⑦ 半鞘翅：翅的基半部为皮革质，端半部为膜质，膜质部的翅脉清晰可见。例如，蝽类的前翅。

⑧ 鞘翅：翅的质地全部骨化，角质坚硬，主要用以保护体背和后翅。例如，甲虫类的前翅。

⑨ 棒翅：或称平衡棒。翅呈棍棒状，能起感觉和平衡体躯的作用。例如，双翅目昆虫和雄性介壳虫的后翅。捻翅目雄虫的前翅也呈小棍棒状，但无平衡体躯的作用，称为拟平衡棒。

3．翅的脉序

翅面在分布有气管的部位加厚，就形成了昆虫的翅脉。翅脉对翅面起支架的作用。翅脉在翅面上的分布形式称为脉序或脉相。人们对现代昆虫和古代昆虫化石的翅脉加以分析、比较，归纳概括为模式脉序，如图 2-13 所示，作为鉴别和描述昆虫脉序的标准。

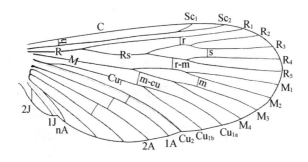

图 2-13　模式脉序

翅脉可分为纵脉和横脉两种。纵脉是从翅基部伸向翅边缘的脉，有前缘脉（C）、亚前缘脉（Sc）、径脉（R）、中脉（M）、肘脉（Cu）、臀脉（A）和轭脉（J）；横脉是两条纵脉之间的短脉，常用相连接的二条纵脉的名称来命名，常见的有肩横脉（h）、径横脉（r）、径分横脉（s）、径中横脉（r-m）、中横脉（m）和中肘横脉（m-cu）等。

翅室是翅面被翅脉划分成的小区。翅室四周完全为翅脉所封闭的，称为闭室；有一边不被翅脉封闭而向翅缘开放的，则称为开室。翅室的名称就以它前缘的纵脉名称来表示。

4．翅的连锁器

在部分 2 对翅都用以飞行的昆虫中，前、后翅必须借助一些连锁器官连成一体，使前、后翅能相互配合，动作协调。这种增进飞行效率的特殊构造称为翅的连锁器。昆虫前、后翅之间的连锁方式主要有以下几种类型。

① 翅抱型连锁：蝶类和一些蛾类（枯叶蛾、蚕蛾等），前后翅之间虽无专门的连锁器，但其后翅肩角膨大，并且有短的肩脉突伸于前翅后缘之下，以加强肩部的强度，使前、后翅在飞翔过程中紧密贴接和动作一致。

　　② 翅轭型连锁：鳞翅目蝙蝠蛾科中的某些种类，前翅轭区的基部向后伸出一指状突起，称为翅轭。飞行时前翅臀区的一部分叠盖在后翅上面，而翅轭伸在后翅前缘的反面，将后翅夹住，以使前后翅保持连接。

　　③ 翅缰型连锁：在后翅前缘基部有 1 根或几根强大刚毛，称为翅缰；在前翅反面翅脉上有 1 簇毛或鳞片，称为翅缰钩。飞翔时翅缰插入翅缰钩内以连接前后翅。大部分蛾类属此种连锁方式。

　　④ 翅钩型连锁：在后翅前缘中部生有 1 排向上及向后弯曲的小钩，称为翅钩；在前翅后缘有 1 条向下卷起的褶。飞行时翅钩挂在卷褶上，以协调前、后翅的统一动作。膜翅目蜂类即属此种连锁方式。

　　⑤ 翅卷褶型连锁：在前翅的后缘近中部有 1 向下卷起的褶，在后翅的前缘有 1 段短而向上卷起的槽。飞翔时前、后翅的卷褶挂连在一起，使前、后翅动作一致。例如，部分半翅目、同翅目昆虫等即属此种连锁方式。

三、昆虫的腹部

（一）腹部的基本构造

　　昆虫腹部的原始节数应为 12 节（11 腹节加尾节），但在现代昆虫中，一般成虫腹节为 10 节。腹部节间伸缩自如，并可膨大和缩小，以帮助呼吸、蜕皮、羽化、交配和产卵等活动。腹节有发达的背板和腹板，但没有像胸节那样发达的侧板。在多数种类的成虫中，腹部的附肢大部分都已退化，但第 8、9 腹节常保留有特化为外生殖器的附肢，如图 2-14 所示。

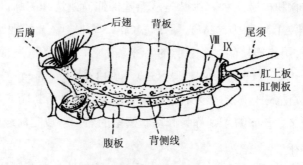

图 2-14　昆虫的腹部

（二）外生殖器

1．雌性外生殖器

雌性外生殖器着生于第 8、9 腹节上，是昆虫用以产卵的器官，故称为产卵器。它是由第 8、9 腹节的生殖肢特化而成的。产卵器一般为管状构造，通常由 3 对产卵瓣组成。在第 8 腹节上的 1 对产卵瓣称为腹产卵瓣，在第 9 腹节上的 2 对产卵瓣分别称为内产卵瓣和背产卵瓣，图 2-15。

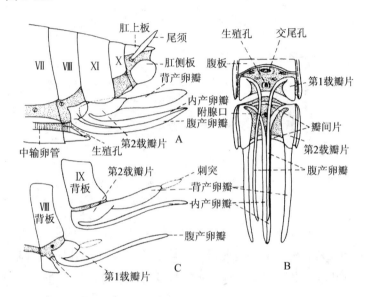

A．腹部末端侧面观；B．腹部末端腹面观；C．两生殖节侧面观

图 2-15　雌性外生殖器模式构造

产卵器的类型如下：

① 直翅目昆虫的产卵器：主要是由腹瓣和背瓣组成的。蝗虫类的产卵瓣略呈锥状，将卵产在土内适当的位置。螽斯和蟋蟀类的产卵器为刀状、剑状或矛状，长而坚硬，将卵产于植物组织或土壤中。

② 同翅目昆虫的产卵器：此类昆虫除蚜虫类、介壳虫类外，都有发达的产卵器。产卵器主要由内产卵瓣和腹产卵瓣组成，背产卵瓣形成产卵器鞘，以包藏产卵器。产卵时，产卵器从鞘中脱出，将卵产于植物组织内。

③ 膜翅目昆虫的产卵器：膜翅目昆虫产卵器的构造与同翅目昆虫基本相似。姬蜂类等寄生蜂的产卵器十分细长，可将卵产于寄主体内；胡蜂、蜜蜂等的产卵器呈针状，基部与毒液腺相通，特化成能注射毒汁的螫针。这类产卵器通常已失去产卵作用。

④ 鳞翅目、鞘翅目和双翅目昆虫的产卵器：此类昆虫的雌虫没有由附肢特化的产卵瓣，只是由腹部末端几节变细，构成伪产卵器。所以这类昆虫的卵只能产在缝隙或动植物体表面。

根据昆虫产卵器的形状和构造的不同，不仅可以了解害虫的产卵方式和产卵习性，从而采取针对性的防治措施，同时还可作为重要的分类特征，以区分不同的目、科和种类。

2. **雄性外生殖器**

多数雄性昆虫的交配器由将精子输入雌体的阳具及交配时挟持雌体的 1 对抱握器两部分组成，如图 2-16 所示。但其构造较为复杂而且多有变化。

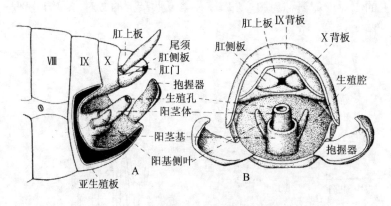

A. 腹部末端侧面观；B. 腹部末端腹面观

图 2-16　雄性外生殖器模式构造

阳具包括一个阳茎和 1 对位于基部两侧的阳茎侧叶。阳茎多是单一的骨化管状构造，昆虫进行交配时插入雌体的器官。抱握器大多属于第 9 腹节的附肢。抱握器的形状有很多变化，常见的有宽叶状、钳状和钩状等。抱握器多见于蜉蝣目、脉翅目、长翅目、半翅目、鳞翅目和双翅目昆虫中。有些昆虫的抱握器十分发达，而有些种类则没有特化的抱握器。

各类昆虫的交配器构造复杂，种间差异也十分明显，但在同一类群或虫种内个体间比较稳定，因而可作为鉴别虫种的重要特征。

（三）尾须

尾须是由第 11 腹节附肢演化而成的 1 对须状外突物，存在于部分无翅亚纲和有翅亚纲中的蜉蝣目、蜻蜓目、直翅目和革翅目等较低等的昆虫中。尾须的形状变化较大，有的不分节，有的细长多节呈丝状，有的硬化成铗状。尾须上生有许多感觉毛，具有感觉作用。在革翅目昆虫中，由尾须骨化成的尾铗，具有防御敌害和帮助折叠后翅的功能。

复习思考题

1. 昆虫触角的基本构造由哪几部分组成？
2. 咀嚼式口器、刺吸式口器和虹吸式口器的构造各有什么特点？
3. 昆虫足的基本构造由哪几部分组成？根据构造和功能可分为几种类型？

4．昆虫的翅根据形状、质地和功能可分为几种类型？

5．昆虫腹部的基本构造和功能都有哪些？

第三节　昆虫的变态及各虫态

昆虫个体发育是指由卵发育到成虫的全过程。昆虫自卵中孵出后，在胚后发育过程中，要经过一系列外部形态和内部组织器官等方面的变化才能转变为成虫，这种现象称为变态。

一、变态类型

昆虫在进化过程中，随着成虫与幼虫体态的分化、翅的获得以及幼虫期对生活环境的特殊适应和其他生物学特性的分化，形成了各种不同的变态类型。与园林植物关系密切的昆虫变态类型主要为不完全变态、完全变态两类。

（一）不完全变态

直翅目、等翅目、半翅目、同翅目和缨翅目昆虫的个体在发育过程中经过卵期、幼虫期和成虫期3个虫期。幼虫期的翅在体外发育。这类昆虫的幼体（称为若虫）和成虫在外部形态和生活习性上大体相似，不同之处是翅未发育完全、生殖器官尚未成熟，如图2-17所示。

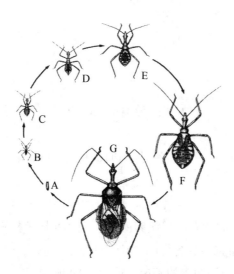

A．卵；B. 1龄若虫；C. 2龄若虫；D. 3龄若虫；E. 4龄若虫；F. 5龄若虫；G. 成虫

图2-17　不完全变态昆虫—黄带犀猎蝽

（二）完全变态

鞘翅目、鳞翅目、脉翅目、膜翅目和双翅目昆虫的个体在发育过程中经过卵期、幼虫期、蛹和成虫期4个发育阶段。幼虫在化蛹蜕皮时，各器官芽形成的构造同时翻出体外，因此蛹已具备有待羽化时伸展的成虫外部构造。这类昆虫的幼虫与成虫，不但外部形态和内部器官与成虫不同，而且生活习性也常常不同，如图2-18所示。

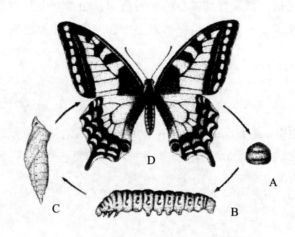

A. 卵；B. 幼虫；C. 蛹；D. 成虫

图2-18 完全变态昆虫－金凤蝶

二、昆虫的各虫态

（一）卵

1. 卵的类型

昆虫卵的大小、形状和产卵方式因种类不同而异，因而在鉴别昆虫种类和害虫防治上都具有一定的实践意义。

卵的大小种间差异很大。较大者如蝗的卵，长6～7 mm；而葡萄根瘤蚜的卵则很小，长度仅0.02～0.03 mm。

卵的形状也是多种多样的，常见的为卵圆形和肾形，此外还有半球形、球形、桶形、瓶形和纺锤形等。草蛉类的卵有一丝状卵柄，蜉蝣的卵上有多条细丝，蟑类的卵还具有卵盖。有些昆虫的卵壳表面有各种各样的脊纹，或呈放射状（一些夜蛾类），或在纵脊之间还有横脊（菜粉蝶），以增加卵壳的硬度，如图2-19所示。

卵初产时一般为乳白色，此外还有淡黄色、黄色、淡绿色、淡红色和褐色等，至接近孵化时，通常颜色变深。

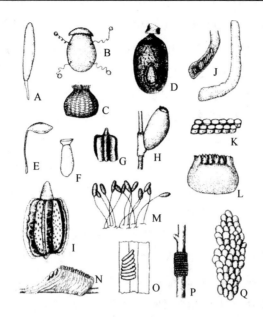

A．高粱瘿蚊；B．蚜蝇；C．鼎点金刚钻；D．一种竹节虫；E．一种小蜂；F．玉米象；

G．木叶蝶；H．龙虱；I．一种竹节虫；J．东亚飞蝗；K．一种菜蝽；L．美洲蜚蠊；

M．草蛉；N．中华螳螂；O．灰飞虱；P．天幕毛虫；Q．亚洲玉米螟

图 2-19　昆虫卵的类型

2．产卵方式

昆虫的产卵方式多种多样，有单个散产的，有许多卵粒聚集排列在一起形成各种形状卵块的。有的将卵产在物体表面，有的产在隐蔽的场所甚至寄主组织内。

（二）幼虫

昆虫幼虫或若虫从卵内孵化、发育到蛹（完全变态昆虫）或成虫（不完全变态昆虫）之前的整个发育阶段，称为幼虫期或若虫期。幼虫期的显著特点是大量取食，获得营养，进行生长发育，生长速率是惊人的，芳香木蠹蛾的幼虫在 3 a 的生长期内，体重增长 7.2 万倍。对园林害虫来说，幼虫期是主要的为害时期，也是防治的重点虫期。

1．孵化

昆虫胚胎发育到一定时期，幼虫或若虫冲破卵壳而出的现象，称为孵化。初孵化的幼虫，体壁的外表皮尚未形成，身体柔软，色淡，抗药能力差。一些夜蛾、天蛾等的初孵幼虫，常有取食卵壳的习性。有些种类在幼虫孵化后，并不马上开始取食活动，而常常停息在卵壳上及其附近静止不动。

2．生长和蜕皮

昆虫是外骨骼动物，幼虫体外表有一层坚硬的表皮限制了它的生长，所以当生长到一定时期，就要形成新表皮，脱去旧表皮，这种现象称为蜕皮。脱下的旧表皮称为蜕。幼虫

的生长与蜕皮呈周期性的交替进行，每蜕皮一次身体即有一定程度的增大。

从卵内孵化出的幼虫称为 1 龄幼虫，又称初孵幼虫；以后每脱 1 次皮增加 1 龄，即虫龄等于蜕皮次数加 1。相邻两龄之间的历期，称为龄期。最后一次蜕皮后变成蛹（若虫则变为成虫）。昆虫蜕皮次数，种间各异，但同种昆虫是相对稳定的。例如，直翅目和鳞翅目幼虫一般蜕皮 4 或 5 次，金龟幼虫和草蛉幼虫蜕皮 2 次，瓢虫幼虫蜕皮 3 次。

3．幼虫的类型

（1）同型幼虫：不完全变态类昆虫的幼虫，其幼体除具有翅芽和未完全发育成熟的生殖器官外，体型和外部构造如口器、感觉器官和胸足等，内部构造如消化道、神经系统等，以及食性、习性和栖境等与成虫都大致相同，故将此类幼虫称为同型幼虫，或通称为若虫。

（2）异型幼虫：完全变态类昆虫的幼虫。其体形、内部和外部器官构造，以及习性、栖境等方面都与成虫差异很大，无复眼，故特称为异型幼虫，或通称为幼虫。

完全变态昆虫种类多，幼虫形态差异显著。根据胚胎发育的程度以及在胚后发育中的适应与变化，又可将其分为以下 4 个类型，如图 2-20 所示。

① 原足型：幼虫在胚胎发育早期孵化，虫体的发育尚不完善，胸部附肢仅为突起状态的芽体，有的种类腹部尚未完全分节，如膜翅目中的寄生蜂类幼虫。

② 多足型：除具胸足外，还具有数对腹足，如鳞翅目和膜翅目叶蜂类幼虫。鳞翅目幼虫有腹足 2~5 对，腹足末端具有趾钩，称为蠋型幼虫；而膜翅目叶蜂类幼虫的腹足多于 5 对，其末端不具趾钩，称为伪蠋型幼虫。

③ 寡足型：具有发达的胸足，无腹足。如金龟甲、瓢虫的幼虫。

④ 无足型：既无胸足，又无腹足。如蝇类、天牛类和叩头甲类的幼虫。

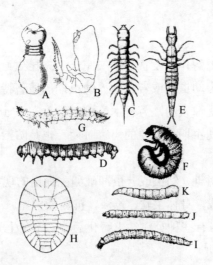

A. 广腹细蜂；B. 环腹蜂；C. 一种鱼蛉；D. 一种叶蜂；E. 一种龙虱；F. 日本金龟子；

G. 沟线角叩头甲；H. 一种扁泥甲；I. 一种毛蚊；J. 一种盗虻；K. 一种家蝇

图 2-20　完全变态昆虫幼虫的类型

（三）蛹

蛹是完全变态类昆虫在胚后发育过程中，由幼虫转变为成虫时，必须经过的一个特有的静止虫态。蛹的生命活动虽然是相对静止的，但其内部却进行着将幼虫器官改造为成虫器官的剧烈变化。

1. 前蛹和蛹

末龄幼虫蜕皮化蛹前停止取食，为安全化蛹，常寻找适宜的化蛹场所，有的吐丝作茧，有的建造土室等。随后，幼虫身体缩短，体色变淡，不再活动，此时称为前蛹。在前蛹期内，幼虫表皮已部分脱离，成虫的翅和附肢等已翻出体外，只是被末龄幼虫表皮所包围掩盖。待脱去末龄幼虫表皮后，翅和附肢即显露于体外，这一过程称为化蛹。自末龄幼虫脱去表皮起至变为成虫时止所经历的时间，称为蛹期。

蛹的抗逆力一般都比较强，且多有保护物或隐藏于隐蔽场所，所以许多种类昆虫常以蛹的虫态躲过不良环境或季节，如越冬等。

2. 蛹的类型

根据蛹的翅和触角、足等附肢是否紧贴于蛹体上，以及这些附属器官能否活动和其他外形特征，可将蛹分为离蛹、被蛹和围蛹3种类型，如图2-21所示。

① 离蛹：又称为裸蛹。翅和附肢与蛹体分离而不贴附于蛹体上，可以活动，腹部各节间也能自由扭动，一些脉翅目和毛翅目的蛹甚至可以爬行或游泳。长翅目、鞘翅目和膜翅目等昆虫的蛹均为此种类型。

② 被蛹：翅和附肢都紧贴于身体上，不能活动，大多数腹节或全部腹节不能扭动。鳞翅目、鞘翅目的隐翅虫以及双翅目的虻、瘿蚊等的蛹均属此类，其中以鳞翅目的蛹最为典型。

③ 围蛹：围蛹为双翅目蝇类所特有。围蛹体实为离蛹，但是在离蛹体外被有末龄幼虫未脱去的蜕。如蝇类幼虫将第3龄脱下的蜕硬化成为蛹壳，第4龄幼虫就在蛹壳里，成为不吃不动的前蛹，前蛹再经蜕皮即形成离蛹，而脱下的皮又附加在第3龄幼虫的蜕下。

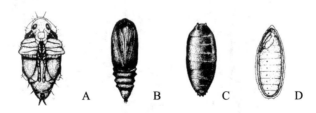

A. 离蛹；B. 被蛹；C. 围蛹；D. 围蛹的透视

图 2-21　蛹的类型

（四）成虫

成虫是昆虫个体发育的最后一个虫态和最高级阶段，该虫态具有判别系统发生和分类地位的固定特征，感觉器官和运动器官达到最高度的发展，是完成生殖和使种群得以繁衍的阶段。昆虫发育到成虫期，雌雄性别已明显分化，具有生殖能力，所以成虫的一切生命活动都是围绕着生殖而展开的，主要任务是交配、产卵和繁殖后代。成虫期是性成熟并具有生育能力的时期，是唯一具有飞行能力的虫态，感觉器官较发达。

1. 羽化

不完全变态昆虫的末龄若虫，完全变态类昆虫的蛹，脱皮后都变为成虫，这个过程称为羽化。一些成虫羽化后，性器官已充分发育成熟，即可进行交配产卵，成虫完成产卵使命后很快就死去。这类成虫口器不发达，完全不取食，如松毛虫、舞毒蛾等，其成虫的寿命很短，往往只有数天，甚至数小时。大多数昆虫在刚羽化时，性器官尚未成熟，需要经过一个时期（几天到几个月不等）的继续取食，以满足生殖细胞生长发育的要求，人们把这种成虫期再取食的现象称为"补充营养"，如桑天牛等。

2. 交配和产卵

成虫羽化后至第一次交配或产卵的间隔期，分别称为交配前期和产卵前期。各类昆虫的交配、产卵次数和产卵场所等有很大的不同，有的一生只交配一次，有的则可交配多次；有的卵在很短的时间内即可产完，有的则可延续很长时间；有的卵产在裸露的地方，有的则产在隐蔽物下或被雌虫体毛或分泌物所覆盖；有的单产，有的成堆产等。

交配、生殖和补充营养是成虫期的全部生活或生命活动，了解和掌握这些活动规律，不仅具有生物学上的意义，而且在进行虫情调查和害虫防治上，也十分必要。

3. 性二型现象

昆虫的雌雄两性，除第一性征（雌、雄外生殖器）不同以外，在个体大小、体形和颜色等方面常有显著差别，这种现象称为性二型现象。例如，介壳虫、袋蛾以及部分尺蛾、毒蛾，雄虫具翅而雌虫无翅；鞘翅目锹甲科雄虫的上颚远比雌虫发达；犀金龟甲雄虫的头部有大而长的突起，雌虫则无突起或突起很小。此外，在体色、花纹和触角类型等方面雌、雄成虫也都有区别，如图 2-22 所示。

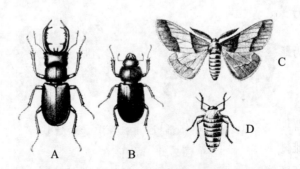

斑股锹甲（A. 雄虫；B. 雌虫）；枣尺蠖（C. 雄虫；D. 雌虫）

图 2-22　昆虫的性二型现象

4．多型现象

多型现象是指同种昆虫具有两种或更多类型个体的现象。这种多型性的形成并非完全由于性别不同，即使在同一性别的个体中也存在不同类型。在一些有社会性生活习性的昆虫如蚂蚁、白蚁和蜜蜂中，多型现象更为明显。例如，蜜蜂，除了能生殖的蜂王、雄蜂外，还有不能生殖的全是雌性的工蜂；白蚁在同一群中包括蚁后、蚁王、工蚁和兵蚁等。昆虫的多型现象常和群居性联系起来，不同类型的个体在群体中具有不同的作用。在鳞翅目昆虫中常存在因季节变化而出现"夏型"、"秋型"和"冬型"等变型。

复习思考题

1．昆虫的变态主要有哪些类型？各类型有什么特点？

2．昆虫的产卵方式有哪些？卵的类型有哪些？

3．昆虫为什么要蜕皮？幼虫（若虫）有哪些类型？

4．昆虫的蛹有哪些类型？各有什么特点？

5．何谓性二型现象？何谓多型现象？

第四节　昆虫的生物学特性

昆虫的生物学特性是研究昆虫个体发育史的一门科学，包括昆虫从生殖、胚胎发育、胚后发育直至成虫各个阶段的生命特征。生物学特性是昆虫物种的特性之一，研究它可为进行昆虫的分类以及演化规律的探讨提供重要的理论价值；可发现昆虫发生过程中的薄弱环节，找出保护及人工繁育的途径，因而对害虫的综合治理与益虫的保护利用等具有十分重要的意义。

一、昆虫的生殖方式

绝大多数昆虫为雌雄异体，主要进行两性生殖，但也存在着其他特殊的生殖方式。

（一）两性生殖

两性生殖是最普遍和最常见的一种生殖方式。这种生殖方式需要经过雌雄交配，雄性个体产生的精子与雌性个体产生的卵结合后（受精），才能发育成新的个体。许多种类的昆虫未经交配就不产卵，即使产卵，卵也不能发育。

（二）孤雌生殖

孤雌生殖是指雌虫产生的卵可以不经过受精作用而发育成新个体的生殖方式。孤雌生殖对昆虫的广泛分布起着重要作用，是昆虫适应恶劣环境和扩大分布范围的一种特性。孤雌生殖有以下 3 种类型：

① 偶发性的孤雌生殖：即在正常情况下进行两性生殖，但偶尔可能出现未受精卵发育成新个体的现象，如家蚕。

② 经常性的孤雌生殖：例如，膜翅目昆虫（如蜜蜂）中，未经交配或没有受精的卵，发育为雄虫，受精卵发育为雌虫；还有一些昆虫如介壳虫、粉虱、蓟马、袋蛾、叶蜂和小蜂等，在自然情况下雄虫极少，有的甚至还没有发现过雄虫，所以经常进行孤雌生殖。

③ 周期性的孤雌生殖：例如，一些蚜虫的生殖方式有季节性的变化，秋末随着气候变冷，产生雌、雄蚜，进行交尾，交尾后产生受精卵越冬；而从春季到秋季连续十余代都以孤雌生殖繁殖后代，在这段时期几乎没有雄蚜。这种孤雌生殖和两性生殖随季节的变化而交替进行的现象，又称为异态（世代）交替。

（三）卵胎生和幼体生殖

卵胎生是指某些昆虫可以从母体直接产生出幼体的生殖方式。该类昆虫在胚胎发育中所需要的营养仍然由卵供应，不需要母体另外供给营养，而胚胎发育在母体内完成，幼虫或若虫在母体内孵化，孵化后不久即从母体内产出，如介壳虫等。

另有少数昆虫在母体未达到成虫阶段，还处于幼虫期时就进行生殖，称为幼体生殖。这是一种特殊的、稀有的生殖方式。凡进行幼体生殖的昆虫，产出的不是卵，而是幼虫，故幼体生殖可以认为是胎生的一种形式，如双翅目瘿蚊科和鞘翅目部分种类可进行幼体生殖。

二、昆虫的习性和行为

习性是昆虫种或种群具有的生物学特性，这些习性有利于它们找到食物和配偶。亲缘关系相近的昆虫往往具有相似的习性，如天牛科的幼虫均有蛀干习性，夜蛾类的昆虫一般有夜间出来活动的习性，蜜蜂总科的昆虫具有访花习性等。

行为是昆虫的感觉器官接受刺激后通过神经系统的综合而使效应器官产生的反应，这些反应有利于它们避开敌害或不良环境等。

昆虫种类多，习性和行为非常复杂。这里仅对一些重要的方面加以简介。

（一）昆虫活动的昼夜节律

昆虫的活动在长期的进化过程中形成了与自然界昼夜变化规律相吻合的节律，即生物钟或昆虫钟。绝大多数昆虫的活动，如飞翔、取食和交配等均有固定的昼夜节律。在白天活动的昆虫称为日出性或昼出性昆虫，夜间活动的昆虫称为夜出性昆虫，那些只在弱光下（如黎明时、黄昏时）活动的昆虫则称弱光性昆虫。例如，绝大多数蝶类为日出性昆虫，而绝大多数蛾类是夜出性的，蚊子则喜欢在弱光下活动。不论是日出性昆虫、夜出性昆虫还是弱光性昆虫，在 1 d 当中，多在相对集中的时间内活动。

由于自然界昼夜长短是随季节变化的，所以许多昆虫的活动节律也有季节性。1 a 发生多代的昆虫，各世代对昼夜变化的反应也不同，明显地表现在迁移、滞育、交配和生殖等方面。

昆虫活动的昼夜节律表面上看似乎是光的影响，但昼夜间还有不少变化的因素，例如湿度的变化、食物成分的变化和异性释放外激素的生理条件等。

（二）食性与取食行为

1. 食性

食性就是取食的习性。昆虫多样性的产生与其食性的分化是分不开的。通常人们按昆虫食物的性质，而把它们分成植食性、肉食性、腐食性和杂食性等几个主要类别。植食性和肉食性一般分别指以植物和动物的活体为食的食性，而以动、植物的尸体和粪便等为食的则均可列为腐食性。既吃植物性食物又吃动物性食物的昆虫为杂食性昆虫。

根据昆虫取食食物的范围，可将食性分为多食性、寡食性和单食性 3 种类型。能取食分属于很不相同的科的多种植物的称为多食性昆虫；能取食 1 个科（或个别近似科）的若干种植物的称为寡食性昆虫虫；只能取食一种植物的称为单食性昆虫。

昆虫的食性具有它的稳定性，但有一定的可塑性。许多昆虫（即便是单食性昆虫）在缺乏正常食物时，可以被迫改变食性。

许多完全变态昆虫的成虫期与幼虫期的食物完全不同，不完全变态类的昆虫成虫与若虫的食性相似。

2. 取食行为

昆虫的取食行为多种多样，但取食的步骤大体相似。例如，植食性昆虫取食一般要经过兴奋、试探与选择、进食和清洁等过程，而捕食性昆虫取食的过程一般为兴奋、接近、试探和猛扑、麻醉猎物、进食、抛开猎物和清洁等过程。有些捕食性昆虫还具有将被取食猎物的空壳背在自己体背的习性。

昆虫对食物有一定的选择性，用以识别和选择它的食物的方式则是多种多样的，但多以化学刺激作为决定择食的最主要因素。如植食性昆虫通常以植物的次生物质作为信息化合物或取食刺激剂，捕食性昆虫则多以猎物的气味为刺激取食的因子。

（三）假死性

假死是指昆虫在受到突然刺激时，身体蜷缩，静止不动或从原停留处突然跌落下来呈"死亡"之状，稍停片刻又恢复常态而离去的现象。假死性是昆虫对外界刺激的防御性反应，许多昆虫凭借这一简单的反射来逃脱天敌的袭击。根据这一习性，我们可以利用触动或震落的方法采集标本或者进行害虫的测报与防治等。

（四）趋性

趋性是昆虫对某种刺激（如热、光和化学物质等）的趋向或背离的活动。根据刺激源可分为趋热性、趋光性、趋化性和趋湿性等。根据刺激物趋向或背离的反应，又有正趋性和负趋性之分。如大多数蛾类具有正趋光性；而蜚蠊类昆虫表现为负趋光性。许多种类昆虫对波长为 300～400 nm 的紫外光最敏感；而蚜虫类则对 550～600 nm 的黄色光反应最强烈，因此人们便设计出黑光灯或黄色盘来分别诱杀它们。趋化性是昆虫对某些化学物质的刺激所表现出的定向反应，通常与觅食、求偶、避敌和寻找产卵场所等有关。例如，一些蛾类对糖醋酒液有正趋性。利用昆虫的趋化性，可以通过食饵诱杀、性引诱剂诱杀等措施，达到监测害虫和防治害虫的目的。

（五）群集和迁飞

群集性是同种昆虫的大量个体高密度地聚集在一起的习性。根据聚集时间的长短，可将群集分为两类：一种为暂时性的群集，是指昆虫仅在某一虫态或一段时间内群集在一起，过后就分散。例如，榆蓝叶甲的越夏，瓢虫的越冬，天幕毛虫幼虫在树杈结网，并群集栖息于网内等。另外一种是永久性群集，是指昆虫在整个生活时期内都群集在一起。具有社会性生活习性的蜜蜂、白蚁等为典型的永久性群集。利用害虫的群集性，可以集中消灭。

迁飞是指某种昆虫成群地从一个发生地长距离迁移到另一个发生地的现象，多发生在成虫的生殖前期，并常与一定的季节相关。例如，东亚飞蝗可迁飞数百公里去产卵繁殖。

（六）拟态

拟态是指昆虫为了躲避敌害，模仿环境中其他动、植物的形态或行为，从而达到保护自己的目的。拟态对昆虫的取食、避敌和求偶等活动都有着重要的生物学意义。卵、幼虫（若虫）、蛹和成虫阶段都可以拟态，所拟的对象可以是周围的物体或生物的形状、颜色、化学成分、声音、发光及行为等，但最常见的拟态是模拟形与色。例如，枯叶蝶停息时双翅竖立，翅反面极似枯叶，很难被发现；蚱蜢夏季为草绿色，秋季则为枯黄色；某些食蚜蝇酷似蜜蜂等，这些都是昆虫在长期进化过程中对环境的一种适应。

（七）伪装

伪装是指昆虫利用环境中的物体伪装自己的现象。伪装多为幼虫或若虫所具有，常见于半翅目、脉翅目和鳞翅目等的部分类群，伪装物有土粒、沙粒、小石块、植物叶片、花瓣和猎物的空壳等。例如，主要捕食蚂蚁的淡带荆猎蝽的若虫在吸干蚂蚁的体液后会把蚂蚁的空壳黏在体背；一些捕食性鳞翅目幼虫会把花瓣或叶片黏在体背。伪装可进一步发展为像一些毛翅目幼虫和鳞翅目蓑蛾科昆虫等的筑巢习性。

复习思考题

1. 昆虫的生殖方式主要有哪些类型？各类型有什么特点？
2. 昆虫的主要习性有哪些？了解这些习性在害虫防治工作中有什么作用？

第五节 昆虫的世代及年生活史

一、世代及年生活史

一个新个体（不论是卵或是幼虫）从离开母体发育到性成熟并产生后代为止的个体发育史，称为 1 个世代。一种昆虫在 1 a 内的发育史或由当年的越冬虫态开始活动起，到第二年越冬结束止的发育过程，称为年生活史。

昆虫完成 1 个世代所需要的时间和 1 a 发生的世代数因种类的不同而不同。有的种类 1 a 发生数代或数十代，而有的种类 1 a 或数年甚至十数年才完成 1 代，如十七年蝉完成 1 个世代需要 17 a。昆虫的世代及年生活史也与环境因子（尤其是温度）具有密切的关系，表现为同种昆虫在不同的分布区每年发生的代数有差异，如小绿叶蝉在浙江 1 a 发生 9～11 代，在广东 1 a 发生 12～13 代，在海南 1 a 发生 17 代。一般将 1 a 完成 1 代的称为一化性，1 a 完成 2 代的称为二化性，1 a 完成 2 代以上的称为多化性，多年完成 1 代的称为多年性。

许多昆虫，特别是 1 a 多代的昆虫，往往因各虫期延续时间长，造成各虫期参差不齐、上下世代间相互重叠、界限不清，甚至出现几代共存的现象，称为世代重叠。

在 1 个世代中，昆虫的各个个体发育有早有晚，不可能在同一时期开始发育或完成发育，通常总是少数个体发生较早或较迟。当这些发生早的个体出现时，称为这个世代的发生始期；当大量个体发生时，称为发生盛期；当少数发生迟的个体出现时，称为发生末期。

二、年生活史的表示方法

昆虫年生活史包括的基本内容有：1 a 发生的世代数，越冬虫态和场所，越冬后开始活动的时间，各代各虫态发生的时间和历期，发生与寄主植物发育阶段的配合等。年生活史，除可用文字记述外，也可以用年生活史图，如图 2-23 所示；年生活史表，如表 2-1 所示来表示。

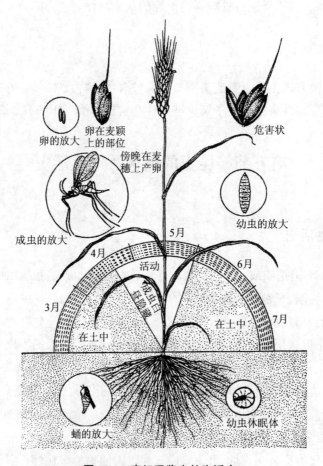

图 2-23　麦红吸浆虫的生活史

表 2-1　黄杨绢野螟的年生活史

月份/旬 世代	4上	4中	4下	5上	5中	5下	6上	6中	6下	7上	7中	7下	8上	8中	8下	9上	9中	9下	10-3上	10-3中	10-3下
越冬代	(一)	(一)	(一)																		
			△	△	△																
				+	+	+	+														
第一代					•	•	•														
					—	—	—														
							△	△	△												
								+	+	+											
第二代								•	•	•	•										
									—	—	—										
										△	△	△	△								
											+	+	+	+							
第三代														•	•	•	•				
														—	—	—	—		(一)	(一)	(一)

注：·卵；—幼虫；△蛹；＋成虫；(一)越冬虫态。

三、休眠和滞育

在昆虫生活史的某一阶段，当遇到不良环境条件时，其生长发育会出现停滞现象以安全地度过不良环境条件。这种现象常和隆冬的低温及盛夏的高温密切相关，从而形成所谓的越冬或越夏。根据引起和解除生长发育停滞的条件，可将停滞现象分为两类，即休眠和滞育。

休眠是由不良的环境条件（如高温或低温）直接引起的，当不良环境消除时，就可恢复生长发育。不同种的昆虫，休眠越冬的虫态不同，有的需在一定的虫态休眠，有的则任何虫态（或虫龄）都可休眠。

滞育是由环境条件引起的，但通常不是由不良环境条件直接引起的。具有滞育特性的昆虫，在自然情况下，当不良的环境条件还远未到来之前，就进入滞育状态，即使给以最合适的条件，也不会马上恢复生长发育，所以滞育具有一定的遗传稳定性。引起昆虫滞育的主要环境因子是光周期，内在因子为内激素。

休眠对不良环境的抵抗能力比滞育较弱，如东亚飞蝗从秋天开始以卵休眠越冬，但如果某年秋天特别温暖，"越冬卵"则可继续孵化，而所孵出的若虫往往来不及完成一个生命周期就会遇到寒冬而冻死。

昆虫生活史的多样性是昆虫长期适应外界环境变化的产物，是昆虫抵御不良环境条件的重要生存对策之一。无论是世代重叠、局部世代，还是世代交替、休眠与滞育等，都对昆虫种群的繁衍起着十分重要的作用。

复习思考题

1. 昆虫的世代和年生活史表示的含义是什么？
2. 昆虫的休眠和滞育是由什么原因引起的？两者有什么区别？

第六节　昆虫与环境条件的关系

昆虫的生长发育和种群数量变化与环境因素有着密切的关系。在环境因子中，能对昆虫的生长发育和分布有影响作用的因子称为生态因子，依其性质可分为非生物因子（气候因子、土壤因子）、生物因子（食物因子、天敌因子）以及人为因子等。

环境有大小之别，根据环境范围的大小可以把环境分为大环境、小环境及内环境等。大环境常常影响着生物的分布、化性和种群的周期性大变动，而小环境和内环境则影响生物的生存质量和数量变化。对昆虫而言，环境的类型对种群动态的影响差别很大。

生态因子是指环境中对生物体或生物群体的生长、发育、生殖和分布等有直接或间接影响的环境要素。任何一种昆虫的生存环境都存在着许多生态因子，这些生态因子在作用性质和强度方面各有不同，但它们相互之间有着密切的联系，并对昆虫种群起着综合的生态作用。揭示各生态因子对昆虫种群的影响规律，有助于为害虫预测预报和防治工作打下理论基础。

一、气候因子对昆虫的影响

气候因子包括温度、湿度、光和风等。这些因子与昆虫的生命活动有着极其密切的关系，尤其是温度和湿度。如果没有适宜的温度和湿度，昆虫的生长发育将会受到抑制，甚至引起整个昆虫种群消亡。

（一）温度对昆虫生长发育的影响

在气候因子中，温度是影响昆虫生长发育的主要因子。昆虫是变温动物，其体温基本上决定于环境温度。当然，昆虫本身并不是没有调节体温的能力，当外界温度升高或降低时，昆虫自身对其体温作逆向的微调，即比外界温度稍低或稍高一些，但这种调节非常有限。因此，环境温度直接影响昆虫体内的新陈代谢，即支配着昆虫的生命活动。

1. 昆虫对温度的一般反应

任何一种昆虫的生长、发育和繁殖等生命活动，都要求在一定的温度范围内进行。根据昆虫在不同温度范围内的不同生理反应，将温度大概划分为 5 个温区，如表 2-2 所示。

表 2-2　温区的花粉和昆虫在不同温区内的反应

温度（℃）	温区	昆虫对温度的反应	
60 50	致死高温区	酶系统被破坏，蛋白质也凝固失活，短时间内死亡	
40	亚致死高温区	热昏迷，死亡时间取决于高温强度和持续时间	
30	高适温区	适温区 （有效温区）	随温度升高，发育变慢，死亡率上升
20	最适温区		能量消耗最小，死亡率最小，生殖力最大
10	低适温区		随温度下降，发育变慢，死亡率上升
0 -10	亚致死低温区	冷昏迷，死亡取决于低温强度和持续时间	
-20 -30 -40	致死低温区	原生质结冰，组织或细胞受损，短时间内死亡	

2. 适温区内温度与昆虫发育速度的关系

在不同温区，温度与昆虫发育速度的关系不同。在适温区（8～40℃），它们的关系成正相关，即温度越高，发育越快；发育历期与温度成负相关。但实际上这两者的关系并非这样简单，在偏低或偏高的温度范围内，发育速度增减缓慢，甚至会下降。

昆虫完成一定发育阶段（1 个虫期或 1 个世代）需要一定的温度积累，亦即发育所需时间与该时间的温度乘积，理论上应为一个常数，即：

$$K=NT（式中：K 为积温常数，N 为发育日数，T 为温度）$$

由于昆虫启动生长发育所需要的最低温度往往不是 0℃，所以，有效积温的计算应是公式中的温度（T）减去发育起点温度（C），则：

$$K＝N（T－C），或 N=\frac{K}{T-C}$$

上面公式表达了温度与昆虫生长发育关系的有效积温法则，即昆虫完成某一发育阶段所需要的发育起点以上温度的积加值是一个常数。

一般根据不同温度下昆虫完成某一发育阶段所需不同时间的观察值，运用统计学上的"最小二乘法"，就可求得发育起点温度 C 和有效积温 K 值。

（二）湿度对昆虫的影响

昆虫体内水分通常占其体重的 50% 左右，而蚜虫和蝶类幼虫可达 90% 以上。虫体水分主要来源于食物，少部分为体壁吸水、直接饮水及代谢水等。虫体水分通过排泄、呼吸和体壁蒸发而散失。

昆虫对湿度的要求依种类、发育阶段和生活方式不同而有差异。最适范围，一般为相对湿度 70%～90%。湿度主要影响昆虫的存活，尤其在昆虫的变态过程中起着重要的作用，而对昆虫生长发育速度的影响是次要的。

刺吸式口器昆虫，由于它们以植物汁液为食，从中可以取得充足的水分。因此，外界环境湿度除了有一些间接影响外，直接的影响相对较少。在天气干旱时，寄主植物汁液内水分含量较低，昆虫取食的营养成分相对提高，有利于昆虫繁殖，所以这类害虫往往在干旱时种群数量增加，为害严重。

降雨不仅影响环境湿度，也直接影响害虫的发生数量，其作用大小常因降雨时间、强度和次数而定。春季适当降雨有助于土壤中昆虫的顺利出土；而暴雨则对个体微小的昆虫有机械杀伤作用；阴雨连绵不但影响一些食叶害虫的取食活动，而且容易引发致病微生物的流行，使某些昆虫大量死亡。

（三）温湿度对昆虫的综合影响

温度和湿度对昆虫的影响各有不同，但两者的作用并不是孤立的，如昆虫的适温范围可因湿度改变而偏移。不同的温度、湿度组合，对昆虫的孵化、幼虫的存活、成虫的羽化、产卵及发育历期均有不同程度的影响。所以，在分析昆虫种群数量消长时，不能单依靠温度或湿度的某一项指标，而要注意温湿度变化的综合作用。目前常使用温湿系数来表示。

相对湿度与平均温度的比值，或降水量与平均温度的比值，称温湿系数。公式为：

$$Q = \frac{RH}{T} \text{ 或 } Q = \frac{M}{T}$$

（式中：Q 为温湿系数，RH 为相对湿度，M 为降水量，T 为平均温度。）

温湿系数可以作为一个指标，用于比较不同地区、不同年份或不同月份的气候特点，以便分析害虫发生与气候条件的关系。

（四）光对昆虫的影响

光是一切生物赖以生存和繁殖的最基本的能量源泉。昆虫虽不能像植物那样直接吸收光能，但可通过取食植物或其他动物来摄取能量，以维持昆虫生命活动的运转。此外，昆虫的许多行为、习性都受到光的影响，这种影响受光的性质、强度和周期的不同而有差异。

1. 光的性质

昆虫与人的视觉光区不完全相同。人眼可见的波长为 400～800 nm，而昆虫可见的波长一般为 250～700 nm。人眼可见的红光（波长 700～800 nm）对大部分昆虫来说是不可见光，而人眼不可见的紫外光（波长＜400 nm）则是许多昆虫可见光的一部分。不同种类昆虫的视觉光区也有差异，如一些蚜虫对黄色光（波长 550～600 nm）有反应，所以白天蚜虫活动飞翔时利用"黄色诱盘"可以诱其降落；而许多昆虫则对短波光线（波长 330～400 nm）有较强的趋向性，因此，人们常常利用黑光灯（波长 365～400 nm）来诱捕害虫。

2．光的强度

光的强度大小关系到环境的光亮度，直接影响昆虫的生活。对蛀干和地下昆虫，黑暗处是它们理想的栖息场所，而对大多数裸露生活昆虫，在光线较弱时会趋向光线较强的地方。此外，光强度还对昆虫的活动和行为有一定的影响，表现为昆虫的日出性、夜出性、趋光性和背光性等昼夜活动节律的不同。

3．光周期

光周期是指昼夜交替时间在一年中的周期性变化。它影响昆虫的发育和繁殖，也是诱导昆虫进入滞育的重要环境因子。光周期的年变化有一定的规律性，即逐日有规律的增加或减少。昆虫在生理上形成了与光周期变化相适应的节律，所以许多昆虫对光周期的年变化反应非常明显，具体表现在昆虫的世代交替、滞育特征等。

（五）风对昆虫的影响

风可通过影响环境的温湿度来影响昆虫的生长发育，而更重要的是影响昆虫的迁移和传播。在园林植物上经常出现的蚜虫和介壳虫等细小的昆虫，极易随风飘移。风的强度、速度和方向，直接影响这些细小昆虫扩散和迁移的频度、方向和范围。

二、食物因子对昆虫的影响

食物是昆虫维持其新陈代谢所必需的营养和能量来源，是决定昆虫种群兴衰的重要生态因子之一。

（一）食物对昆虫的影响

食物质量和数量直接影响昆虫的生长发育，如食物营养价值高，数量又充足，则昆虫生长发育快，生殖力强，自然死亡率低，昆虫种群数量上升；反之，则生长发育和生殖受阻，甚至因饥饿而引起个体大量死亡，昆虫种群数量下降。这就是食叶害虫周期性发生的原因之一。不同昆虫或同一昆虫不同发育阶段，对食物的要求可能不同。一般食叶害虫幼虫的幼龄阶段取食嫩叶，但到稍大虫期就开始取食老叶。大多数昆虫羽化后不再取食，但有些仍需取食以补充体内的营养，促使性腺成熟和延长寿命，以利于昆虫种群的延续。

（二）植物抗虫性机制

无论是何种植食性昆虫，它对植物均有一定的选择，只不过是不同的昆虫选择寄主植物的范围有所不同而已；反之，任何一种植物体上寄生的昆虫也只是昆虫纲中的一小部分。也就是说，植物具有影响昆虫取食的遗传特性，即植物的抗虫性。

植物抗虫性机制主要包括 3 个方面：

① 不选择性：植物不具备引诱昆虫产卵或取食的化学物质或物理性状；或植物具有拒避产卵或抗拒取食的特殊化学物质或物理性状；或昆虫的发育期与植物的发育期不相适应，因而导致昆虫不产卵或不取食。

② 抗生性：植物含有对昆虫有毒的化学物质，或缺乏昆虫必需的营养物质，造成昆虫取食后发育不良、寿命缩短、生殖力减弱甚至死亡。

③ 耐害性：有些植物被害虫危害后，具有很强的生长能力以补偿或减轻被害的损失。例如，阔叶树被害后的再生能力往往比针叶树强，常可以忍受大量的失叶。

不同植物种类或品种具有不同的抗虫性，但在抗虫机制表现的多少和强弱上有差异。因此，加强植物抗虫育种对害虫可持续控制具有重要的意义。

三、天敌因子对昆虫的影响

天敌因子是影响自然界昆虫种群变动的主要生态因子之一。昆虫天敌是指以昆虫为食的动物或其他生物，包括天敌昆虫、病原微生物和其他有益动物等。

（一）天敌昆虫

1. 捕食性昆虫

捕食性天敌昆虫的种类很多，常见的有螳螂、瓢虫、蜻蜓、胡蜂、蚂蚁、草蛉和猎蝽等。利用捕食性天敌昆虫有效地控制农林害虫的事例不少，如利用澳洲瓢虫成功地控制了柑橘吹绵蚧的为害。

2. 寄生性昆虫

一种生物生活于另一种生物的体表或体内，并从后者获得营养的情况，称为寄生。按寄生部位可分为内寄生和外寄生。按被寄生的寄主发育的阶段，可分为卵寄生、幼虫寄生、蛹寄生、成虫寄生和跨期寄生。跨期寄生是指寄生性天敌昆虫的发育期占寄主 2 个以上发育阶段的寄生。按寄生形式可分单寄生、多寄生、共寄生和重寄生等。单寄生是一个寄主体内只有 1 个寄生物；多寄生是一个寄主体内可寄生 2 个或 2 个以上同种的寄生物；共寄生是一种昆虫同时被 2 种或多种昆虫寄生的现象；重寄生是寄生昆虫又被另一昆虫寄生的现象。

（二）病原微生物

病原微生物主要包括细菌、真菌、病毒、立克次体、线虫和原生动物等。一旦昆虫感染了病原微生物后，会食欲下降，行动迟缓，逐渐走向死亡。

（三）其他捕食性天敌

其他捕食性天敌包括昆虫以外的其他节肢动物、两栖类、鱼类、爬行类、鸟类和兽类等，对害虫数量控制起着积极作用，必须加以保护和利用。

四、土壤环境对昆虫的影响

（一）土壤温湿度

土壤温度对地下害虫栖息的深度有一定的影响。一般秋季温度下降时昆虫向下潜移；春季随土温升高，则上升至适温的表土层；夏季表土层温度过高，则又下潜至较深的土层中。

土壤湿度主要表现为土壤的含水量。许多金龟子幼虫要求土壤的含水量为 10%～25%，过高或过低均影响它们的生长发育，甚至造成死亡。

（二）土壤理化性质

土壤的理化性质，如土壤成分、机械组成和酸碱度等，决定着土壤中昆虫的种类和数量。例如，大云鳃金龟甲喜产卵于砂壤土和砂土中；华北蝼蛄在土质疏松的盐碱地、砂壤土地发生较多，而东方蝼蛄在轻盐碱地的虫口密度最大，壤土次之，黏土最少。

五、人类活动对昆虫的影响

人的活动可直接和间接影响昆虫种群的分布和数量消长。除人类采取各种防治措施直接消灭害虫外，归纳起来，还有如下几方面的原因。

① 改变了昆虫生长发育的小气候环境

昆虫的实际生活环境是小气候环境，它的温度、湿度、光和风等与大气环境略有不同。在园林绿化过程中，树种搭配、种植密度、肥料施用及其他园林管理措施的不同均会造成不同的小气候环境，这对昆虫的生长发育造成不同的影响。大气污染对昆虫的种群变动也有一定的影响。

② 改变昆虫的食料和天敌

昆虫种群数量上升的前提是有充足的食料。因此，城市绿地的树种应多样化，不能让每一昆虫种群都有充足食料，以避免害虫大规模发生。园林设计的好坏直接影响昆虫天敌的生存。有些城市为了追求经济效益和快捷的绿化效果，绿化时铺设了许多草坪，而草坪里仅种植零星的几棵大树，这对昆虫天敌的保护和利用是非常不利的。为了让昆虫天敌有适合的栖息环境，适当种植连片的园林树木是必要的。

③ 改变昆虫异地传播的可能性及传播速度

中国加入世界贸易组织（WTO）后，与其他国家的贸易往来日益增多，国内不同地区的货物运输也不断增加，这为昆虫的传播提供了许多机会。例如，巴西铁树从国外引种到广东，再从广东调引苗木到北京，就将该树的主要害虫蔗扁蛾传播到广东、北京等地。相反，有目的地引进和利用昆虫天敌，又可为控制害虫提供新的手段。人类在调入种苗和有外包装的货物过程中，要加强检疫，减少或杜绝外来害虫的入侵。否则，一旦外来害虫被传入，由于缺乏有效的天敌控制，往往为害非常严重。

复习思考题

1. 温度、湿度和温湿度综合因子对昆虫都有哪些影响？
2. 植物的抗虫机制主要有哪几个方面？
3. 天敌种类有哪些？它们对昆虫种群变动都有哪些影响？
4. 人类的活动对昆虫有哪些影响？

第七节　园林昆虫主要类群

一、昆虫分类基本知识

（一）分类阶元

昆虫属动物界 Animalia 节肢动物门 Arthropoda 中的昆虫纲 Insecta；纲以下的单位和其他动物一样采用一系列的阶元，首先以血缘关系的亲疏分为若干目 Order，目以下又分成科 Family，科以下分属 Genus，属以下又分种 Species；也可在纲、目、科和属下设"亚 Sub-"级，如亚纲 Subclass、亚目 Suborder、亚科 Subfamilia 和亚属 Subgenus；也有在目、科上加"总 Super-"级，如总目 Superorder、总科 Superfamily 等。

目前地球上已知的昆虫约 100 余万种，未命名的更多。如此众多的种类，必须有科学的分类系统，才能对它们进行正确地识别、分类和利用，如表 2-3 所示。

表 2-3 昆虫各级分类单元表

分类阶元	分类单元
界 Kingdom	动物界 Animalia
门 Phylum	节肢动物门 Arthropoda
纲 Class	昆虫纲 Insecta
目 Order	鳞翅目 Lepidoptera
科 Family	螟蛾科 Pyralidae
属 Genus	绢野螟属 *Diaphania*
种 Species	黄杨绢野螟 *Diaphania perspectalis*

（二）命名法

1. 双名法

一种昆虫的种名（种的学名）由两个拉丁词构成，第 1 个词为属名，第 2 个词为种名，即"双名"，如菜粉蝶 *Pieris rapae* L.。分类学著作中，学名后面还常常加上定名人的姓，但定名人的姓氏不包括在双名内。

2. 三名法

一个亚种的学名由 3 个词组成，即属名＋种名＋亚种名，即在种名之后再加上 1 个亚种名，就构成了"三名"，如东亚飞蝗 *Locusta migratoria manilensis*（Meyen）。

种级学名印刷时常用斜体，以便识别。属名的第 1 个字母须大写，其余字母小写，种名和亚种名全部小写；定名人用正体，第 1 个字母大写，其余字母小写。有时，定名人前后加括号，表示种的属级组合发生了变动。种名在同一篇文章中再次出现时，属名可以缩写。

3. 命名者的引用

命名者的姓不是学名的组成部分，在用到某一学名时，命名者的姓可以引用也可忽略。属级以上学名的命名者一般不引用，但属和种的命名者常需写出，尤其是在分类专著或论文中。命名者姓氏的缩写也不能随便，如"L."只表示是林奈的姓氏 Linnaeus 的缩写，其他以字母"L"开头的分类学家的姓氏不能再缩略成 L.。

二、昆虫纲的分类系统

（一）分类依据

昆虫分类的依据主要有形态学特征、生物学特征、生态学特征、地理学特征、生理学和生物化学特征、细胞学特征以及分子生物学特征等。根据目前的分类科学水平，主要采用的是形态特征。

（二）昆虫纲的分类

节肢动物门的六足总纲 Hexapoda 相当于广义的昆虫纲 Insecta（*s.l.*），包括内口纲 Entognatha 和狭义的昆虫纲 Insecta（*s.str.*）。六足总纲的最典型特征是：运动足减少为 3 对，3 个体节愈合形成胸部，极大地改善了六足类的运动能力。

早期六足类与多足类祖先的主要区别是：胸部 3 节，具 3 对足；腹足极度退化或消失。在这些早期类型中，幼虫与成虫外形差别极小，而且翅尚未出现。这些早朝的无翅类型现存有双尾目 Diplura、弹尾目 Collembola 和原尾目 Protura 3 类。

狭义的昆虫纲可分为无翅亚纲 Apterygota 和有翅亚纲 Pterygota。无翅亚纲原生无翅，包括石蛃目 Archaeognatha 和缨尾目 Thysanura。有翅亚纲昆虫是地球上最早具有飞行能力的动物，翅的出现是昆虫进化的一次飞跃。有翅亚纲的主要衍征是在中胸和后胸上出现了具翅脉的翅。许多类群的昆虫后来又失去了飞行的能力。

有翅亚纲昆虫根据休息时翅能否向后折叠于背上，又可分为古翅次纲 Paleoptera 和新翅次纲 Neoptera。

古翅次纲昆虫翅像扇子一样有深褶，只有非常简单的翅关节来飞行，但休息时翅不能折叠于腹部背面。新翅次纲昆虫出现了翅的折叠机制，使休息时翅可以折叠并向后置于腹部背面；同时多数翅褶退化，导致部分翅面出现较大的平整区域。

昆虫纲高级阶元的分类及各类群间的亲缘关系目前尚无完全统一的观点，比较合理的系统发育关系如图 2-24 所示。

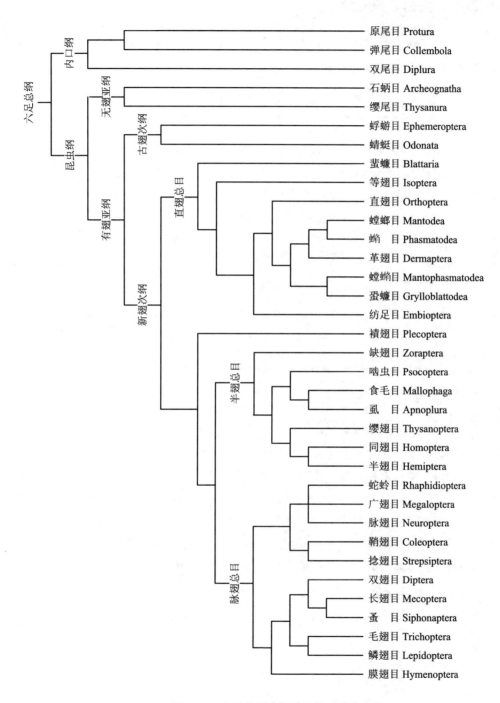

图 2-24 六足总纲高级阶元的系统发育图

三、园林昆虫主要目、科介绍

与园林生产关系密切的昆虫主要有：等翅目、直翅目、半翅目、同翅目、缨翅目、脉翅目、鳞翅目、鞘翅目、双翅目和膜翅目等，其特征比较如表 2-4 所示。

表 2-4　园林昆虫主要目特征比较

分类	口器类型	翅的类型	变态类型	代表种类
直翅目	咀嚼式	前翅覆翅，后翅膜翅	不完全变态	蝗虫，蟋蟀
等翅目	咀嚼式	前后翅均为膜翅，形状、大小相等	不完全变态	白蚁
半翅目	刺吸式	前翅半鞘翅，后翅膜翅	不完全变态	蝽象
同翅目	刺吸式	前翅质地均一，后翅膜翅	不完全变态	蝉，蚜虫，介壳虫
缨翅目	锉吸式	前后翅均为缨翅	完全变态	蓟马
脉翅目	咀嚼式	前后翅均为膜翅	完全变态	草蜻蛉
鳞翅目	幼虫咀嚼式，成虫虹吸式	前后翅均为鳞翅	完全变态	蝶类，蛾类
鞘翅目	咀嚼式	前翅鞘翅，后翅膜翅	完全变态	金龟子，瓢虫
膜翅目	咀嚼式	前后翅均为膜翅	完全变态	蜂类，蚂蚁
双翅目	咀嚼式、刺吸式	只有一对前翅，膜翅	完全变态	蚊类，蝇类

（一）等翅目 Isoptera

体小至中型，白色、淡黄或暗色。头部前口式，口器咀嚼式，触角念珠状。在一个群体中，有长翅型、短翅型和无翅型之分。有翅型有 2 对翅，膜质、长形，前后翅大小、形状和脉序都很相似。本目通称白蚁，营群体生活，是典型的社会性巢居昆虫，分为生殖蚁（蚁后和雄蚁）、兵蚁和工蚁等不同品级，如家白蚁群体，如图 2-25 所示。生殖蚁司生殖功能；工蚁饲喂蚁后、兵蚁和幼期若虫，照顾卵，还负责清洁、建筑、修补巢穴和蛀道，搜寻食物和培育菌圃。兵蚁体型较大，无翅，头部骨化，复眼退化，上颚粗壮，主要对付蚂蚁或其他捕食者。成熟蚁后每天产卵多达数千粒，一生产卵可超过数百万粒。繁殖蚁个体能活 6~20 a，并经常交配。白蚁消化道中常存在着大量的原生动物、细菌或真菌，能分泌消化酶消化纤维素和半纤维素，利于消化与吸收营养，为害建筑物、树木、农作物和电缆等。

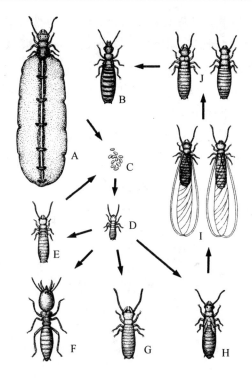

A. 蚁后；B. 雄蚁；C. 卵；D. 若蚁；E. 补充生殖蚁；F. 兵蚁；G. 工蚁；

H. 长翅生殖蚁若虫；I. 长翅雌－雄生殖蚁；J. 短翅雌－雄生殖蚁

图 2-25 家白蚁群体

（二）直翅目 Othoptera

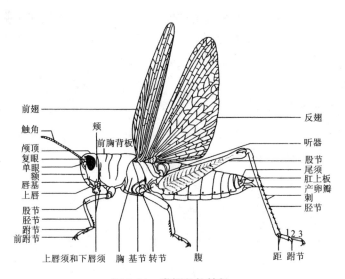

图 2-26 直翅目的特征

体中至大型，头部下口式，口器咀嚼式。复眼发达，通常具单眼 3 个。触角多为丝状。前胸背板常向侧下方延伸呈马鞍状。前翅革质，狭长，为覆翅；后翅膜质，停息时呈折扇状纵折于前翅下。前足为步行足或开掘足；后足发达为跳跃足。腹末具尾须一对。雌虫多具发达的产卵器，呈剑状、刀状或凿状；雄虫通常有听器或发音器，如图 2-26 所示。产卵在土中或植物组织中，卵圆柱形，略弯曲，单产或聚产成块，多以卵越冬。

本目主要包括蝗虫、蟋蟀、螽蟖和蝼蛄等科，如表 2-5 所示，多数植食性，许多种类是园林植物的害虫。常见种类有东亚飞蝗、华北蝼蛄、斗蟋蟀和绿螽蟖等。

表 2-5　直翅目各科特征比较

分类特征	蝗科	螽蟖科	蟋蟀科	蝼蛄科
触角	比身体短	比身体长	比身体长	比身体短
听声器	腹一节两侧	前足胫节上	前足胫节上	前足胫节上
产卵器	锥状	刀状、剑状	针状、矛状	不发达
跗节式	3-3-3	4-4-4	3-3-3	3-3-3
足	后足为跳跃足	后足为跳跃足	后足为跳跃足	前足为开掘足
翅	前后翅基本等长	前后翅基本等长	前翅短，后翅纵卷伸出腹末	前翅短，后翅纵卷伸出腹末
发声器	有	有	有	无
经济地位	害虫	害虫或益虫	地下害虫	地下害虫

（三）半翅目 Hemiptera

体小至大型，扁平。复眼显著，单眼 2 个或无。触角 3～5 节。口器刺吸式，下唇延长形成分节的喙，喙通常 4 节，从头部的腹面前端伸出，不用时贴在头胸腹面。前胸背板大，中胸小盾片发达。前翅为半鞘翅，基半部革质，可分成革片、爪片和楔片；端半部膜质，称作膜片，上面常具脉纹。后翅膜质。静止时翅平放在身体背面，末端部分交叉重叠。多数种类在后胸侧板近中足基节处有臭腺孔，能发出恶臭气味。跗节一般 3 节。不完全变态。卵多鼓形，如图 2-27 所示。

本目通称蝽象，大多陆生，少数水生。多数是植食性害虫，为害方式主要以口针直接刺吸植物叶、果等的汁液，使叶片出现褪绿斑点、果实畸形与植株生长不良；少数种类如猎蝽、花蝽等为捕食害虫的益虫。

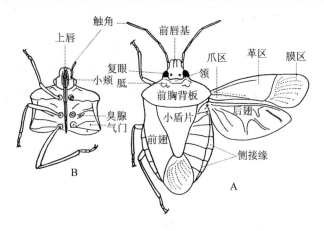

A. 背面观；B. 头部与胸部腹面观

图 2-27　半翅目的特征

1. **蝽科 Pentatomidae**

体小型至大型，扁平而宽。头小，触角 5 节，单眼 2 个。喙 4 节。前翅分为革片、爪片和膜片 3 部分，膜片一般有 5 条纵脉，发自基部 1 根横脉上。中胸小盾片发达，三角形，至少超过爪片的长度。臭腺常有。多为植食性，少数为肉食性。卵桶形，聚产在植物叶片上。常见的种类有麻皮蝽、茶翅蝽等。

2. **缘蝽科 Coreidae**

体中型至大型，常狭长，多为褐色或绿色。触角 4 节，着生在头部两侧上方。单眼存在。喙 4 节。前翅爪片长于中胸小盾片，结合缝明显。膜片上有多条平行纵脉，通常基部无翅室。植食性。常见的种类有亚姬缘蝽等。

3. **盲蝽科 Miridae**

体小型，纤弱，稍扁平。触角 4 节。无单眼。前翅分革片、爪片、楔片和膜片 4 部分，膜片仅 1～2 个小型翅室，其余纵脉消失。足细长。本科多数种类为植食性，是农林重要害虫，如绿丽盲蝽、牧草盲蝽等。少数种类为肉食性，捕食小虫及蛹，是重要的天敌。

4. **网蝽科 Tingidae**

又称军配虫。体小型，多扁平。前胸背板和前翅上有许多网状花纹，极易辨认。头相对很小，无单眼。触角 4 节，第 3 节最长。前胸背板向后延伸盖住小盾片，向前盖住头部。跗节 2 节，无爪间突。植食性。常聚集在寄主叶背刺吸为害，被害处残留褐色分泌物。常见种类有：杜鹃冠网蝽、梨冠网蝽等。

5. **猎蝽科 Reduviidae**

体小至大型。头部尖长，在复眼后细缩如颈状。触角 4～5 节。喙 3 节，粗壮而弯曲。前翅革片脉纹发达，膜片上常有 2 个大翅室，端部伸出 1 长脉。腹部中段常膨大。本科是捕食农林害虫的重要天敌类群之一。部分种类栖息于植物上；部分种类喜躲藏于树洞、缝

园林植物保护

隙等阴暗处。常见种类有白带猎蝽、黑红赤猎蝽和黄带犀猎蝽等。

（四）同翅目 Homoptera

多数小型，少数大型。头后口式，刺吸式口器，喙从头的后部伸出。触角丝状或刚毛状。翅2对，前翅质地较一致，膜质或皮革质，静止时在体背呈屋脊状；有些种类短翅或无翅；雄性介壳虫仅有1对前翅，后翅退化成平衡棒。跗节1～3节，如图2-28所示。

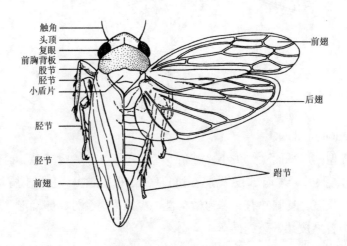

图2-28 同翅目的特征

本目包括常见的蝉、叶蝉、蜡蝉、蚜虫、介壳虫、木虱和粉虱等。多数为不完全变态，若虫与成虫的形态、生活习性相似。但介壳虫雄虫、粉虱的生活史中有不食不动的蛹期，而翅芽为体外发育。繁殖方式多样，可卵生，胎生；可两性生殖，亦有孤雌生殖。植食性，刺吸植物的汁液。蚜、蚧和粉虱等排泄大量的含糖物质，称为蜜露，能引起煤污病，影响植物的光合作用。少数种类还能传播植物病毒病。

1. 蝉科 Cicadidae

俗称知了。中型至大型。触角刚毛状。单眼3个，呈三角形排列。前翅大，后翅小。前足开掘足，腿节膨大，下缘具齿或刺。后足腿节细长，不会跳跃。雄蝉腹部第1节有发音器，善鸣叫；雌蝉产卵器发达，将卵产在植物嫩枝皮层内，常导致枝梢枯死。幼蝉生活在土中，吸食植物根部汁液。生活史长。常见种类有蚱蝉、蟪蛄和鸣蝉等。

2. 叶蝉科 Cicadellidae

俗称浮尘子。小型。触角刚毛状，生于复眼前方或两复眼之间。单眼2个。前翅革质，后翅膜质。后足胫节下方有2列刺状毛，且着生在棱脊上，这是本科最显著的鉴别特征。善跳跃，有横走习性。雌虫产卵器锯状，将卵产在植物组织内。成虫、若虫刺吸植物汁液，有些种类还能传播植物病毒病。常见种类有小绿叶蝉、大青叶蝉、葡萄斑叶蝉和黑尾叶蝉等。

3．蜡蝉科 Fulgoridae

中型至大型，体色美丽。头部多为圆形，有些种类具大型头突。触角短，基部 2 节膨大，鞭节刚毛状，着生在复眼下方。单眼 2 个，着生在复眼和触角之间。前翅基部一般有肩板。翅发达，前翅端区翅脉多分叉，且有多横脉造成网状，后翅臀区翅脉也呈网状。常见种类有斑衣蜡蝉等。

4．蚜总科 Aphidoidea

体微小而柔软。触角丝状，长，通常 3～6 节，末端 3 节上有圆形感觉孔。腹部第 6 节背面两侧常有 1 对腹管。末节肛上板之后有突出的圆锥形尾片。分有翅型和无翅型。有翅型前后翅膜质，前翅前缘翅痣明显，后翅远小于前翅。生活史极其复杂，行周期性的孤雌生殖。1 a 可发生 10～30 代。多生活在嫩芽、幼枝、叶片和花序上，少数在根部。成虫、若虫刺吸植物汁液，并能传播植物病毒病。蚜总科在园林植物上的种类很多，常见种类有梨黄粉蚜、白毛蚜、菊小长管蚜、桃蚜、秋四脉绵蚜、苹果绵蚜、榆绵蚜、紫薇长斑蚜、大喙长足大蚜和松大蚜等。

蚜总科通称蚜虫，是一个复杂的类群。常见科分科特征见表 2-6。

表 2-6　蚜总科常见科分科检索表

1．无翅蚜复眼 3 个小眼面；前翅中脉至多分叉 1 次；常有发达蜡腺；在越冬寄主上常形成虫瘿或卷叶

　　···瘿绵蚜科 Pemphigidae

1．无翅蚜复眼有多个小眼面；前翅中脉分叉 1 次～2 次；无蜡腺······································2

2．触角末节鞭部短，不显著；腹管孔状，位于多毛的圆锥体上；体较大·············大蚜科 Lachnidae

2．触角末节鞭部长于基部；腹管不位于有毛的圆锥体上；体较小······································3

3．腹管长管形；尾片形状多样，但非瘤状···蚜科 Aphididae

3．腹管截短形；尾片瘤状···4

4．腹管无网纹；尾片末端微凹至分为 2 叶；缘瘤和背瘤发达 ·············斑蚜科 Callasphididae

4．腹管有网纹；尾板末端圆，有时微凹；缘瘤和背瘤长缺·············毛蚜科 Chaitophoridae

5．木虱科 Psyllidae

体小型。触角长，10 节，末节顶端生有 2 根长短不一的刚毛。单眼 3 个。喙 3 节，出自前足基节间。前翅革质，从基部伸出一条翅脉，到中途分为 3 支，翅端每支再 2 分叉。后足基节有瘤状突起，胫节端部有刺，适于跳跃。卵有短柄。若虫体扁，常分泌白色蜡丝包被虫体。多数为木本植物害虫，常见种类有梧桐木虱、桑木虱和中国梨木虱等。

6．粉虱科 Aleymdidae

体小纤弱，表面被有白色蜡粉。触角 7 节。复眼的小眼分为上、下两群。两性均有翅，前翅翅脉最多 3 条，后翅只有 1 条翅脉。卵有短柄，附着在植物上。若虫 4 龄，从第 2 龄起足及触角退化，固定不动，发育至 4 龄后所蜕下的硬皮称为"蛹壳"，是鉴别种类的重要依据。重要种类有黑刺粉虱、温室白粉虱等。

7. 蚧总科 Coccoidea

通称蚧虫或介壳虫，是一个非常奇特的类群。体多微小，雌雄异型。雌虫幼虫形，无翅；3 个体段常愈合，头胸部分辨不清；复眼无，仅有 1 对单眼；口器发达；跗节 1 节～2 节，仅 1 爪，凭此可区别胸喙亚目的其他类群。体表常有蜡腺，分泌蜡粉或蜡块等覆盖主体，起保护作用。雄成虫头、胸、腹分段明显；低等种类具复眼，高级种类有多对单眼；口器退化；前翅膜质，上有 1 条两分叉的翅脉；后翅退化成平衡棒。卵圆球形或卵圆形，产在雌成虫体腹面凹陷形成的孵化腔内、介壳下或体后的蜡质卵囊内。

第 1 龄若虫触角、足发达，活泼，能够爬行，亦能靠风、动物等携带传播，为蚧虫一生中的主要或唯一扩散阶段，常将其称为爬虫。其他龄期若虫形态似雌成虫，常固定吸汁取食。寄生于木本植物或多年生草本植物的各个部位，是重要的园林害虫。常见种类有草履蚧、日本松干蚧、康氏粉蚧、长绵粉蚧、紫薇毡蚧、半球竹链蚧和桑白盾蚧等。

常见科分科特征见表 2-7。

表 2-7　蚧总科常见科分科检索表

1. 雌成虫有腹气门，通常无管状腺；雄成虫有复眼···2
1. 雌成虫无腹气门，常具有管状腺；雄成虫无复眼···3
2. 雌成虫具背疤而无腹疤；雄成虫在体末常有成对的肉质尾瘤；幼虫期没有无足的珠体阶段··········
···绵蚧科 Monophlebidae
2. 雌成虫具背疤而无腹疤；雄成虫常在背末中部有 1～2 群管腺，由此分泌成束蜡丝；幼虫期有无足的
珠体阶段··珠蚧科 Margarodidae
3. 雌成虫腹末有尾裂和 2 块肛板··蜡蚧科 Coccidae
3. 雌成虫腹末无尾裂和肛板···4
4. "8" 字形腺在背缘排成链带状；体表常被透明或半透明的玻璃质蜡壳；触角退化成瘤状；足退化或缺
···链蚧科 Asterolecaniidae
4. "8"字形腺缺···5
5. 雌成虫腹末几节愈合为臀板；触角退化，足消失；虫体被有由分泌物和若虫蜕皮形成的盾状介壳；
雄虫腹末无蜡丝··盾蚧科 Diaspididae
5. 雌成虫腹末几节不愈合；体常被有蜡粉或裸露；雄虫腹末有 1～2 对蜡丝·······································6
6. 背孔、刺孔群和三格腺通常存在；管状腺口不内陷；体表常被有白色蜡粉·······粉蚧科 Pseudococcidae
6. 无背孔、刺孔群和三格腺；管状腺口内陷；雄成虫常潜伏在致密的毡囊内·········毡蚧科 Eriococcidae

（五）缨翅目 Thysanoptera

俗称蓟马。体微小至小型，细长而略扁。头锥形，下口式。口器锉吸式，左右不对称，左上颚口针发达，右上颚口针退化。复眼发达。触角短，6 节。前胸大，可活动。翅 2 对，膜质，狭长，翅脉少或无，边缘有长缨毛，因而称为缨翅。足短小，跗节 1～2 节，末端有 1 个能伸缩的泡状中垫。腹部圆筒形或纺锤形，无尾须，如图 2-29 所示。

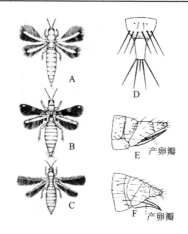

麦简管蓟马（A. 成虫；D. 腹部末端）；横纹蓟马（B. 成虫；E. 腹部末端）；烟蓟马（C. 成虫；F. 腹部末端）

图 2-29　缨翅目昆虫

缨翅目的变态特点为：1 龄、2 龄若虫无外生翅芽，翅在内部发育；3 龄突然出现大的翅芽，相对不太活动，为前蛹；4 龄不食不动，进入蛹期。成虫常见于花上。多数种类植食性，为害农作物、花卉及林果；少数捕食性，可捕食蚜虫、介壳虫、蛾类、粉虱及其他蓟马。

1. 管蓟马科 Phlaeothripidae

多数种类黑色或暗褐色。触角 4～8 节，有锥状感觉器。前翅面光滑无毛，翅脉无或仅有 1 条简单中脉。腹部末节管状，后端较狭，生有较长的刺毛。产卵器无。生活周期短，卵产于缝隙中。多数取食真菌孢子；少数植食性，如中华简管蓟马、麦简管蓟马等。

2. 纹蓟马科 Aeolothripidae

体粗壮，褐色或黑色。翅白色，常有暗色斑纹。触角 9 节，第 3、4 节上有长形感觉器，末端 3～5 节愈合。翅较阔，前翅末端圆形，2 条纵脉从基部伸到翅缘，有横脉。产卵器锯状，从侧面观向上弯曲。常见种类有横纹蓟马等。

3. 蓟马科 Thhpidae

体扁，触角 6～8 节，末端 1～2 节形成端刺，第 3～4 节上常有感觉器。翅狭长，末端尖。雌虫腹末圆锥形，产卵器锯状，侧面观向下弯曲，产卵于植物组织内。多数种类植食性，如烟蓟马、黄胸蓟马等。

（六）脉翅目 Neuroptera

体小至大型。头下口式，口器咀嚼式。触角细长，丝状、念珠状或棒状等。复眼发达，单眼 3 个或无。前后翅大小、形状和脉纹均相似；翅膜质透明，有许多纵脉和横脉成网状，且在翅缘处多 2 分叉。翅痣常有。休息时翅呈屋脊状覆盖在腹背上。跗节 5 节。尾须无。

本目包括草蛉、蚁蛉、粉蛉和褐蛉等。完全变态。成虫、幼虫均为肉食性，以蚜虫、蚂蚁、介壳虫和蛾类等昆虫及各种虫卵、蛹为食，是重要的天敌昆虫类群。

1. 草蛉科 Chrysopidae

体中型，身体细长，纤弱。多呈绿色，少数为黄褐色或灰色。触角丝状，细长。复眼有金色光泽，相距较远；单眼无。前后翅的形状和脉相相似，或前翅略大。翅多无色透明，少数有褐斑。前缘横脉不分叉。卵长椭圆形，基部有 1 条丝质长柄，多产在有蚜虫的植物上。幼虫称为蚜狮，长形，两头尖削；前口式，上、下颚合成的吸管长而尖，伸在头的前面；胸腹部两侧均生有具毛的瘤状突起。

某些蚜狮有背负杂物的习性，将猎物残骸等驮在背上，以保护自身。本科成虫、幼虫主要捕食蚜虫，也可捕食介壳虫、木虱、叶蝉、粉虱及蛾类，为重要益虫。常见种类有大草蛉、丽草蛉和中华草蛉等，如图 2-30 所示。

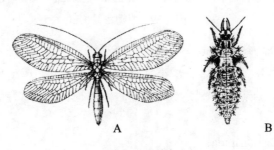

A. 成虫；B. 幼虫

图 2-30　中华草蛉

2. 褐蛉科 Hemerobiidae

小型或中型，一般褐色。触角长，念珠状；无单眼。前翅前缘区横脉多分叉。幼虫长形，头小，无明显毛瘤。多生活于林区，捕食蚜虫、介壳虫、粉虱和木虱等。常见种类有全北褐蛉等。

（七）鞘翅目 Coleoptera

体微小至大型，体壁坚硬。口器咀嚼式，上颚发达。有复眼，一般无单眼。触角 10～11 节，有各种类型，是分类的重要特征。前胸发达，中胸仅露出三角形小盾片。前翅骨化、坚硬，无翅脉，称作鞘翅，静止时覆盖在背上，沿背中线会合呈一直线；后翅膜质，翅脉减少。跗节数目变化很大。尾须无，如图 2-31 所示。

本目俗称甲虫。是昆虫纲中最大的目。口器咀嚼式，上颚发达。前翅强烈骨化，为鞘翅。后翅膜质，休息时折叠于鞘翅下，翅脉较少。其胸背板发达，中胸仅露出三角形的小盾片。成虫触角多样，11 节。完全变态。幼虫寡足型，少数无足型。蛹为离蛹。多为陆生，少数水生。多数种类为植食性，取食植物的不同部位，是园林植物的重要害虫。部分种类肉食性，可用于生物防治。还有部分种类为腐食性、尸食性或粪食性，在自然界物质循环方面起着重要作用。多数甲虫具假死性，一遇惊扰即坠地装死，以躲避敌害。

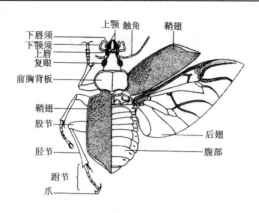

图 2-31　鞘翅目的特征

1. 步甲科 Carabidae

体小至大型，多为黑色或褐色而有光泽。头部窄于前胸，前口式。触角细长，丝状，着生于上颚基部与复眼之间。足为典型步行足，跗节 5 节。后翅常不发达或无翅，不能飞。幼虫体长，活泼。触角 4 节，胸足 3 对，跗节 5 节具爪。成虫、幼虫均为肉食性，靠捕食软体昆虫为生。白天隐藏，栖息于砖石块、落叶下及表土中；夜间活动。常见种类有中华步甲等。

2. 金龟甲总科 Scarabaeoidea

通称金龟子。体小至大型，常壮而短。触角鳃叶状，即末端 3～8 节向一侧扩展成鳃叶状。前足为开掘足，胫节扁宽，外缘具齿和距，跗节 5 节，适于掘土。幼虫通称"蛴螬"。体乳白色，粗肥，休息时呈"C"字形弯曲。体壁柔软，多皱褶。胸足 3 对。腹部末节（臀节）圆形，腹板上着生有很多刚毛。刚毛的数量和分布情形，是幼虫鉴别的重要特征。本总科习性复杂，有植食性，也有粪食性；成虫多具趋光性，幼虫生活在土中，常将植物幼苗的根茎咬断，使植物枯死，为一类重要的农、林及草坪害虫。本总科隶属 22 个科，常见的科有：

① 鳃金龟科 Melolonthidae

其后足胫节有 2 个端距且相互靠近。爪有齿，大小相等。后气门位于骨化的腹板上。常见种类有华北大黑鳃金龟等。

② 丽金龟科 Rutelidae

其体色鲜艳且具金属光泽。后足胫节有 2 个端距。爪不对称，后足特别明显。腹气门 3 个在背腹间膜上，3 个在腹板上。常见种类有铜绿异丽金龟等。

③ 花金龟科 Getoniidae

体常具金属光泽。上唇退化或膜质。鞘翅外缘凹入。中胸腹板有圆形向前突出物。成虫多在白天活动，常钻入花中取食花粉和花蜜，故有"花潜"之称。常见种类有小青花金龟等。

3．吉丁甲科 Buprestidae

体较长，常具金属光泽。头下口式，嵌入前胸。触角多为锯齿状。前胸与中胸相接紧密不能活动，前胸腹板有 1 扁平突起嵌在中胸腹板上，后胸腹板上有 1 条明显的横沟。腹部第 1 节、2 节腹板常愈合。幼虫俗称"溜皮虫"，体扁平，无足；头小，前胸膨大，背腹面均骨化，体后部较细，使主体呈棒状；钻蛀树木枝干或根部的形成层。常见种类有六星吉丁虫等。

4．叩甲科 Elateridae

成虫通称叩头虫。体小至中型，体色多暗淡。触角锯齿状或栉齿状，11 节～l2 节。前胸可活动，其背板二后侧角常呈尖锐突出，腹板后方中央有向后伸延的刺状物，插入中胸腹板前方的凹陷内，组成弹跃构造。当主体仰卧时，则挺胸弯背，靠肌肉的强劲收缩，前胸向内收，背面击地而跃起。当体后部被抓住时，前胸不断上下活动，类似"叩头"。

幼虫通称金针虫，寡足型，体金黄色或棕黄色，坚硬、光滑并细长。上唇无。腹气门各有 2 个裂孔。成虫白天活动，幼虫常栖息于土中，食害植物的种子、根部，为重要的地下害虫。常见种类有细胸叩甲、沟叩甲等。

5．瓢甲科 Coccinellidae

体半球形，腹面扁平，背面隆起。鞘翅上常具鲜艳的斑纹。头小，触角短棒状。跗节 4 节，第 3 节很小，包藏于第 2 节的凹陷中，看起来像 3 节，因而称作隐 4 节或伪 3 节。幼虫体长形，背面常有毛瘤或枝刺，有时被有蜡粉。成虫、幼虫食性相同，多数种类成虫鞘翅多无毛，幼虫行动活泼，体背毛瘤多且柔软，肉食性，可捕食蚜虫、介壳虫、粉虱和蛾类等，如七星瓢虫、异色瓢虫等；少数种类成虫背面多毛，幼虫多不活泼，体背多具大型枝刺，为植食性，为害农作物，如马铃薯瓢虫等。

6．天牛科 Cerambycidae

体长圆筒形，略扁。触角 11 节，特长，至少超过体长的 1/2。眼肾脏形，环绕触角基部，有时分裂为 2 个。跗节为隐 5 节。幼虫体长，头小，前胸背板很大，头及前胸背板骨化程度较强，色较深；胸、腹节的背、腹面一般均有骨化区或突起；胸足退化，但留有遗痕。成虫多白天活动；幼虫钻蛀植物的茎、枝或根，为园林、果树的重要害虫。常见种类有光肩星天牛等。

7．叶甲科 Chrysomelidae

俗称金花虫。体小型，椭圆形、圆形或长形，常具金属光泽。触角丝状。11 节。复眼圆形。跗节隐 5 节。有些种类如跳甲的后足发达，善跳。幼虫圆筒形，柔软，似鳞翅目幼虫，但腹足无趾钩。成虫、幼虫均为植食性，多取食叶片，少数蛀茎和咬根。常见的种类有白杨叶甲等。

8．象甲科 Curculionidae

通称象鼻虫。体小至大型。头部延伸成象鼻状，特称"喙"。咀嚼式口器位于喙的端部。触角多弯曲呈膝状，10～12 节，端部 3 节呈锤状。跗节隐 5 节。幼虫体壁柔软，乳白色，肥胖而弯曲；头发达。足缺。成虫、幼虫均为植食性。常见种类沟眶象等。

9. 小蠹科 Scolytidae

体小，圆筒形，色暗，有毛鳞。头窄于前胸；触角膝状，末端 3～4 节呈锤状。无喙，上唇退化，上颚发达。前胸背板发达，有时向前盖住头部。足短粗，胫节常有齿。幼虫白色，无足，头部发达。成虫和幼虫多蛀食树木的韧皮部，形成各种图案的坑道系统。常见种类有柏肤小蠹等。

（八）鳞翅目 Lepidoptera

本目包括蝶类、蛾类两大类，如图 2-32 所示。完全变态。成虫体小至大型。触角丝状、棍棒状或羽状。口器虹吸式。复眼 1 对，单眼通常 2 个。翅 2 对，膜质，其上密被鳞片，并常形成各种花纹。翅脉相对简单，横脉少，前翅纵脉一般多至 15 条，后翅多至 10 条。脉相和翅上花纹是分类和种类鉴定的重要依据。

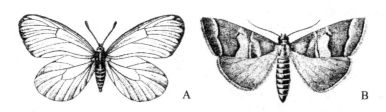

A. 蝶类－山楂粉蝶；B. 蛾类－梨大食心虫

图 2-32 鳞翅目昆虫

幼虫为多足型，体圆柱形，柔软，常有不同颜色的纵向线纹。头部坚硬，额狭窄，呈"人"字形，口器咀嚼式。胸足 3 对。腹足 5 对，着生在第 3～6 腹节和第 10 腹节上，最后 1 对腹足称为臀足。腹足末端有趾钩，其排列方式，按长短高低分为单序、双序或多序；按排列的形状分为环状、缺环状、中带或二横带式，是幼虫分类的重要特征。

蛹常为被蛹。蝶类化蛹多不结茧，蛾类常在土室或丝茧等隐蔽环境中化蛹。成虫取食花蜜作为补充营养。蝶类成虫触角棍棒状；后翅肩区发达，翅缰无；静止时翅直立于体上；多在白天活动，在花间飞舞。蛾类成虫触角非棍棒状；翅缰常有；静止时翅呈屋脊状或平放于体背。多在夜间活动，许多种类具趋光性。

鳞翅目昆虫幼虫绝大多数为植食性，为农林重要害虫。取食、为害方式多样，有自由取食的，卷叶、缀叶的，还有潜叶、蛀茎和蛀果的，少数形成虫瘿。另外，桑蚕、柞蚕等能吐丝，蝙蝠蛾的幼虫被虫菌寄生后形成冬虫夏草，皆为重要的资源昆虫。

1. 凤蝶科 Papiliionidae

多为大型而美丽种类。前翅三角形，径脉 5 分支，臀脉 2 条；后翅臀脉 1 条，外缘波状，常有 1 尾状突起。幼虫体光滑，前胸背中央有 1 翻缩性"Y"形腺。腹足趾钩中带式，二序或三序。常见种类有柑橘凤蝶、玉带凤蝶和金凤蝶等。

2．粉蝶科 Piehdae

中等大小。多白色或黄色，翅上有时具斑纹。前翅三角形。径脉 4 分支，臀脉 1 条；后翅卵圆形，臀脉 2 条。幼虫绿色或黄色，体表有许多小突起和次生毛。身体每节分为 4～6 个环。腹足趾钩中列式，二序或三序。常见种类有菜粉蝶、山楂粉蝶等。

3．透翅蛾科 Sesiidae

小至中型，外形似蜂类，白天活动。翅狭长，通常有无鳞片的透明区。腹部末端常有扇形鳞片簇。幼虫趾钩单序横带，主要蛀食树木的主干、枝条和根部等。常见种类有葡萄透翅蛾、白杨透翅蛾等。

4．蓑蛾科 psychidae

又名袋蛾科。雌雄异型。雄虫具翅，触角栉齿状，无喙，翅缰异常大；雌虫无翅，形如幼虫。幼虫肥胖，趾钩单序缺环，能吐丝缀连叶片和小枝形成各种形状的袋囊，生活在其中。常见园林植物害虫有大蓑蛾等。

5．刺蛾科 Limacodidae

体粗壮多毛。单眼无，喙退化。翅短而阔圆，中室内中脉主干常分叉；后翅 $Sc+R_1$ 与 Rs 基部分离或沿中室基半部短距离合并。幼虫短粗，蛞蝓型。长有毛瘤或枝刺。无腹足。经常在卵圆形的石灰质的茧内化蛹。以幼虫取食叶片为害。常见种类有黄刺蛾、扁刺蛾等。

6．螟蛾科 Pyralidae

小至中型，体瘦长，腹部末端尖细。前翅三角形，后翅 $Sc+R_1$ 与 Rs 在中室外有一段极其接近或愈合，M_1 与 M_2 基部远离，各从中室两角伸出。幼虫体细长，腹足短，趾钩通常二序或三序，缺环状。幼虫蛀茎或缀叶，营隐蔽生活。常见种类有黄杨绢野螟、大丽花螟蛾等。

7．卷蛾科 Tortricidae

小至中型。前翅略呈长方形，外缘平直，肩角突出，休息时两翅合拢呈吊钟状。喙裸，下颚须退化或消失，下唇须前伸。幼虫圆筒形，趾钩环式，肛门上方常有臀栉。幼虫营隐蔽生活，可卷叶、缀叶和钻蛀等。常见种类有梨大食心虫、苹褐卷蛾等。

8．斑蛾科 Zygaenidae

小至中型，色彩常艳丽。白天活动。喙发达。中室内有中脉主干存在，后翅 $Sc+R_1$ 与 Rs 愈合到中室末端之前或以一横脉相连。幼虫短粗，体上常有毛瘤或毛簇，趾钩单序中带。常见种类有梨星毛虫等。

9．尺蛾科 Geomethdae

体细长，翅大而薄，有些雌虫无翅或翅退化。后翅 $Sc+R_1$ 在基部常强烈弯曲，与 Rs 靠近或愈合，造成一个小室。幼虫体细长，仅有腹足 2 对，着生在第 6 腹节和末节上，行动时一曲一伸，故称"尺蠖"、步曲或造桥虫。幼虫蚕食叶片。常见种类有枣尺蠖、槐尺蠖等。

10. 天蛾科 Sphingidae

体大型，粗壮呈梭形。触角末端钩状，喙发达。前翅大而狭长，顶角尖，外缘斜直；后翅小，$Sc+R_1$ 与 Rs 在中室中部有一小横脉相连。幼虫肥大，光滑，多为绿色，体侧常有斜纹或眼状斑。第 8 腹节背中央有一向后上方伸出的角状突起，称为尾角。趾钩二序中带式。成虫飞翔能力强，幼虫食叶为害。常见种类有霜天蛾等。

11. 毒蛾科 Lymantriidae

体粗壮多毛。触角双杆状。翅常宽圆，后翅 $Sc+R_1$ 与 Rs 在中室基部 1/3 处并接或接近，然后又分开。休息时多毛的前足常伸向前方，许多种类的雄虫腹末有毛丛。幼虫体被有长短不一的毛，在瘤上形成毛束或毛刷，第 6 和第 7 腹节背面各有一翻缩毒腺，趾钩单序中带式。幼虫食叶，常见种类有舞毒蛾等。

12. 灯蛾科 Arctiidae

中等大小，色彩艳丽。$Sc+R_1$ 与 Rs 愈合至中室中央或以外。幼虫被有浓密的长毛，以毛丛形式着生在毛瘤上，背面无毒腺。幼虫食叶，幼龄期有群集性。常见种类有红缘灯蛾、美国白蛾等。

13. 夜蛾科 Noctuidae

体多中型，粗壮，色常灰暗。前翅略狭窄，常具斑点和条纹；后翅色浅，$Sc+R_1$ 和 Rs 脉在基部分离，于近基部接触后又分开，造成一个小基室。幼虫多数体光滑，趾钩一般为单序中带，少数为双序中带。幼虫多数在植物表面取食叶片，少数蛀茎或营隐蔽生活。常见种类有斜纹夜蛾、黏虫和小地老虎等。

（九）双翅目 Diptera

体微小至中型。头下口式，能活动。口器刺吸式、刮吸式或舐吸式等。复眼发达，几乎占头的大部分，很多种类雄虫的 2 个复眼紧靠在一起或非常接近，称为合眼式；雌虫的 3 个复眼多远离，称为离眼式。触角形状和节数变化很大，有丝状、念珠状、短角状和具芒状等。仅具 1 对膜质前翅，后翅特化为平衡棒。有些种类的前翅在后缘基部常分出 1 个小片，称为翅瓣；在翅的下方与胸部相连接处有 1～2 个不透明的小片，称为腋瓣。足跗节 5 节；爪垫存在，爪间突 1 个。

本目包括蚊、蠓、虻和蝇，完全变态。幼虫一般无足，蠕虫状，称为蛆。蚊和虻的蛹为离蛹或被蛹，成虫羽化时从蛹背面纵裂；蝇类的蛹为围蛹，成虫羽化时蛹壳前端环状裂开。双翅目昆虫的生活习性比较复杂。成虫营自由生活，多以花蜜或腐败有机物为食，有些种类可刺吸人类或动物血液，传播疾病；有些则可捕食其他昆虫。幼虫多为腐食性或粪食性；有些为肉食性，可捕食（如食蚜蝇）或寄生（如寄蝇）其他昆虫；少数植食性，为害植物的根、茎、叶、果和种子等，是重要的农林害虫，如图 2-33 所示。

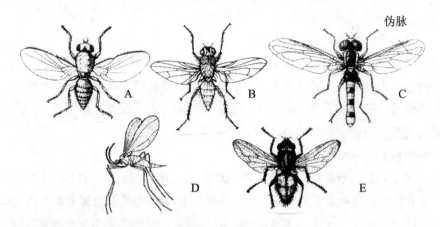

A. 潜蝇科－豌豆潜叶蝇；B. 种蝇科－灰地种蝇；C. 食蚜蝇科－黑带食蚜蝇；

D. 瘿蚊科－麦红吸浆虫；E. 寄蝇科－黏虫缺须寄蝇

图 2-33 双翅目昆虫

1. 瘿蚊科 Cecidomyiidae

体小细弱。触角念珠状，雄性触角节上环生细毛。单眼无。足细长。翅宽而多毛，仅有 3～5 条纵脉。成虫多在早、晚活动。幼虫食性可分为捕食性、腐食性和植食性。植食性幼虫常形成虫瘿，故称"瘿蚊"。重要种类有麦红吸浆虫等。

2. 潜蝇科 Agromyzidae

体小型，多为黑色或黄色。单眼和口鬃存在。翅宽大，透明或具色斑。腋瓣无，前缘脉有一处中断，亚前缘脉退化。臀室小。幼虫潜食叶肉，形成各种形状的隧道。重要种类有美洲斑潜蝇等。

3. 种蝇科 Anthomyiidae

小至中型，体较细长，有鬃毛，多为黑色、灰色或暗黄色。触角芒裸或有毛。前翅后缘基部与身体连接处有一质地较厚的腋瓣。M_1+2 向前弯曲，Cu_2+2A 到达翅后缘。成虫常在花间飞舞。幼虫多为腐食性，取食腐败动、植物和动物粪便；少数为害植物种子及根，称为根蛆。常见种类有萝卜地种蝇、灰地种蝇等。

4. 食蚜蝇科 Syrphidae

中等大小，形似蜜蜂或胡蜂。体具鲜艳色斑，无刚毛。头大，触角 3 节，具芒状。眼大，雄性合眼式，雌性离眼式。翅大，外缘有和边缘平行的横脉。径脉和中脉之间有 1 条两端游离的褶状构造，称为伪脉，是本科的显著特征。成虫常在花上或空中悬飞，取食花蜜，传授花粉；幼虫蛆形，体侧具短而柔软的突起或后端有鼠尾状的呼吸管。多数为捕食性，可捕食蚜虫、介壳虫、粉虱、叶蝉和蓟马等。常见种类有黑带食蚜蝇、细腰食蚜蝇等。

5. 寄蝇科 Tachinidae

小至中型，多毛，体常黑色、灰色或褐色，带有浅色斑纹。触角芒光裸。中胸后盾片发达，露在小盾片之外，从侧面观更为明显。M_{1+2}脉向前弯向R_{4+5}。幼虫蛆形，具刚毛或刺。成虫白天活动，常见于花间。本科多数是益虫，幼虫多寄生于鳞翅目幼虫和蛹、鞘翅目成虫和幼虫、叶蜂以及实蜂等体内。例如，日本追寄蝇寄生于黏虫幼虫体内。

（十）膜翅目 Hymenoptera

本目包括各种蜂类和蚂蚁等。体微小至大型。口器咀嚼式或嚼吸式。触角多于10节，有丝状、膝状等形状。跗节5节，有的足特化为携粉足。翅2对，膜质，翅脉少，前翅大于后翅，后翅前缘有1列小钩。腹部第1节并入后胸，称为并胸腹节，有些种类形成细腰。雌虫产卵器发达，锯状或针状，在高等类群中特化为螫刺。

完全变态。幼虫多数为无足型或寡足型，仅叶蜂类幼虫为多足型。蛹为离蛹。多数为单栖性；少数为群栖性，营社会生活，如蜜蜂、蚂蚁等。食性复杂，很多种类为寄生性，如姬蜂、茧蜂和小蜂等；有些种类为捕食性，如胡蜂、泥蜂等。有些种类如蜜蜂、熊蜂等能传授植物花粉；也有一些为植食性，幼虫取食植物的叶片或蛀茎，是重要的害虫，如图2-34所示。

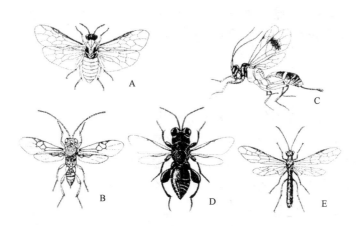

A. 叶蜂科－小麦叶蜂；B. 茎蜂科－麦茎蜂；C. 姬蜂科－横带驼姬蜂；

D. 小蜂科－黑角洼头小蜂；E. 茧蜂科－小菜蛾绒茧蜂

图 2-34　膜翅目昆虫

1. 叶蜂科 Tenthredinidae

中等大小，体粗壮。触角多为丝状。前胸背板后缘深凹，向后伸达翅基片（肩板）。前足胫节具2端距。胸、腹部连接处不缢缩。产卵器锯状。幼虫似鳞翅目幼虫，但头部额区非"人"字形；腹足6~8对，着生在第2~8腹节和第10腹节上，且末端无趾钩。成虫常见于叶片或花上，幼虫取食叶片。园林害虫有蔷薇三节叶蜂、樟叶蜂等。

2．茎蜂科 Cephidae

体纤细。触角丝状或棒状。前胸背板后缘平直。前足胫节端距 1 枚。幼虫无腹足，胸足退化，体弯曲成"S"形或"C"字形。幼虫蛀食植物茎干。园林害虫有月季茎蜂、麦茎蜂等。

3．姬蜂科 Ichneumonidae

体细长。触角丝状。前翅翅痣明显，端部第 2 列翅室中有 1 个特别小的四角形或五角形翅室，称为小室；小室下面所连的一条横脉叫做第二回脉，是姬蜂科的重要特征。腹部细长或侧扁，长于头、胸部之和。产卵管很长。卵多产于鳞翅目、鞘翅目、膜翅目幼虫和蛹的体内。幼虫为内寄生。常见种类有横带驼姬蜂、舞毒蛾黑瘤姬蜂等。

4．小蜂总科 Chalcidoidea

体微小，多数 2～3 mm。头部横形，复眼大。触角大多膝状，5～13 节。前胸背板略呈方形，不向后伸达肩板。翅脉极退化，仅前缘有 1～2 条脉，无翅室。足转节 2 节。腹部腹板坚硬，无中褶。本总科绝大多数种类寄生于其他昆虫的卵和幼虫，为重要的天敌昆虫，如小蜂科 Chalcididae 的粉蝶大腿小蜂、金小蜂科 Pteromalidae 的蝶蛹金小蜂、蚜小蜂科 Aphelinidae 的苹果绵蚜小蜂（日光蜂）和赤眼蜂科 Trichogrammatidae 的松毛虫赤眼蜂等。

5．茧蜂科 Braconidae

小至中型，与姬蜂科相似，但前翅只有 1 条回脉。腹部第 2 节和第 3 节背板愈合。寄生性昆虫，幼虫老熟后在寄主体外结白色丝茧化蛹。常见种类有小菜蛾绒茧蜂等。

复习思考题

1．园林昆虫主要有哪几个目？各目的主要区别特征有哪些？

2．直翅目主要有哪几个科？各科的主要区别特征有哪些？

3．半翅目主要有哪几个科？其中哪几个科是园林害虫？哪几个科是天敌昆虫？

4．同翅目的主要特征有哪些？主要有哪几个科（总科）？

5．草蛉科主要捕食哪些害虫？

6．鞘翅目的主要特征有哪些？主要有哪几个科？

7．鳞翅目的主要特征有哪些？其中蝶类和蛾类的主要区别特征有哪些？

8．潜蝇科和寄蝇科的为害特点有什么区别？食蚜蝇科和寄蝇科的取食行为有什么区别？

9．叶蜂科和茎蜂科的为害方式有什么区别？

第八节　园林植物其他害虫与天敌

园林植物害虫主要是节肢动物门昆虫纲动物，其次还有节肢动物门蛛形纲蜱螨目、甲壳纲等足目和重足纲唇颚目动物，软体动物门腹足纲柄眼目动物，脊索动物门哺乳纲兔形目、啮齿目动物。

一、其他节肢动物

在节肢动物门中，昆虫纲和其他与园林植物有关的各主要纲的简要区别特征如表 2-8。

表 2-8　节肢动物门主要纲的区别

纲名	体躯分段	眼	触角	足	翅	代表种类
昆虫纲	头、胸、腹 3 段	复眼 1 对，单眼 0～3 个	1 对	3 对	1～2 对	蝗虫
甲壳纲	头胸部和腹部 2 段	复眼 1 对	2 对	至少 5 对	无	鼠妇
蛛形纲	头胸部和腹部 2 段	单眼 2～6 对	无	2～4 对	无	螨类、蜘蛛类
倍足纲	头、体 2 部	复眼 1 对	1 对	每体节 2 对	无	马陆

（一）螨类

螨类隶属于节肢动物门、蛛形纲 Arachnida、蜱螨目 Acarina。螨类食性比较复杂，有植食性、捕食性和寄生性等。植食性螨类种类很多，是农作物和园林、果树的重要害虫；捕食性或寄生性螨类以其他螨类和昆虫为食，在消灭害螨、害虫方面起着重要作用。

螨类体微小，体长 0.1～2.0 mm。通常圆形或椭圆形。足一般 4 对，少数 2 对。身体分区不太明显，通常分为前半体和后半体两部分。前半体包括颚体和前足体；后半体包括后足体和末体。颚体相当于昆虫的头部，其上有口器。口器由 1 对螯肢、1 对须肢组成。螯肢通常 2 节，须肢 5～6 节。咀嚼式口器的螯肢呈钳状；刺吸式口器的螯肢端部特化为针状，称为"口针"。前足体和后足体相当于昆虫的胸部，分别着生前 2 对足和后 2 对足。眼和气门器（颈气管）位于前足体的背面两侧。足一般由 6 节组成，即基节、转节、腿节、膝节、胫节和跗节。跗节末端有爪和爪间突，其形状多样。末体类似于昆虫的腹部，肛门和生殖孔一般开口于末体的腹面，生殖孔在前，肛门在后。此外，身体上还有很多刚毛，均有一定的位置和名称，常作为分类的依据，如图 2-35 所示。

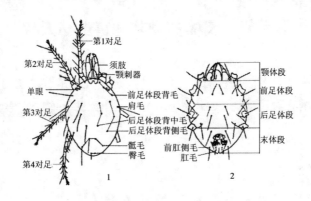

1. 雌螨背面；2. 腹面

图 2-35　螨类的体躯构造

螨类多系两性卵生繁殖，发育过程雌雄有别。雌螨经历卵、幼螨、第一若螨、第二若螨和成螨 5 个阶段，而雄螨则无第二若螨。幼螨 3 对足，若螨和成螨 4 对足。

1. **叶螨科 Tetranychidae**

俗称红蜘蛛、黄蜘蛛。体微小，多在 1 mm 以下。圆形或椭圆形，雌性腹部圆钝，雄虫腹部尖削。表皮柔软。口器刺吸式，须肢末端具指状突复合体。气门器发达，末端有各种形状。足 4 对。体背被有刚毛状、棒状和扇状等不同形状的毛。植食性，多在叶上摄食。为害园林植物的种类有朱砂叶螨等。

2. **细须螨科 Tenuipalpidae**

体微小、扁平。背面观呈卵形或梨形。表皮骨化程度较强，背面常有纹饰。雌雄异型，雌性后半体完整，雄性在后足体与末体间有横缝相隔。须肢无爪和指状突复合体。前足体前缘多数有喙盾。足 4 对，粗短，有横皱。多在叶背吸食为害。园林植物上的重要种类有卵形短须螨、刘氏短须螨等。

3. **跗线螨科 Tarsonemidae**

体长 0.1~0.3 mm，椭圆形。有分节的痕迹。螯肢针状，短小，须肢亦短小。本科突出的特点是雌螨第 4 对足端部具有 2 根长鞭状毛，而雄螨第 4 对足常粗大。除第 1 对足外，其他足爪间突为宽膜质垫。以植物、真菌及昆虫为食。有些种类是园林植物害虫，如侧多食跗线螨等。

4. **粉螨科 Tyroglyphidae**

体白色或灰白色。口器咀嚼式，须肢小，3 节。前半体和后半体间有一缢缝。足的基节因与身体腹面愈合，所以只有 5 节。雄螨肛门两侧及第 4 对足的跗节上有吸盘。多数为寄生性螨，少数在植物根部为害，如球根粉螨（刺足根螨）等。

5. **瘿螨科 Eriophyidae**

体极微小，长约 0.1 mm，蠕虫形，狭长。足仅有前 2 对。前半体背板呈盾状，其上有刚毛2对或无，后半体延长，表面有许多横向环纹。常发生在多年生植物上，因吸食造成寄主叶片或芽变色或畸形，还能传播病毒。常见种类如毛白杨瘿螨、葡萄潜叶壁虱等。

6．植绥螨科 Phytoseiidae

体椭圆形，体色随食料而变化。饥饿时体呈白色或淡褐色，半透明，有光泽。当捕食红色叶螨后，体色即呈现橘红色。足细长，行动迅速。螯肢定趾发育正常，几乎与动趾相等。雄螨腹面具胸叉。具捕食性，如草栖钝绥螨在自然界嗜食叶螨和跗线螨等。其在生物防治上有显著的效用，如人工利用智利小植绥螨防治温室叶螨。

（二）蜘蛛类

蜘蛛类隶属于节肢动物门、蛛形纲、蜘蛛目Araneae。蜘蛛种类繁多，适应性强，繁殖力高，捕食量大，是农林害虫重要的捕食性天敌，是一个相当可观的可以利用的生物群落。蜘蛛分布极广，生活环境复杂，结网或不结网。网有圆网、皿网、漏斗网、三角网或不规则网等形式。有些种类还具有飞航习性。

蜘蛛类头部和胸部愈合成头胸部，头胸部与腹部之间以短而细的腹柄相连。附肢6对，第1对为螯肢，第2对为触肢，第3～6对为步足，步足末端具爪；腹部有纺器，书肺及气管，眼为单眼，一般8个，亦有2、4、6个或无眼者，如图2-36所示。

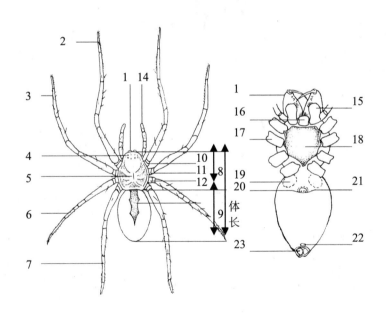

1．螯肢；2．第一步足；3．第二步足；4．眼；5．中窝；6．第三步足；7．第四步足；8．头胸部；
9．腹部；10．颈沟；11．放射沟；12．背甲；13．心脏斑；14．触肢；15．颚叶；16．下唇；
17．步足基节；18．胸板；19．书肺；20．胃外沟；21．外雌器；22．气孔；23．纺器

图2-36　蜘蛛类的外部形态

蜘蛛类为卵生，不完全变态，幼蛛及成蛛形态相似，仅体形大小和生殖器官的成熟程度不同。雌雄异体，异形，一般雄体小于雌体，雄体在即将成熟时，触肢跗节逐渐膨大变形、发育成具有交接作用的触肢器。雌体在最后一次蜕皮后，生殖器官的外部出现明显的几丁质化部分，形成外雌器。常见种类有黑隐石蛛、草间小黑蛛和三突花蛛等。

（三）鼠妇

鼠妇隶属于节肢动物门、甲壳纲 Crastacea、等足目 Isopoda、鼠妇科 Porcellionidae。鼠妇又称"潮湿虫"，种类较多。它们身体大多呈长瓜子形，长 5～15 mm，背腹扁平十分显著，呈灰褐色、灰蓝色；受到惊吓后会卷曲成团，是草食的陆栖类群，咀嚼式口器，为甲壳动物中唯一完全适应于陆地生活的动物。鼠妇用鳃呼吸，而鳃只能在湿润的环境中运作，所以鼠妇居住在潮湿的地方。第一触角短小，后 7 对胸肢变成步足，血呈白色。

它们都需生活在潮湿、温暖以及有遮蔽的场所，昼伏夜出，具假死性。光对鼠妇的生活有着极大的影响，呈负趋光性。鼠妇外壳有层薄薄的油，不易被蜘蛛网等粘住。常见种类有卷球鼠妇等，如图 2-37 所示。

图 2-37　卷球鼠妇的外形

（四）马陆

马陆隶属于节肢动物门、倍足纲 Diplepoda、唇颚目、山蛩虫科。马陆俗称千足虫，主要特征是身体的每节是由两个体节愈合形成，绝大部分体节有两对足，体内神经链上每节也有两对神经节。身体多数呈圆柱形，少数细长，背腹扁平。一般黑褐色或稍有橘红色，有杂色斑点。体长 2～300 mm 不等。身体由许多体节组成，可区分头部和躯干部。体壁坚硬有钙质，有生殖肢及驱拒腺。多孤雌生殖，孵出的幼虫仅 3 对足及很少体节，一生经多次蜕皮，蜕皮后增加体节和附肢数。大多为植食性，如马陆等，如图 2-38 所示。

图 2-38　马陆的外形

二、蜗牛和蛞蝓

蜗牛和蛞蝓分别隶属软体动物门 Mollusca 、腹足纲 Gastropoda 、柄眼目 Stylommatophora 的巴蜗牛科 Bradybaenidae 和野蛞蝓科 Agriolimacidae，属陆生贝类动物。

这类动物的主要特征是身体柔软，左右对称，不分节，由头部、足部、内脏囊、外套膜和贝壳等五部分组成。头部发达，头部有触角 2 对，可以翻转缩入，前触角作嗅觉用，后触角顶有眼。口内的齿舌发达，用于摄食、钻孔。足位于躯体的腹面，用于爬行。大多具贝壳，贝壳极为发达，变化多样，一般为螺旋形，左旋或右旋；也有一些种类贝壳退化或缺。雌雄同体或异体，卵生。足部常能分泌一个角质的或石灰质的厣掩盖壳口，起保护作用。常见种类主要为同型巴蜗牛、灰巴蜗牛和野缨蛞蝓等，如图 2-39 所示。

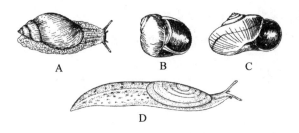

A. 灰巴蜗牛；B. 灰巴蜗牛贝壳；C. 同型巴蜗牛贝壳；D. 野缨蛞蝓

图 2-39　蜗牛和蛞蝓

三、啮齿动物

鼠类、兔类动物均称为啮齿动物，分别隶属于脊索动物门 Chordata 哺乳纲 Mammalia 的啮齿目 Rodentia 和兔形目 Lagomorpha。这类动物的主要特征是身体分为头、颈、躯干、尾和四肢等部分，如图 2-40 所示。

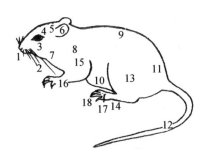

1. 吻；2. 须；3. 颊；4. 眼；5. 额；6. 耳；7. 喉；8. 颈；9. 背；10. 腹；

11. 臀；12. 尾；13. 股；14. 后足；15. 肩；16. 前足；17. 趾；18. 爪

图 2-40　啮齿动物的外形

体型较小或中等，门齿凿状且非常发达，无齿根，能不断地生长，经常咬啮，无犬齿，在门齿和臼齿之间留有宽阔的间隙，臼齿分叶或在咀嚼面上生有突起。具有比较发达的盲肠。

啮齿动物的鼠类和兔类分属于两个不同的目，因此这两类动物在形态上也存在着很大的差异，它们最显著的不同在于鼠类上颌只具有一对不断生长的凿状门齿，而兔形目上颌却具有两对前后着生的门齿，后一对很小，隐于前一对门齿的后方，因此兔形目的动物又被称为重齿类。常见种类有草兔、达吾尔黄鼠、大仓鼠、小家鼠和中华鼢鼠等。

复习思考题

1. 螨类与园林植物有什么关系？主要有哪几个科？各科有哪些主要特征？

2. 蜗牛和蛞蝓有哪些主要特征？巴蜗牛科和野蛞蝓科有哪些区别特征？

3. 啮齿动物有哪些主要特征？兔形目和啮齿目有哪些主要区别特征？

第三章　园林植物病虫害综合治理

第一节　综合治理的概念

园林植物病虫害的综合治理应当遵从"预防为主，综合防治"的植保工作方针，它的基础是"预防为主"，即在各种病虫尚未造成大量危害之前采取相应预防措施，而具体的防治方法应该是多途径的、综合的和可操控的。

一、综合治理的含义

植物病虫害的防治方法很多，每种方法各有其优点和局限性，依靠某一种措施往往不能达到防治目的，我国确定了"预防为主，综合防治"的工作方针。这一工作方针提出，在综合防治中，要以园林技术防治为基础，因地因时制宜，合理运用化学防治、生物防治和物理防治等措施，达到经济、安全和有效地控制园林病虫害的目的。

综合治理是对有害生物进行科学管理的体系，它从园林生态系统总体出发，根据有害生物与环境之间的相互联系，充分发挥自然控制因素的作用，因地制宜协调应用必要的措施，将有害生物控制在经济允许水平之下，以获得最佳的经济效益、生态效益和社会效益。从生态系统全局为出发点，以预防为主，强调利用自然界对病虫的控制因素，达到控制病虫害发生的目的；合理运用各种防治方法，相互协调，取长补短，在综合各种因素的基础上，确定最佳防治方案；利用化学防治方法时，应尽量避免杀伤天敌和污染环境；综合治理不是彻底干净消灭病虫害，而是把病虫害控制在经济允许水平以下；综合治理并不降低防治要求，而是把防治措施提高到安全、经济、简便和有效的水平上。

二、综合治理的原则

综合治理的原则如下：

① 从园林生态学观念出发，要求园林植物、病虫和天敌三者之间相互依存，相互制约。它们同在一个生态环境中，又是生态系统的组成部分，它们的发生和消长又与其共同所处的生态环境的状态密切相关。综合治理就是在园林植物的播种、育苗、移栽和管理的过程中，有针对性地调节生态系统中某些组成部分，创造一个有利于植物及病虫害天敌生存，不利于病虫发生发展的环境条件，从而预防或减少病虫的发生与危害。

② 从安全的观念出发，要求生态系统的各组成部分关系密切，既要针对不同的防治对象，又要考虑对整个生态系统的影响，协调选用一种或几种有效的防治措施。对不同的病虫害，采用不同的对策，如可选择采用栽培管理、天敌的保护和利用、物理机械防治和药剂防治等措施。各项措施协调运用，取长补短，又要注意实施的时间和方法，以达到最好的效果，同时将对园林生态系统的不利影响降到最低限度。

③ 从保护环境、促进生态平衡和有利于自然控制病虫害的观念出发，要求园林植物病虫害的综合治理要根据病虫害、植物、天敌和环境之间的自然关系，科学地选择及合理地使用农药，特别要选择高效、无毒或低毒即污染轻的农药，防止对人畜造成毒害，减少对环境的污染，保护和利用天敌，不断增强自然控制力。

④ 从提高经济效益的观念出发，防治园林病虫害的目的是为了控制病虫害的危害，使其危害程度不足以造成经济损失，即经济允许水平（经济阈值）。根据经济允许水平确定防治指标，危害程度低于防治指标，可不防治；否则要及时防治。

三、综合治理方案的制定

首先要调查园林植物病虫害的种类，确定主要防治对象和重要天敌类群；明确主要防治对象的防治指标；熟悉主要防治对象、主要天敌类群的发生规律，种群数量变动规律、相互作用及与各种环境因子的关系；提出综合治理的措施，力求符合"安全、有效、经济、简便"的原则；不断改进和完善综合治理方案。

复习思考题

1. 综合治理的含义是什么？
2. 综合治理的原则有哪些？

第二节　综合治理的主要措施

综合治理作为一种管理系统，充分体现了可持续发展的思想，是一种具有良好生态学基础的可持续生产方式。它针对生态系统中所有的有害生物，强调在通过对有害生物进行管理而取得经济、社会和生态效益的生产实践中，要尽可能地减少对植物、人类健康和环境所造成的危害。

一、植物检疫

植物检疫是国家或地区由专门机构依据有关法律、法规对植物及其产品进行检验和处理，禁止或限制危险性病、虫和杂草等人为的传入或传出，并防止进一步扩散所采取的植物保护措施。

（一）植物检疫的任务和植物检疫对象

1. 植物检疫的任务

植物检疫的任务是禁止危险性病虫害及杂草随着植物及其产品由国外输入或由国内输出；将国内局部地区已经发生的危险性病、虫及杂草封锁在一定的范围内，防止传入未发生地区；当危险性病、虫及杂草传入新地区时，采取紧急措施，就地消灭。

植物检疫分为对内植物检疫（国内检疫）和对外植物检疫（国际检疫）两部分。对内植物检疫是由县级以上农林业行政主管部门所属的植物检疫机构实施。其中农业植物检疫名单由国家农业部制定，省（直辖市、自治区）农业厅制定本省补充名单，并报国家农业部备案。疫区、保护区的划定由省农业厅提出，省政府批准，并报国家农业部备案。对调运的种子等植物繁殖材料和已列入检疫名单的植物、植物产品，在运出发生疫情的县级行政区之前必须经过检疫；对无植物检疫对象的种苗繁育基地实施产地检疫；对从国外引进的可能潜伏有危险性病虫的种子等繁殖材料必须进行隔离试种。

对外植物检疫由国家出入境检验检疫局设在对外港口、国际机场及国际交通要道的出入境检验检疫机构实施。其主要任务是：防止本国未发生或只在局部发生的检疫性病、虫和草由人为途径传入或传出国境；禁止植物病原物、害虫、土壤及植物疫情流行国家、地区的有关植物、植物产品入境；经检疫发现的含有检疫性病、虫和草的植物及植物产品做退回或销毁处理，其中处理合格的准予入境；输入植物需进行隔离检疫的在出入境检验检疫机构指定的场所检疫；对规定要求进行检疫的出入境物品实施检疫；对进出境的植物及其产品的生产、加工和储藏过程实行检疫监督。

2. 植物检疫对象

确定植物检疫对象的原则：

① 国内尚未发现或只在局部地区发生；

② 危险性大，一旦传入可能造成农林业重大损失，且传入后难以防治的；

③ 能随植物及其产品、包装材料等远距离传播的。

与园林植物有关的植物检疫性病虫害主要有：

长尾粉蚧 *Pseudococcus adonidum*（L.）

桔臀纹粉蚧 *Planococcus citri*（Risso）

扶桑绵粉蚧 *Phenacoccus solenopsis* Tinsley

果片盾蚧 *Parlatoria cinerea* Hadden.

杨灰齿盾蚧 *Quadraspidiotus gigas*（Thiem et Gerneck）

柳蛎盾蚧 *Lepidosaphes salicina* Borchsenius

日本松干蚧 *Matsucoccus matsumurae*（Kuwana）

松突圆蚧 *Hemiberlesia pitysophila* Takagi

枣大球蚧 *Eulecanium gigantea*（Shinji）

葡萄根瘤蚜 *Viteus vitifolii*（Fitch）

苹果绵蚜 *Eriosoma lanigerum*（Hausm.）

美国白蛾 *Hyphantria cunea*（Drury）

苹果蠹蛾 *Laspeyresia pomonella*（L.）

蔗扁蛾 *Opogona sacchari* Bojer

青杨脊虎天牛 *Xylotrechus rusticus*（L.）

松褐天牛 *Monochamus alternatus* Hope

紫穗槐豆象 *Acanthoscelides pallidipennis* Motschulsky

剑麻象 *Scyphophorus interstitialis* Gyll.

菜豆象 *Acanthoscelides obtectus*（Say）

杨干象 *Cryptorrhynchus lapathi*（L.）

红棕象甲 *Rhynchophorus ferrugineus*（Olivier）

椰心叶甲 *Brontispa longissima*（Gestro）

红脂大小蠹 *Dendroctonus valens* LeConte

柑橘小实蝇 *Bactrocera dorsalis*（Hendel）

柑橘大实蝇 *Bactrocera*（Tetradacus）*citri*（Chen）

枣实蝇 *Carpomya vesuviana* Costa

三叶斑潜蝇 *Liriomyza trifolii*（Burgess）

刺桐姬小蜂 *Quadrastichus erythrinae* Kim

红火蚁 *Solenopsis invicta* Buren

松材线虫 *Bursaphelenchus xylophilus*（Steiner et Buhrer）

腐烂茎线虫（马铃薯茎线虫）*Ditylenchus destructor* Thorne

冠瘿病菌 *Agrobacterium tumefaciens*（Smith and Townsend）Conn

瓜类果斑病菌 *Acidovorax avenae subsp.* citrulli Willems et Al.

落叶松枯梢病菌 *Botryosphaeria laricina*（Sawada）Shang

草坪草褐斑病菌 *Rhizoctonia solani* Kuhn

松疱锈病菌 *Cronartium ribicola* J. C. Fischer ex Rabenhorst

杨树花叶病毒 *Poplar mosaic virus*（简称 PMV）

薇甘菊 *Mikania micrantha* Kunth

（二）植物检疫检验的方法

植物检疫检验的方法很多，其中随种子、苗木及植物产品运输传播的病、虫和杂草，如有明显的症状和容易辨认的形态特征的，可用直接检验法；对在作物种子或其他粮食中混有菌核、菌瘿、虫体、虫瘿和杂草种子的，多采用过筛检验法；种子、苗木及植物产品，无明显病虫危害症状的，多采用解剖检验法。此外，常用的检疫检验方法还有种子发芽检验、隔离试种检验、分离培养检验、比重检验、漏斗分离检验、洗涤检验、荧光反应检验、染色检验、噬菌体检验、血清检验、生物化学反应检验、电镜检验和 DNA 探针检验等。

二、园林栽培防治

园林栽培防治是在全面分析园林植物、有害生物与环境因素三者相互关系的基础上，运用各种园林措施，压低有害生物的数量，提高园林植物抗性，创造有利于园林植物生长发育而不利于有害生物发生的园林生态环境，直接或间接地消灭或抑制有害生物发生与危害的方法。这是最经济、最基本的防治方法。但这种防治方法效果有局限性，当有害生物大规模发生时，还必须采用其他防治措施。

（一）选用抗病虫的园林品种

理想的园林植物品种应具有良好的园林性状，又对病虫害、不良环境条件有综合抗性。具有抗（耐）病（虫）性的品种在有害生物的综合治理中发挥了重要作用。培育抗病、抗虫品种的方法有系统选育、杂交育种、辐射育种、化学诱变、单倍体育种和转基因育种等。

（二）使用无病虫害的繁殖材料

执行无病虫种子繁育制度，在无病或轻病地区建立种子生产基地和各级种子田，生产无病虫害种子、秧苗以及其他繁殖材料，并采取严格的防病和检验措施，可以有效地防止病虫害传播和压低病、虫源基数。播种前要进行选种，用机械筛选、风选或用盐水、泥水漂选等方法淘汰种子间混杂的菌核、菌瘿、虫瘿、植物病残体和虫卵等。对表面和内部带菌的种子要进行种子处理，如温汤浸种或选用杀菌剂处理。

（三）加强栽培管理

1. 建立合理的种植制度

单一的种植模式为病虫害提供了稳定的生态环境，容易导致病虫害猖獗发生。合理配植有利于植物生长，能够提高植物抗病虫害的能力，又能恶化某些病虫害的生存环境，达到减轻病虫危害的目的。

2．中耕和深耕

适时中耕和深耕，不仅可以改变土壤的理化性状，有利于园林植物的生长发育，提高植物的抗性，还可以恶化在土壤中越冬的病原菌和害虫的生存环境，达到减少初侵染源和害虫虫源的目的。深耕可将病虫暴露于表土或深埋土壤中、机械损伤害虫，达到防治病虫害的目的。

3．覆盖技术

通过地膜覆盖，达到提高地温、保持土壤水分，促进植物生长发育和提高植物抗病虫害的目的。地膜覆盖栽培可以控制某些地下害虫和土传病害。将高脂膜加水稀释后喷到植物体表，形成一层很薄的膜层，膜层允许 O_2 和 NO_2 通过，真菌不能在植物组织内扩展，从而控制了病害。高脂膜稀释后还可喷洒在土壤表面，抑制土壤中的病原物，减少发病的几率。

人类防治植物的有害生物，经历了由主要依靠自然控制和简单的人为干预，到施用农药防治为主的彻底消灭阶段，再到实行"预防为主，综合防治"阶段，强调多种防治措施的综合运用。随着人们对有害生物管理认识的不断提高，开始寻求综合利用生态系统中的环境与生物资源，实施可持续性的，以自然调控为主、人为干预为辅的长期稳定的生态控制，所关注的是植物群体的全面健康。

园林植物有害生物的生态防治，是从园林生态系统出发，以生态学理论为基础，遵循生态学法则，强调园林生态系统、园林植物、有益生物和有害生物的相互关系，提高园林植物自身免疫力和抵御不良环境因子的能力。将各种栽培管理措施的各环节寓为一体，采取主动的人为干预和各种无污染、安全长效措施，达到园林植物与环境可持续协调发展，确保园林植物健康生长的目的。

三、生物防治

生物防治是以有益生物及其代谢产物控制有害生物种群数量的方法。生物防治不仅可以改变生物种群组成成分，而且可以直接消灭病虫害，对人、畜和植物也比较安全，不伤害天敌，不污染环境，不会引起害虫的再猖獗和产生抗性，对一些病虫害有长期的控制作用。但生物防治也存在一些局限性，必须与其他防治方法有机地结合在一起。

（一）利用天敌昆虫防治害虫

1．捕食性天敌昆虫的利用

常见的捕食性天敌昆虫有蜻蜓、螳螂、猎蝽、草蛉、虎甲、步甲、瓢甲、胡蜂、食虫虻和食蚜蝇等。这些昆虫在生长发育过程中捕食量很大。利用瓢甲可以有效地控制蚜虫；利用草蛉捕食蚜虫、蓟马和白粉虱等均有明显的防治效果。

2. 寄生性天敌昆虫的利用

常见的寄生性天敌昆虫主要是寄生蜂和寄生蝇类,它们寄生在害虫各虫态的体内或体表,以害虫的体液或内部器官为食,使害虫死亡。

3. 天敌昆虫的利用途径

① 保护和利用本地天敌昆虫。害虫的自然天敌昆虫种类虽然很多,但实际控制作用受各种自然因素和人为因素的影响,不能很好地发挥控制害虫的作用。为了充分发挥自然天敌对害虫的控制作用,必须有效保护天敌昆虫,使其种群数量不断增加。

② 天敌昆虫的大量繁殖和释放。通过室内人工大量饲育天敌昆虫,按照防治需要,在适宜的时间释放到田间消灭害虫,见效快。例如,利用周氏啮小蜂防治美国白蛾取得了很好的效果。

③ 引进天敌昆虫。从国外或外地引进天敌昆虫防治本地害虫,是生物防治中常用的方法。我国曾引进澳洲瓢虫防治柑橘吹绵蚧取得成功。

(二)利用微生物及其代谢产物防治病虫害

利用病原微生物防治病虫害,对人、畜、作物和水生动物安全,无残毒,不污染环境,微生物农药制剂使用方便,并能与化学农药混合使用。

1. 利用微生物防治害虫

目前在生产上应用的昆虫病原微生物包括真菌、细菌和病毒。

① 真菌。目前,已知的昆虫病原真菌有 530 多种,在防治害虫中经常使用的真菌有白僵菌和绿僵菌等。被真菌侵染致死的害虫,虫体僵硬,体上有白色、绿色等颜色的霉状物。真菌在用于防治地老虎、斜纹夜蛾等害虫中,已取得了显著成效。

② 细菌。在已知的昆虫病原细菌中,作为微生物杀虫剂在园林生产中使用的有苏云金杆菌和乳状芽孢杆菌。被昆虫病原细菌侵染致死的害虫,虫体软化,有臭味。苏云金杆菌主要用于防治鳞翅目害虫,乳状芽孢杆菌用于防治金龟甲幼虫。

③ 病毒。已发现的昆虫病原病毒主要是核多角体病毒(NPV),质型颗粒体病毒(CPV)和颗粒体病毒(GV)。被昆虫病原病毒侵染死亡的害虫,往往以腹足或臀足黏附在植株上,体躯呈"一"字形或"V"字形下垂,虫体变软,组织液化,胸部膨大,体壁破裂后流出白色或褐色的黏液,无臭味。我国利用病毒防治菜青虫、黄地老虎、桑毛虫、斜纹夜蛾和松毛虫等,都取得了显著效果。但是,昆虫病毒只能在寄主活体上培养,不能用人工培养基培养。一般在从田间捕捉的活虫或室内大量饲养的活虫上接种病毒,当害虫发生时,喷洒经过粉碎的感病害虫稀释液,也可将带病毒昆虫释放于害虫的自然种群中传播病毒。

在自然界,除可利用天敌昆虫和病原微生物防治害虫外,还有很多有益动物能有效地控制害虫。例如,蜘蛛是肉食性动物,主要捕食昆虫,各类园林空间常见的有草间小黑蛛、八斑球腹蛛和三突花蟹蛛等,主要捕食各种飞虱、叶蝉、蛾类、蚜虫、蝗蛹、蝶蛾类卵和幼虫等；大多数鸟类捕食害虫，如家燕能捕食蚊、蝇、蝶和蛾等害虫；有些线虫可寄生地下害虫和钻蛀性害虫，如斯氏线虫和格氏线虫，用于防治地老虎、蛴螬和桑天牛等害虫。

2. 利用微生物及其代谢产物防治病害

通过微生物的作用减少病原物的数量，促进园林植物的生长发育，达到减轻病害，提高园林植物质量的目的。

① 抗生作用的利用。一种微生物产生的代谢产物抑制或杀死另一种微生物的现象，称为抗生作用。具有抗生作用的微生物称为抗生菌。抗生菌主要来源于放线菌、真菌和细菌。

② 交互保护作用的利用。在寄主植物上接种亲缘相近而致病力较弱的菌株，能保护寄主不受致病力强的病原物的侵害的现象称为交互保护作用。主要用于植物病毒病的防治。

③ 利用真菌防治植物病原真菌。例如，木霉菌可以寄生在立枯丝核菌、腐霉菌、小菌核菌和核盘菌等多种植物病原真菌上。

（三）利用昆虫激素防治害虫

昆虫分泌的、具有活性的、能调节和控制昆虫各种生理功能的物质称为激素。分泌到体内的激素称为内激素；由外激素腺体分泌到体外的激素称为外激素。

1. 外激素的应用

已经发现的外激素有性外激素、集结外激素、追踪外激素及告警外激素，其中性外激素广泛用于害虫测报和害虫防治中，如小菜蛾性诱剂等。

2. 内激素的应用

昆虫的内激素主要有保幼激素、蜕皮激素及脑激素。利用保幼激素可改变害虫体内激素的含量，破坏害虫正常的生理功能，造成其畸形、死亡。例如，利用保幼激素防治蚜虫等。

四、物理防治和机械防治

物理防治和机械防治指利用各种物理因子，人工和器械防治有害生物的方法。此种防治见效快，防治效果好，不发生环境污染，可作为有害生物的预防和防治的辅助措施，也可作为有害生物在发生时或其他方法难以解决时的一种应急措施。

（一）物理防治措施

1. 温度处理

各种有害生物对环境温度都有一定要求，在超过其适宜温度范围的条件下，均会导致失活或死亡。根据这一特性，可利用高温或低温来控制和杀死有害生物。感染病毒病的植株，在较高温度下处理较长时间，可获得无病毒的繁殖材料。

2．光波的利用

利用害虫的趋光性，可以设置黑光灯、频振式杀虫灯、高压电网灭虫灯或用激光的光束杀死多种害虫。

3．微波辐射技术的利用

微波辐射技术是借助微波加热快和加热均匀的特点，来处理某些园林植物种子的病虫。辐射法是利用电波、γ射线、x射线、红外线、紫外线和超声波等电磁辐射技术处理种子、土壤，可杀死害虫和病原微生物等。

（二）机械防治措施

1．捕杀法

根据害虫的生活习性，利用人工或简单的器械捕捉或直接消灭害虫的方法称为捕杀法。如人工扒土捕杀地老虎幼虫，用振落法防治叶甲、金龟甲，人工摘除卵块等。

利用害虫的趋性，除用灯光诱杀外，还可利用害虫的趋化性，采用食饵诱杀，如利用糖、酒和醋毒液防治夜蛾类害虫。利用害虫的栖息或群集习性进行潜所诱杀，如利用草把诱蛾的方法诱杀黏虫。利用害虫的趋色习性，进行黄板诱杀，防治多种蚜虫、斑潜蝇等。

2．阻隔法

人为设置各种障碍，切断各种病虫侵染途径的方法，称为阻隔法。例如，土壤覆膜或盖草等方法，能有效地阻止害虫产卵、为害，也可防止病害的传播蔓延，甚至因覆盖增加了土壤温度、湿度，加速病残体腐烂，减少病害初侵染来源而防病。

3．汰选法

利用被害种子与正常种子大小及比重的差异，进行器械分离，剔出带病虫的种子。常用的有风选、筛选和盐水选种等方法。例如，剔除大豆菟丝子种子，一般采用筛选法。

五、化学防治

化学防治是利用各种化学药剂防治病、虫和草害的方法。当病虫害大范围发生时，化学防治是最有效的方法。化学防治的优点是杀虫、杀菌谱广，效果好，使用方法简便，不受地域、季节限制，便于大面积机械化防治等；缺点是容易引起人、畜中毒，污染环境，杀伤天敌，并引起次要害虫再度猖獗。如果长期使用同一种农药，可使某些害虫产生抗药性等。

（一）农药的使用方法

利用化学农药防治病、虫和草害，必须根据防治对象的发生规律及对天敌昆虫和环境的影响，选择适当的药剂；准确计算用药量，严格掌握配药浓度；选择适宜的药械，采用正确的方法施药；考虑与其他防治方法配合等。只有综合考虑这些问题，才能达到经济、安全和有效的防治目标。

1. 喷粉

利用喷粉机具喷施粉剂农药，是施用药剂最简单的方法，尤其适用于干旱缺水地区。缺点是用药量大，黏附性差，易被风吹或雨水冲刷，易污染环境。

2. 拌种

播种前将药粉或药液与种子均匀混合的方法称为拌种。拌种主要用于防治地下害虫和由种子传播的病虫害。拌种必须混合均匀，以免影响种子发芽。

3. 毒饵

将药剂拌入害虫喜食的饵料中称为毒饵。毒饵通过害虫的口器进入消化道使害虫中毒死亡就是胃毒作用。此法常用于防治地下害虫等。毒饵的饵料可选用秕谷、麦麸和米糠等害虫喜食的食物。

4. 熏蒸

利用药剂的挥发性气体通过熏蒸作用也能够杀死害虫或病原菌。

此外，还有毒土、灌根、涂抹和泼浇等方法。

（二）农药的合理使用

合理用药就是要贯彻"经济、安全、有效"的原则，用综合治理的观点使用农药。

1. 根据病虫害及寄主特点选择药剂和剂型

各种药剂都有一定的性能及防治范围，施药前应根据防治病虫的种类、发生程度、发生规律、农作物种类和生育期，选择合适的药剂和剂型，做到对症下药，避免盲目用药。还要根据"禁止和限制使用高毒和高残留农药"的规定，尽可能选用安全、高效和低毒的农药。

2. 根据病虫害发生特点适时用药

把握病虫害的发生发展规律，抓住有利时机用药，既可节约用药，又能提高防治效果，而且不易发生药害。例如，使用药剂防治害虫，应在低龄幼虫期用药，否则不仅害虫已经使园林植物造成损失，而且害虫的虫龄越大，抗药性越强，防治效果也越差。使用药剂防治病害时，要在寄主发病前或发病初期用药，如果使用保护性杀菌剂，必须在病原物接触、侵入寄主前使用。气候条件和物候期也影响农药的使用时间。

3. 正确掌握农药的使用方法和用药量

采用正确使用农药的方法能充分发挥农药的防治效果，还能减少对有益生物的杀伤，降低农药的残留，减轻农作物的药害。农药的剂型不同，使用方法也不同。例如，粉剂不能用于喷雾，可湿性粉剂不宜于喷粉，烟剂要在密闭条件下使用。要按规定的单位面积用药量、浓度使用农药，不可随意增加单位面积用药量、使用浓度和使用次数。否则，不仅浪费农药，增加成本，还会使农作物产生药害，甚至造成人、畜中毒。

使用农药以前，要特别注意农药的有效成分含量，然后再确定用药量。例如，杀菌剂福星乳油的有效成分含量有 10%与 40%的，其中 10%乳油稀释 2 000～2 500 倍液使用，40%乳油要稀释 8 000～10 000 倍液使用。

4. 合理轮换使用农药

长期使用一种农药防治某种害虫或病害，易使害虫或病原菌产生抗药性，降低农药防治效果，增加防治难度。例如，很多害虫对拟除虫菊酯类杀虫剂、一些病原菌对内吸性杀菌剂的部分品种容易产生抗药性。如果增加用药量、浓度和次数，害虫或病原菌的抗药性进一步增大。因此，应合理轮换使用不同作用机制的农药品种。

5. 科学搭配和混合用药

将 2 种或 2 种以上对病害、害虫具有不同作用机制的农药混合使用，可以提高防治效果，甚至可以达到同时兼治几种病虫害的效果，扩大了防治范围，降低防治成本，延缓害虫和病原菌产生抗药性，延长农药品种使用年限。农药之间能否混用，主要取决于农药本身的化学性质，混用后不致产生化学变化和物理变化；混用后不能提高对人畜和其他有益生物的毒性和危害；混用后要提高药效，但不能提高农药的残留量；混用后应具有不同的防治作用和防治对象，但不能产生药害。

（三）农药的安全使用

科学使用农药的目的在于降低单位面积农药的使用剂量，提高农药对有害生物的控制效果，增加农药对人类、食品、环境和其他有益生物的安全性，降低防治成本。

1. 农药对植物的药害

药害指因使用农药不当而对园林植物产生的伤害。根据药害产生的快慢，分为慢性药害和急性药害。慢性药害指在喷药后缓慢出现药害的现象，表现为植株生长发育受到抑制，生长发育缓慢，植株矮小，开花结果延迟，落花落果增多，产量低，品质差等。急性药害指在喷药后很快（几小时或几天内）出现药害的现象。例如，叶、茎和果上产生药斑，叶片焦枯、畸形和变色，根系发育不良或形成"黑根"、"鸡爪根"，种子不能发芽或幼苗畸形，落叶、落花和落果等，甚至全株枯死。要避免药害的发生，必须根据防治对象和园林植物特点，正确选用农药，按规定的用量、浓度和时间使用农药。

2. 农药对有益生物的毒害

选用农药种类或使用的用量、浓度不当，不仅杀死害虫，也会杀死害虫的天敌，易引起次要害虫再度猖獗。要保护环境，保护有益生物，就要注意把握药剂的种类、剂型、使用方法、用量、浓度和用药时间的选择。例如，防治刺吸式口器害虫选用内吸药剂，改喷雾为涂茎或拌种，有利于保护天敌；人工释放天敌昆虫，要待药剂的药效期过后再释放天敌；适当降低施药浓度，也有利于保护天敌，虽然没有彻底消灭害虫，但残留下来的害虫有利于天敌的取食、繁殖，既保护了天敌昆虫，又控制了害虫。

3．农药的毒性

农药的毒性是指农药对高等动物的毒害作用。常用大白鼠经口致死中量 LD50 来表示。致死中量是使试验动物死亡半数所需的剂量，一般用 mg/kg 为计算单位，这个数值越大，表示农药的毒性越小。根据我国卫生部门颁布的分级标准，农药的毒性分为高毒（＜50 mg/kg）、中毒（50～500 mg/kg）、低毒（＞500 mg/kg）。

毒性可以分为急性中毒、亚急性中毒和慢性中毒 3 类。急性中毒是指一些毒性较大的农药如经误食或皮肤接触及呼吸道进入人体内，在短期内可出现不同程度的中毒症状，如头昏、恶心、呕吐、抽搐、痉挛、呼吸困难和大小便失禁等。亚急性中毒者多有长期连续接触一定剂量农药的过程，中毒症状的表现往往需要一定的时间，但最后表现与急性中毒类似，有时也可引起局部病理变化。慢性中毒是指有的农药虽然急性毒性不高，但性质较稳定，使用后不易分解，污染了环境及食物，少量长期被人、畜摄食后，在体内积累，引起内脏机能受损，阻碍正常生理代谢。

一种优良的农药，希望其毒力高而毒性小。随着科学技术和农药事业的发展及对农药从政策和法律上的严格管理和要求，现在已完全可以做到使所研制出的药剂对防治对象表现出很高的毒力和药效，但对高等动物，且特别是对人、畜的毒性很小，或通过加工和使用技巧的协调而达到安全使用。

复习思考题

1．综合治理的主要措施有哪些？
2．园林栽培防治都包括哪些内容？
3．生物防治都有哪些基本措施？
4．如何合理使用农药？如何安全使用农药？

第三节　农药介绍

农药系指用于预防、消灭或者控制为害农业、林业的病、虫、草和其他有害生物，以及有目的地调节、控制和影响植物及有害生物代谢、生长发育和繁殖过程，通过化学合成或者来源于生物、其他天然产物及应用生物技术生产的一种物质或几种物质的混合物及其制剂。

一、农药的类别

农药是在植物病虫害防治中广泛使用的各类药物的总称，常按农药的来源、用途及作用方式进行分类。

（一）按原料的来源及成分分类

1. 无机农药

主要由天然矿物原料加工、配制而成的农药，故又称为矿物性农药。其有效成分都是无机的化学物质，常见的有石灰、硫磺、磷化铝和硫酸铜等。

2. 有机农药

主要由碳、氢元素构成的一类农药，多数可用有机合成方法制得。目前所用的农药大多数属于这一类。通常又可据其来源及性质分为植物性农药（烟草、除虫菊和楝素），矿物油农药（石油乳剂），微生物农药（苏云金杆菌、农用抗菌素）以及人工化学合成的有机农药。

（二）按用途分类

按农药主要的防治对象分类，这是最基本的分类。常用的有以下几类：

1. 杀虫剂

对昆虫机体有直接毒杀作用，通过其他途径可控制其种群形成或可减轻、消除害虫为害程度的药剂。

2. 杀螨剂

可以防除植食性有害螨类的药剂。

3. 杀菌剂

对病原菌能起到杀死、抑制或中和其有毒代谢物，从而可使植物及其产品免受病菌为害或可消除病症的药剂。

4. 杀线虫剂

用于防治农作物线虫病害的药剂。

5. 除草剂

可以用来防除杂草的药剂。

6. 杀鼠剂

用于毒杀各种有害鼠类的药剂。

7. 植物生长调节剂

对植物生长发育有控制、促进或调节作用的药剂。

（三）按作用方式分类

这种分类方法常指对防治对象起作用的方式，常用的分类方法如下：

1. 杀虫剂

① 胃毒剂：只有被昆虫取食后经肠道吸收进入体内，才可起到毒杀作用的药剂。

② 触杀剂：接触到虫体（常指昆虫表皮）后便可起到毒杀作用的药剂。

③ 熏蒸剂：以气体状态通过昆虫呼吸器官进入体内而引起昆虫中毒死亡的药剂。

④ 内吸剂：使用后可以被植物体（包括根、茎、叶、种及苗等）吸收，并传导运输到其他部位，使害虫吸食或接触后中毒死亡的药剂。因吸食而引起中毒的，也是一种胃毒作用。

⑤ 拒食剂：可影响昆虫的味觉器官，使其厌食、拒食，最后因饥饿、失水而逐渐死亡或因摄取营养不足而不能正常发育的药剂。

⑥ 驱避剂：施用后可依靠其物理、化学作用（如颜色、气味等）使害虫忌避或发生转移、潜逃现象，从而保护寄主植物或特殊场所的药剂。

⑦ 引诱剂：使用后依靠其物理、化学作用（如光、颜色、气味和微波信号等）可将害虫引诱聚集而利于歼灭的药剂。

2. 杀菌剂

① 保护性杀菌剂：在病害流行前（即当病原菌接触寄主或侵入寄主之前）施用于植物体可能受害的部位，以保护植物不受侵染的药剂。

② 治疗性杀菌剂：在植物已经感病以后，一些非内吸杀菌剂，如硫磺能直接杀死病菌；具内渗作用的杀菌剂，可渗入到植物组织内部，杀死病菌；内吸杀菌剂则直接进入植物体内，随着植物体液运输传导而起治疗作用。

③ 铲除性杀菌剂：对病原菌有直接强烈杀伤作用的药剂。植物在生长期通常不能忍受这类药剂，故一般只用于播前土壤处理、植物休眠期或种苗处理。

3. 除草剂

① 输导型除草剂：施用后通过内吸作用传至杂草的敏感部位或整个植株，使之中毒死亡的药剂。

② 触杀型除草剂：不能在植物体内传导移动，只能杀死所接触到的植物组织的药剂。在除草剂中，习惯上又常分为选择性和灭生性两大类。

③ 选择性除草剂：即在一定的浓度和剂量范围内杀死或抑制部分植物，而对另外一些植物安全的药剂。

④ 灭生性除草剂：在常用剂量下可以杀死所有接触到药剂的绿色植物体的药剂。

除以上几种分类方法外，还可根据农药的化学结构、制剂形态和作用机制等进行分类。

二、农药的剂型

未经加工的农药叫原药。为了使原药能附着在虫体和植物体上，充分发挥药效，在原药中加入一些辅助剂，加工制成药剂，称作剂型。农药常用的剂型有以下几种：

（一）粉剂

粉剂（DP）由原药、填料（或载体）和少量其他助剂，经混合、粉碎和再混合等工艺过程而制成的具有一定细度的粉状制剂。粉剂有效成分含量通常在10%以下，不需要稀释而直接供喷粉使用，也可供拌种、配制毒饵和毒土等使用。

（二）可湿性粉剂

可湿性粉剂（WP）由原药、填料或载体、润湿剂、分散剂以及其他辅助剂，经混合、粉碎工艺达到一定细度的粉状制剂。可湿性粉剂加水搅拌可形成稳定、分散性良好的悬浮液，供喷雾使用。

（三）可溶性粉剂

可溶性粉剂（SP）由水溶性原药、填料和其他助剂组成，在使用浓度下有效成分能够迅速分散而完全溶解于水中的粉粒剂型。可直接加水溶解供喷雾使用。

（四）粒剂

粒剂（G）由原药、载体和少量其他助剂通过混合、造粒工艺而制成的松散颗粒状剂型。粒剂的有效成分含量在1%～20%之间，一般供直接撒施使用。

（五）水分散粒剂

水分散粒剂（WG）由原药、润湿剂、分散剂、隔离剂、稳定剂、黏结剂、填料或载体组成。使用时加入水中，能够较快崩解、分散，形成高度悬浮的固液体系。

（六）水悬浮剂

水悬浮剂（SC）由不溶于水的固体原药与润湿分散剂、黏度调节剂及其他助剂和水经湿法研磨，在水中形成高度分散的黏稠、可流动的悬浮液体剂型。悬浮剂有效成分含量在5%～80%之间，多数在40%～60%之间。使用时，用水稀释形成一定浓度的悬浊液，供喷雾使用。

（七）乳油

乳油（EC）由原药、有机溶剂、乳化剂和其他助剂加工而成的一种均相透明的油状液体。使用时将其稀释到水中，形成稳定的乳状液，供喷雾使用。

（八）水乳剂

水乳剂（EW）是亲油性液体原药或低熔点固体原药溶于少量水、不溶的有机溶剂以极小的油珠（<10 μm）在乳化剂的作用下稳定地分散在水中形成的不透明的乳状液。水乳剂的含量一般在 20%～50%之间。使用时加水稀释成乳状液，供喷雾使用。

（九）微乳剂

微乳剂（ME）是由油溶性原药、乳化剂和水组成的感观透明的均相液体剂型。体系中悬浮的液滴微细，粒径在 0.01～0.1 μm 之间，属于胶体范围，是热力学稳定的乳状液，又称为水性乳油。微乳剂有效成分在 5%～50%之间。使用时加水稀释形成透明或半透明的乳状液，供喷雾使用。

（十）水剂和可溶性液剂

水剂（AS）是农药原药的水溶性剂型，是有效成分以分子或离子状态分散在水中的真溶液制剂。水剂由原药、水和防冻液组成，通常也含有少量的润湿剂。对原药的要求是在水中有较大的溶解度，且稳定。而在水中溶解度小或不溶于水的原药若可以制成溶解度较大的水溶性盐，并保持原有生物活性，也可加工成水剂。

可溶性液剂（SL）由原药、溶剂、表面活性剂和防冻液组成的均相透明液体制剂，用水稀释后有效成分形成真溶液。用于配制可溶性液剂的原药在水中虽有很大的溶解度，但在水中不稳定，易分解失效，因此不能加工成水剂。若在与水混溶的溶剂中有较大溶解度，则可加工成可溶性液剂；而在水中溶解度小或不溶于水，也不能形成水溶性盐的原药，在与水混溶的溶剂中有较大溶解度，也可加工成可溶性液剂。

水剂和可溶性液剂在使用时一般都需要再加水稀释后喷雾。这两种剂型具有药害低、毒性小、易稀释和使用安全方便的特点，并且活性成分呈分子或离子状态，因此，具有良好的生物活性。

（十一）种衣剂

种衣剂（SD）是含有成膜剂的专用种子包衣剂型，处理种子后可在种子表面形成牢固的药膜。其特点是针对性强、高效、经济、安全和持效期长。种衣剂主要供种子生产企业使用，在包衣机内与种子混合，制造并出售商品包衣种子。

（十二）油剂

油剂（OS）是农药原药的油溶液剂型，加工时有的需要加入助溶剂或化学稳定剂。其中专供超低容量喷洒的，称为超低容量喷雾剂（ULV），该剂一般含农药有效成分20%～50%，不需稀释而直接喷洒。超低容量喷雾剂一般要求原药高效、低毒及低残留，并且对所喷洒的作物不易发生药害；同时要求溶剂对原药溶解度大，流动性良好。

（十三）缓释剂

缓释剂（CRF）是利用物理的和化学的手段使农药储存于农药的加工品中，然后又可以控制农药有效成分从加工品中缓慢释放的农药剂型。

（十四）烟剂

烟剂是在引燃后，有效成分以烟状分散体系悬浮于空气中的农药剂型，是以农药原药、燃料（各种碳水化合物如木屑粉、淀粉等）、氧化剂（又称助燃剂，如氯酸钾、硝酸钾等）、消燃剂（如陶土、滑石粉等）制成的粉状混合物（细度全部通过80目筛）。袋装或罐装，在其上插引火线。点燃后，可以燃烧，但应只发烟而没有火焰，农药有效成分因受热而气化，在空气中冷却又凝聚成固体微粒，直径达0.1～2 μm。沉积到植物上的烟粒不但对害虫具有良好的触杀和胃毒作用，而且空气中的极微小的烟粒还可通过害虫的呼吸道进入虫体内而起致毒作用，一般适用于植物覆盖度大或空间密闭场所中的病虫害防治。使用烟剂还具有工效高和劳动强度低等优点。

三、常用农药品种简介

农药品种繁多，有效成分含量、剂型和使用方法也各不相同。防治园林植物病虫害应从生态学的观点出发，既要保护园林植物的正常生长发育和景观价值，又要注意人、畜和有益生物的安全，还要避免或减少环境污染。因此，应尽量选择高效、低毒、低残留和无异味的农药品种，合理使用农药。

（一）杀菌剂

1. 晶体石硫合剂

剂型：45%结晶。

产品特性：广谱保护性杀菌、杀虫和杀螨剂，结晶纯度高，杂质少，药效高。渗透性强，呈碱性，可防治白粉病、腐烂病和锈病等多种病害；还可侵蚀昆虫表皮的蜡质层，对叶螨和介壳虫以及虫卵均有较强的杀伤力。药效可持续半月左右，7～10 d达最佳药效。

产品分解后，残留部分钙、硫化合物，均可被植物吸收和利用。

使用方法：在树木发芽前使用，可稀释 50～100 倍液喷雾，消灭在枝干上越冬的叶螨、介壳虫和多种病菌。园林树木和草坪在生长期使用，可稀释 150～300 倍液喷雾，消灭叶螨、介壳虫和在植物表面、地面附着的病菌。

2. 代森锰锌

剂型：50%、70%、80%可湿性粉剂，25%胶悬剂（代森锰锌），80%可湿性粉剂（大生 M-45，喷克），68.75%水分散粒剂（易保）。

产品特性：广谱保护性杀菌剂，高效、低毒、广谱且价格低廉，可防治多种卵菌、子囊菌、半知菌和担子菌引起的植物叶部病害。

使用方法：在多种病害的发病前或初期用药，可稀释 800～1500 倍液喷雾。

3. 异菌脲（扑海因）

剂型：50%悬浮剂、50%可湿性粉剂或 25.5%油悬浮剂。

产品特性：高效、保护性和触杀性杀菌剂，也具有一定的渗透性和内吸治疗作用，可通过植物根部吸收起内吸作用。对核盘菌、灰霉菌、丛梗孢霉、交链孢霉和小菌核菌等引起的园林花卉、草坪上的叶斑病、灰霉病、早疫病、黑斑病、菌核病和根腐病都有很好的防治效果。

使用方法：在发病初期开始用药，50%悬浮剂或 50%可湿性粉剂稀释 1 000～1 500 倍液喷雾，间隔 7～10 d 连续喷药 2～3 次。也可在育苗时浸泡插条，50%悬浮剂或 50%可湿性粉剂稀释 125～500 倍浸泡 15 min。

4. 三乙膦酸铝

剂型：40%、80%可湿性粉剂，90%可溶性粉剂。

产品特性：内吸治疗杀菌剂，具有双向输导性能，进入植物体内移动迅速并能持久，对病害有预防和治疗双重功效。主要防治疫霉菌引起的根、茎疫病和叶面的霜霉病、白锈病，亦可防治半知菌病害，对花卉、苗木霜霉病和疫病有特效，对苗床病害也有一定效果。

1 使用方法：在发病初期喷药，40%可湿性粉剂稀释 500～600 倍液喷雾，间隔 7～10 d 连续喷药 2～3 次。

5. 多菌灵

剂型：25%、50%可湿性粉剂，40%胶悬剂，80%超微可湿性粉剂。

产品特性：高效、低毒和广谱内吸杀菌剂，在植物体内通过质外体向顶端输导。具有保护和治疗作用。对葡萄孢霉菌、镰刀菌、尾孢菌、壳针孢菌、核盘孢菌、白粉菌、炭疽菌、丝核菌和锈菌等病菌引起的多种叶部病害和根、茎部病害效果较好。

使用方法：在发病初期喷药，50%可湿性粉剂稀释 800～1 000 倍液喷雾，间隔 7～10 d 连续喷药 2～3 次。

6．甲基硫菌灵（甲基托布津）

剂型：50%、70%可湿性粉剂，40%胶悬剂。

产品特性：内吸性杀菌剂。在植物体内和菌体细胞内转化为多菌灵起作用，具有内吸、保护、铲除和治疗作用。主要防治子囊菌、担子菌和半知菌类引起的白粉病、根腐病、炭疽病、叶霉病和立枯病等多种病害。

使用方法：在发病初期喷药，50%可湿性粉剂稀释600～800倍液喷雾，间隔7～10 d连续喷药2～3次。

7．苯菌灵（苯来特）

剂型：50%、60%可湿性粉剂，45%胶悬剂。

产品特性：广谱内吸杀菌剂。主要防治子囊菌、担子菌和半知菌类引起的白粉病、根腐病、炭疽病、叶霉病和立枯病等多种病害。

使用方法：在发病初期用药，稀释1 200～1 500倍液叶面喷雾。间隔7～10 d连续喷药2～3次。

8．咪鲜安

剂型：45%水乳剂（施保克），50%可湿性粉剂（施保功）。

产品特性：广谱杀菌剂，具有保护和铲除作用，渗透性良好。对假尾孢菌、核腔菌、喙孢菌、壳针孢菌、壳二孢菌、葡萄孢菌、白粉菌等病菌引起的多种叶部病害有效。

使用方法：在发病初期用药，稀释1 000～2 000倍液叶面喷雾。间隔7～10 d连续喷药2～3次。

9．三唑酮

剂型：15%可湿性粉剂、20%乳油（三唑酮，粉锈宁），25%可湿性粉剂（百里通）。

产品特性：三唑类脱甲基抑制剂、内吸剂，在植物和真菌体内转变为活性更高的三唑醇起作用，具有保护、治疗和铲除作用。主要用于防治各种锈病、白粉病和叶斑病等病害。

使用方法：在发病初期喷药，15%可湿性粉剂稀释1 000～1 500倍液喷雾，间隔7～10 d连续喷药2～3次。

10．烯唑醇

剂型：12.5%可湿性粉剂（特普唑），40%乳油。

产品特性：三唑类脱甲基抑制剂，内吸性保护和治疗剂，杀菌谱广。对子囊菌、担子菌和半知菌类引起的白粉病、锈病和多种叶部病害有很好的防治效果。

使用方法：在发病初期喷药，稀释2 000～3 000倍液喷雾，间隔7～10 d连续喷药2～3次。

11．烯唑醇涂剂（拂兰克-人工树皮）

剂型：涂剂。

产品特性：杀灭病菌，促进病疤和伤口愈合。对多种树木的腐烂病、干腐病、溃疡病、流胶病有特效。

使用方法：刮除病部后涂抹或直接在病部涂抹。

12．戊唑醇

剂型：43%悬浮剂（好力克）。

产品特性：三唑类脱甲基抑制剂，内吸性杀菌剂，具有保护、治疗和铲除作用。杀菌谱广，用于防治白粉病、锈病和多种叶部病害，特别是对于难以防治的大叶黄杨白粉病有很好的防治效果。

使用方法：在发病初期喷药，43%悬浮剂稀释 3 000～6 000 倍液喷雾，间隔 7～10 d 连续喷药 2～3 次。

13．腈菌唑

剂型：12%、25%乳油（腈菌唑），40%可湿性粉剂（信生）。

产品特性：三唑类脱甲基抑制剂，内吸性杀菌剂。用于防治多种植物的锈病、白粉病、多种叶斑病和禾草草坪的种传、土传病害。

使用方法：在发病初期喷药，25%乳油稀释 3 000～5 000 倍液喷雾，间隔 7～10 d 连续喷药 2～3 次。

14．苯醚甲环唑

剂型：10%水分散粒剂（世高）。

产品特性：高效内吸杀菌剂。可防治子囊菌、担子菌和半知菌类病菌引起的白粉病、轮纹病、斑点落叶病和叶枯病等多种叶部病害。

使用方法：在发病初期用药，稀释 1 500～2 000 倍液叶面喷雾。间隔 7～10 d 连续喷药 2～3 次。

15．甲霜灵（雷多米尔）

剂型：25%、50%可湿性粉剂。

产品特性：内吸性杀菌剂，具有保护和治疗作用。可被植物的绿色部分快速吸收，持效期长。对霜霉目卵菌引起的霜霉病、疫病及白锈病和疫霉菌引起的立枯病、猝倒病等有效。

使用方法：稀释 500～800 倍液喷雾或灌根。

16．嘧菌酯（阿米西达）

剂型：25%悬浮剂。

产品特性：具有保护、治疗和铲除作用。杀菌谱广，几乎对所有的子囊菌、担子菌、卵菌和半知菌类有效，可防治霜霉病、早疫病、炭疽病和叶斑病等多种叶部病害都有效。

使用方法：在发病初期用药，稀释 1 000～2 000 倍液叶面喷雾。间隔 7～10 d 连续喷药 2～3 次。

17. 嘧霉胺（施佳乐）

剂型：40%悬浮剂。

产品特性：具有保护和治疗作用，是防治各种植物灰霉病特效药剂。

使用方法：在发病初期用药，稀释 800～1 000 倍液叶面喷雾。间隔 7～10 d 连续喷药 2～3 次。

18. 霜霉威

剂型：72.2%盐酸盐水剂（普力克）。

产品特性：内吸性土壤和种子杀菌剂，能被植物的根吸收，并在根系内移动，抑制病菌孢子萌发。专用于防治卵菌病害，特别是腐霉菌和疫霉菌病害，是防治园林树木、花卉猝倒病、立枯病的特效药剂，在病害严重发生时，可达到快速治疗的效果。

使用方法：苗床土壤消毒。树木、花卉营养钵育苗，播种前或扦插前将 200～400 ml 药剂，用 20～25 kg 水稀释，均匀喷拌在 1 m³ 营养土中，预防猝倒病、立枯病等苗期病害；也可采用苗床喷灌，用 600～800 倍液喷灌，防治苗期病害，促进壮苗。

19. 丙森锌

剂型：70%可湿性粉剂（安泰生）。

产品特性：广谱性保护杀菌剂，对蔷薇科树木叶部病害有特效。高效补锌，还可防治园林树木小叶病。

使用方法：在发病前或发病初期用药，稀释 600～800 倍液叶面喷雾，间隔 10～15 d 连续喷药 2～3 次。

（二）杀虫杀螨剂

1. 辛硫磷

剂型：50%乳油、32%微胶囊剂。

产品特性：广谱杀虫剂，具有强烈的触杀和胃毒作用。最适于防治地下害虫，也适于防治食叶害虫。

使用方法：防治地下害虫，使用 32%微胶囊或 50%乳油 200 倍液地面喷洒，并结合其他耕作措施与表土混合。防治食叶害虫，使用 50%乳油 1 000～1 500 倍液叶面喷雾。

2. 毒死蜱

剂型：40.7%乳油（毒死蜱），48%乳油（乐斯本）。

产品特性：广谱杀虫、杀螨剂。具有胃毒和触杀作用，在土壤中挥发性较高。对地下害虫、蚜虫、蚧壳虫、卷叶虫和食叶性害虫等多种害虫有效。

使用方法：早春在树木发芽前，稀释 1 500～2 000 倍液喷雾，使树体呈淋洗状态，可防治多种出蛰害虫和枝干害虫。在害虫发生期喷药，稀释 1 500～2 000 倍液喷雾，对成虫、幼虫（若虫）都有效。防治地下害虫，使用 200 倍液地面喷洒，并结合其他耕作措施与表土混合。

3. 呋喃丹

剂型：3%颗粒剂。

产品特性：广谱性杀虫、杀线虫剂，具有胃毒、触杀和内吸杀虫作用，能被植物根系吸收，内吸传导在叶部积累最多，特别是叶尖积累多。对地下害虫和刺吸式口器害虫都有效。

使用方法：结合整地，按 20～30 kg/hm^2 的用药量，均匀撒施地面，使其与表土混合，对地下害虫和苗期蚜虫都有效。营养钵育苗时，1 m^3 营养土中拌药 0.1 kg，可消灭在土中潜藏的害虫和预防苗期蚜虫。

4. 氯氰菊酯、高效氯氰菊酯

剂型：10%乳油（氯氰菊酯），10%、5%乳油、5%可湿性粉剂（高效氯氰菊酯）。

产品特性：杀虫谱广，药效迅速，对光、热稳定，对某些害虫的卵具有杀伤作用，但对螨类防效差。

使用方法：在害虫发生期喷药，稀释 2 000～3 000 倍液喷雾。

5. 溴氰菊酯

剂型：2.5%乳油（敌杀死）。

产品特性：以触杀、胃毒为主，对害虫有一定驱避与拒食作用，无内吸、熏蒸作用。杀虫谱广，击倒速度快，尤其对鳞翅目幼虫及蚜虫杀伤力大，但对螨类无效，且在螨类大发生时禁止使用。

使用方法：在害虫发生期喷药，稀释 2 000～2 500 倍液喷雾。在害虫活动高峰期喷药，效果更佳。

6. 除虫脲

剂型：25%悬浮剂（除虫脲，灭幼脲 1 号），25%、50%悬浮剂（灭幼脲，灭幼脲 3 号）。

产品特性：抑制害虫表皮几丁质形成，使其不能正常蜕皮、变态而导致死亡，也可使卵不能孵化。具胃毒和触杀作用，对鳞翅目、鞘翅目和双翅目多种害虫有效，但杀虫作用缓慢；对高龄幼虫效果差。

使用方法：在幼龄幼虫期用 25%悬浮剂 1 000～1 500 倍液喷雾。

7. 噻嗪酮

剂型：25%可湿性粉剂。

产品特性：抑制害虫表皮几丁质形成，使其不能正常蜕皮、变态而死亡。具触杀和胃毒作用。对幼虫和若虫有效，对成虫没有直接杀伤力，但可缩短其寿命，减少产卵量，并且产出的多为不育卵，幼虫即使孵化也很快死亡。对同翅目的飞虱、叶蝉、粉虱及介壳虫有良好的防治效果。

使用方法：在害虫发生期用 1 000 倍～1 500 倍液喷雾。

8. 吡虫啉

剂型：70%水分散粒剂（艾美乐），20%浓可溶剂（康福多），10%可湿性粉剂、5%乳油、2.5%高渗乳油（蚜虱净）。

产品特性：具有内吸、触杀和胃毒作用，能通过植物的茎、叶和根吸收，迅速向顶部传导，从而使整个植株带毒，快速杀死害虫。对枝叶喷雾或进行种子处理、土壤处理都有很好的效果。对同翅目害虫如蚜虫、叶蝉、飞虱、白粉虱和缨翅目害虫蓟马表现极高的活性，对鞘翅目、双翅目和鳞翅目的一些种类也具有不同程度的杀伤作用。

使用方法：10%可湿性粉剂、5%乳油和高渗吡虫啉 2.5%乳油，防治蚜虫、叶蝉，稀释 2 000～3 000 倍液喷雾；防治介壳虫、木虱和绵蚜等害虫，稀释 1 500～2 000 倍液喷雾。

9. 啶虫脒

剂型：3%、5%乳油，3%、5%、20%可湿性粉剂。

产品特性：广谱杀虫剂，还具有一定的杀螨作用，具有触杀、胃毒和较强的渗透作用，杀虫速效。可用于枝叶喷雾和种子处理，在温度较高时应用效果更好。

使用方法：稀释 1 000～1 500 倍液喷雾。

10. 噻虫嗪（阿克泰）

剂型：25%水分散粒剂。

产品特性：高效、低毒及广谱杀虫剂，具胃毒和触杀作用，对蚜虫、木虱等刺吸式口器害虫有效。

使用方法：稀释 5 000～6 000 倍液喷雾。

11. 螺虫乙酯（亩旺特）

剂型：24%悬浮剂。

产品特性：具有触杀、胃毒和内吸作用，干扰害虫脂肪合成，阻断能量代谢。对介壳虫、木虱等刺吸式口器害虫有特效，持效期较长。

使用方法：稀释 4 000～5 000 倍液喷雾。

12. 阿维菌素

剂型：1.8%乳油。

产品特性：杀虫、杀螨剂，具有触杀和胃毒作用，在叶面有很好的渗透性能。对叶螨和许多种类的昆虫如鳞翅目、双翅目害虫有非常强有力的杀灭效力，但对蚜虫几乎无效。

使用方法：稀释 5 000～6 000 倍液喷雾。

13. 噻螨酮

剂型：5%乳油，5%可湿性粉剂。

产品特性：杀螨剂，对卵、幼螨和若螨杀伤力强，不杀成螨，但触药雌成螨所产的卵不能孵化。

使用方法：稀释 1 500～2 000 倍液喷雾。

14．哒螨灵

剂型：20%可湿性粉剂，15%乳油。

产品特性：杀螨剂，对螨类各虫态都有效，速效，持效。对抗性叶螨效果好，还可兼治蚜虫。

使用方法：稀释 2 000～3 000 倍液喷雾。

15．螺螨酯（螨危）

剂型：24%悬浮剂。

产品特性：广谱、长效杀螨剂，对螨类各虫态都有效，尤其是有很好的杀卵效果。其持效期可长达一月至一个半月。

使用方法：稀释 4 000～5 000 倍液喷雾。

16．苦参碱

剂型：0.2%、0.26%、0.3%、0.36%、0.5%可溶性液剂，0.3%、0.38%、2.5%乳油等。

产品特性：高效、低毒，植物源杀虫、杀螨剂，杀虫谱广，可防治叶螨、蚜虫、木虱和鳞翅目幼虫等害虫。

使用方法：稀释 800～1 000 倍液喷雾。

17．硫酸烟碱

剂型：10%乳油。

产品特性：高效、低毒，植物源杀虫剂，杀虫谱广，可防治蚜虫、叶蝉、蓟马、卷叶虫和潜叶蛾等害虫。

使用方法：稀释 800～1 000 倍液喷雾。

18．苦楝素

剂型：3%乳油等。

产品特性：高效、低毒，植物源杀虫剂，含有印楝素的成分，对叶螨、介壳虫有效。

使用方法：稀释 150 倍～200 倍液喷雾。

19．磷化铝

剂型：56%片剂。

产品特性：熏蒸杀虫剂，吸收空气中的水蒸气，产生磷化氢毒气熏蒸杀虫。磷化氢是一种无色气体，具大蒜气味，微溶于水。比重为 1.185，接近于空气的比重，在空气中上升、下沉和侧流等方向扩散的速度差异不大。其渗透力强，能穿透昆虫和螨类的表皮，杀虫效果好，防治地下害虫可深达 0.5～1 m。

使用方法：必须在密封的空间熏蒸杀虫，用药量 1～1.5 g/m^3，要分散投放，投药处要有足够的湿度；温度在 20℃以上时，密封 2～3 d 即可。

20．四聚乙醛

剂型：6%颗粒剂。

产品特性：杀软体动物剂，是一种安全、有效和选择性强的引诱剂毒饵。其具有胃毒作用，蜗牛、蛞蝓等软体动物吞食后中毒死亡，对其他动物无作用，对植物无药害。

使用方法：在雨后、地面潮湿及软体动物活动猖獗前的傍晚施药效果最好。防治蜗牛、蛞蝓时，可根据其密度适量用药，用药量一般为 3～5 kg/hm²。在植物播后出苗前可在地面均匀撒施；出苗后可条施或点施，间隔距离以 40～50 cm 为宜。

（三）除草剂

1．精恶唑禾草灵

剂型：6.9%水乳剂。

产品特性：选择性输导型茎叶处理除草剂，是防除禾本科杂草的特效药剂，对所有阔叶类植物都非常安全。

使用方法：在杂草二叶期至分蘖末期施药，用药量视杂草密度而定，0.6～1 L/hm²，稀释 800～1 000 倍液喷雾。

2．乙草胺

剂型：50%乳油。

产品特性：芽前选择性输导型土壤处理除草剂。靠植物的幼芽吸收，单子叶植物以胚芽鞘吸收为主，双子叶植物以下胚轴吸收，吸收后向上传导。主要作用机制是抑制蛋白酶活性，破坏蛋白质合成，使幼芽、幼根停止生长。禾本科杂草表现心叶卷曲萎缩，其他叶皱缩，整株死亡；阔叶杂草叶皱缩变黄，整株死亡。

使用方法：必须在植物种子出苗前地面施药，用药量 1.5～2 L/hm²，稀释 300～500 倍液喷雾。

3．苯磺隆

剂型：20%可湿性粉剂。

产品特性：选择性输导型茎、叶处理除草剂，防除一年生阔叶杂草，阻碍细胞分裂，抑制芽鞘和根的生长，使其逐渐死亡。

使用方法：在杂草生长旺盛期（2～4 叶期）施药，用药量 60～100 g/hm²，稀释 5 000～8 000 倍液喷雾，切忌把药液喷在园林绿化植物的叶片及其他绿色部位，以免发生药害。

4．草甘膦

剂型：41%草甘膦异丙胺盐水剂。

产品特性：灭生性输导型茎叶处理除草剂，容易被植物叶部吸收，迅速通过共质体而输导至植物的其他部位，从叶和茎吸收后易向地下根茎转移，24 h 即可有较多药量转移至地下根系。早期使用对一年生杂草有较好的效果；但多年生杂草一般待有 6～8 片叶时施药，才有利于吸收和充分发挥药效。草甘膦杀草缓慢，一年生杂草一周后、多年生杂草两周后逐渐枯萎，最后植株变褐、根部腐烂而致死。

使用方法：防除一年生杂草，用药量 2～3 kg/hm²，稀释 200 倍液喷雾。防除多年生杂草，用药量 3～5 g/hm²，稀释 100 倍液喷雾。防除多年生深根杂草，应适当增加用药量。

5．百草枯

剂型：20%水剂。

产品特性：为速效触杀型灭生性除草剂。其有效成分对叶绿体层膜破坏力极强，使光合作用和叶绿素合成很快终止。叶片着药后 2～4 h 即开始受害变色，对单子叶植物和双子叶植物绿色组织均有很强的破坏作用；但无传导性，只能使着药部位受害，不能穿透木栓质化的树皮，对园林植物的非绿色茎干无作用；接触土壤后容易钝化，不会伤害园林植物的根部，但多年生深根杂草的地下根茎还可再生。

使用方法：在雨后天晴，杂草生长旺盛时的中午施药效果最好，用药量 2～3 kg/hm²，可，稀释 200～300 倍液喷雾。药液一定要均匀喷洒在杂草的所有绿色部位。本剂对已开花结籽的杂草效果差，一定要在杂草幼龄时用药为宜。

复习思考题

1．按作用方式，如何对农药进行分类？

2．农药的剂型主要有哪几种？

3．常用杀菌剂、杀虫杀螨剂和除草剂都有哪些主要品种？各品种都有哪些主要特征？

第四章　园林植物病害防治

第一节　叶花果病害

　　叶、花和果病害指发生病害的部位以叶、花和果实为主，表现的症状也都在叶、花和果实上。这类病害种类很多，主要是影响园林植物的光合作用，同时降低园林树木和花卉的观赏价值。

一、白粉病类

（一）月季白粉病

1. 症状特点

　　月季白粉病在我国月季栽培地区均有发生，引起早期落叶、枯梢、花蕾畸形或完全不能开放。该病除为害月季外，还危害蔷薇、玫瑰等植物。

　　病原菌主要侵染叶片、嫩梢、花蕾及花梗。受害部位产生近圆形或不规则形粉斑，之后表面布满白色粉层，这是白粉病的典型特征。早春由病芽展开的叶片上下两面都布满白粉层，叶片皱缩反卷，变厚，为紫绿色，逐渐干枯死亡，并成为初侵染源。生长季节叶片受侵染，出现白色的小粉斑，严重时白粉斑相互连接成片。老叶感病后，叶面出现近圆形、水渍状褪绿的黄斑，严重时叶片枯萎脱落。嫩梢和叶柄发病时病斑略肿大，节间缩短，病梢略弯曲回缩；叶柄及皮刺上的白粉层很厚，难剥离。花蕾染病则被满白粉层，萎缩干枯，轻者花朵畸形，丧失观赏价值，如图4-1所示。

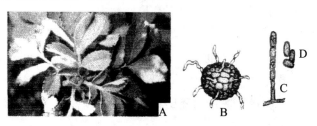

A. 叶片上的症状；B. 闭囊壳；C. 子囊；D. 子囊孢子

图 4-1　月季白粉病

2. 病原菌

病原菌为真菌类毡毛单囊壳菌 *Sphaerotheca pannosa*（Wallr.）Lev.、蔷薇单囊壳菌 *Sphaerotheca rosae*（Jacz）Z. Y. Zhao 两种。病部后期出现的小黑点即闭囊壳，其直径 90～110 μm，附属丝短，闭囊壳内含 1 个子囊；子囊 75～100 μm，椭圆形或长圆形，少数球形，无柄；子囊孢子 8 个，大小（20～27）μm×（12～15）μm。无性阶段为粉孢霉属真菌 Oidium sp.，粉孢子椭圆形，无色，单胞，串生，大小（20～29）μm×（13～17）μm。在月季上只有无性阶段。

病原菌生长温度范围为 3～33℃，最适温度为 21℃；粉孢子萌发最适湿度为 97%～99%，水膜对孢子萌发不利。

3. 发病规律

病原菌以菌丝体、闭囊壳和分生孢子在芽、叶或枝上越冬，有些地区以闭囊壳在落叶上越冬。翌年春天，随病芽展开时病菌产生的分生孢子或以闭囊壳中形成的子囊孢子作初次侵染。病菌孢子通过风雨或借助空气流动而传播，直接穿透角质层和表皮细胞，侵入寄主。在月季生长期间，病菌的分生孢子可进行多次再侵染。温暖潮湿的春秋季节发病迅速。白天气温高（23～27℃）、湿度较低（40%～70%）有利于孢子的形成与释放；夜间温度较低（15～16℃）、湿度较高（90%～99%）有利于孢子萌发及侵入，但是降雨过多则不利于病害发生。土壤中氮肥过多、钾肥不足时易发病。

4. 综合治理技术

① 园林技术防治

选育抗病品种是防治白粉病的重要措施之一。

首先，月季白粉病菌以其闭囊壳随病残体落入地面或表土中越冬，应及时清扫落叶残体并烧毁，同时进行翻土，以减少病原菌的初侵染源。

其次，通过合理密植，整形修剪，减少枝叶的郁闭度；在温室栽培中或棚室栽培中，经常注意通风透光，降低湿度，创造不利于病害发生的环境条件。日常管理中，应尽量避免进行叶面淋水，以减少病菌孢子萌发侵入的条件。

第三，及时清理修剪下的枝、叶，并清运出园外或烧毁，以减少病原菌的再侵染源。

第四，合理施肥，培育健壮植株，可提高抗病能力。

② 化学农药防治

在发芽前喷洒 45%晶体石硫合剂 50～100 倍液，呈淋洗状态，可消灭多种病原菌，对叶螨、介壳虫也有一定作用。

温室栽培中可在夜间喷硫磺粉或将硫磺粉涂在取暖设备上任其挥发，能有效地防治白粉病。

生长季节在白粉病发生初期，可选用 45%晶体石硫合剂 50～100 倍液喷雾。在病害发生较轻时，可选用 15%三唑酮可湿性粉剂 1 000～1 500 倍液喷雾。在病害严重发生时，可选用 43%戊唑醇悬浮剂 3 000～5 000 倍液喷雾。

（二）紫薇白粉病

1. 症状特点

紫薇白粉病使紫薇叶片枯黄、皱缩，嫩枝干枯，花蕾不开张，引起早落叶，影响树势和观赏性。

病原菌主要侵害紫薇的叶片，嫩叶比老叶易感病。嫩梢和花蕾也可染病。叶片展开即可受侵染，发病初期，叶片上出现白色小粉斑，扩大后为圆形病斑，白粉斑可相互连接成片，有时白粉层覆盖整个叶片。叶片扭曲变形，枯黄早落。发病后期白粉层由白而黄，最后变为黑色小点粒，即为病菌的闭囊壳，如图 4-2 所示。

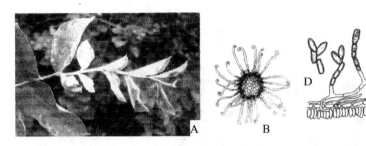

A. 叶片上的症状；B. 闭囊壳；C. 子囊和子囊孢子梗；D. 子囊孢子

图 4-2 紫薇白粉病

2. 病原菌

病原菌为真菌类南方小钩丝壳菌 *Uncinula australiana*（Mcalp）Zheng & Chen、南方钩丝壳菌 *Uncinula slna* Mcalp 和紫薇白粉菌 *Erysiphe lagerstroemiae* West 3 种。闭囊壳聚生至散生，暗褐色，球形至扁球形，直径 90～125 μm；附属丝有长、短 2 种，长附属丝直或弯曲，长度为闭囊壳的 1～2 倍，顶端钩状或卷曲 1～2 周；子囊 3～5 个，卵形、近球形，大小（48.3～58.4）μm×（30.5～40.6）μm；子囊孢子 5～7 个，椭圆形或卵形，大小（17.8～22.9）μm×（10.2～15.2）μm。

3. 发病规律

病原菌以菌丝体在病芽或以闭囊壳在病落叶上越冬。粉孢子由气流传播，生长季节有多次再侵染。粉孢子萌发最适宜的温度为 19～25℃，温度范围为 5～30℃，空气相对湿度为 100%，自由水更有利于粉孢子萌发。粉孢子的萌发力可以持续 15 d 左右，侵染力维持 13 d。紫薇发生白粉病后，其光合作用强度显著降低，病叶组织蒸腾强度增加，从而加速叶片的衰老和死亡。该病主要发生在春、秋季，秋季发病危害最为严重。

4. 综合治理技术

参看月季白粉病综合治理技术。

二、锈病类

（一）苹–桧锈病

1. 症状特点

苹–桧锈病为害桧柏、高塔柏、新疆圆柏、欧洲刺柏、希腊桧、矮桧、翠柏合龙柏等桧、柏类针叶树木，也转主危害苹果、海棠（西府海棠、白海棠、红海棠、垂丝海棠、白花垂丝海棠、三叶海棠和贴梗海棠等）、花红、沙果合山定子等苹果属树木。

① 在桧、柏类针叶树木上的症状

秋冬季在桧、柏类树木的小枝上形成球形或近球形瘤状物（菌瘿），直径约 3～5 mm，少数也有超过 1 cm 的。春季膨胀为鸡冠状（冬孢子角），深褐色。4 月中旬至 5 月中旬遇雨吸水膨大为橙黄色胶状物，很像一朵黄色肉质的"花"，如图 4-3 所示。

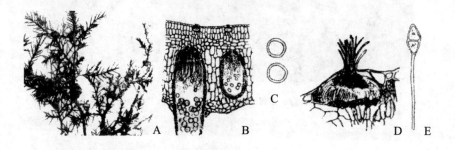

A. 桧柏小枝上的冬孢子角；B. 锈孢子器；C. 锈孢子；D. 性孢子器；E. 冬孢子

图 4-3　苹–桧锈病在桧柏上的症状

② 在苹果属植物上的症状

苹–桧锈病为害苹果属植物的幼叶、叶柄、新梢及幼果等绿色幼嫩组织。被害叶片正面的病斑初为橘红色小圆点，直径为 1～2 mm，7～10 d 后，随着斑点的扩大，中央长出许多黄色小点（性孢子器），分泌出蜜露（性孢子及黏液），渐变成黑色小点，6 月中下旬病斑直径扩大到 1 cm 左右，同时在叶背相应部位隆起，长出丛生的黄褐色胡须状物(锈孢子器)。叶柄受害后病部橙黄色，纺锤形，膨大隆起，其上也出现黄色小点和黄褐色胡须状物。新梢的症状和叶柄相似，但后期病部凹陷、龟裂，容易折断。幼果被害多在萼洼周围形成圆形、橙黄色斑点，直径 1 cm 左右，后期病斑变褐色，中央出现小黑点，周围也长出胡须状物，如图 4-4 所示。

图 4-4　苹–桧锈病在苹果叶片上的症状

2．病原菌

病原菌为真菌类山田胶锈菌 *Gymnosporangium yamadai* Myiabe。性孢子器扁球形，生于叶片上表皮下，丛生，蜡黄色，后变为黑色，直径 190～280 μm；性孢子单胞，无色，纺锤形或长圆形，（3～8）μm×（1.8～3.2）μm。锈孢子器管状，多生于叶背肥厚的红褐色病斑上，丛生，（5～12）mm×（0.2～0.5）mm；锈孢子球形或多角形，单胞，栗褐色，厚膜，表面有瘤状突起，（19.2～25.4）μm×（16.6～24.3）μm；护膜细胞长梭形或长六角形，黄色，外壁有卵圆形乳状突起，（65～120）μm×（18～25）μm。冬孢子双胞，具无色长柄，长圆形、椭圆形或纺锤形，分隔处稍缢缩，暗褐色，（32～53）μm×（16～22）μm；两个细胞各具两个发芽孔，萌发时生出 4 细胞的圆筒形先菌丝，每胞再长出一个小孢子梗，其上各生一个小孢子（担孢子）。担孢子卵形，无色，单胞，（12～16）μm×（11～17）μm。

3．发病规律

苹–桧锈病病菌为转主寄生，不完全型锈病菌，缺夏孢子阶段，因此无再侵染。

病菌以菌丝体在桧柏类树木小枝上菌瘿中越冬，也可以当年秋季传至桧柏体表的锈孢子越冬。翌年春季在桧柏上的菌瘿生成冬孢子角。4 月末至 5 月初以后，冬孢子角遇雨后胶化、膨大，冬孢子萌发，产生大量小孢子，小孢子借风力可以传播到方圆 1.5～5 km 范围内的苹果属树木上，侵染叶面、新梢和幼果，形成性孢子器和性孢子，继而产生锈孢子，锈孢子在秋季又随风传回到桧柏类树木上越冬。

该病的流行受降雨和空气湿度影响很大。冬孢子的萌发及小孢子、锈孢子的侵染都需要有一定的湿度，因此在苹果属植物上的发病早晚和轻重程度与早春的降雨有密切关系。4～5 月有适度降雨，空气比较湿润，就可能发病，当然还需要合适的温度和微风的配合。冬孢子萌发的最适温度为 16～22℃，一般年份 4～5 月可以达到这种温度，超过 24℃则不能形成小孢子。

4．综合治理技术

① 彻底切断侵染源

苹–桧锈病为转主寄生病害，其发生流行的前提是在附近 5 km 范围内，要有桧柏类树木和转主寄主苹果属、梨属树木存在，否则不能完成其侵染循环。因此，切断这两种锈病菌的侵染循环链，是最有效、最彻底的防治方法。

在园林绿化时，将桧柏类树木的栽植范围尽量控制在大城市的主城区内，并在主城区内避免栽植苹果属、梨属树木，以免病菌交互传染，完成其侵染循环。在城市郊区、小城镇、村庄、苗圃、矿区、水渠、公路、铁路沿线、旅游景点、陵园和墓地等场地，由于距离果园较近，坚决杜绝栽植桧柏类树木，以免交互传染和引起周围果园发生锈病，给果农造成更大的损失，甚至造成毁园等更为严重的后果。

② 要加强园林绿化植物上病虫害的防治工作

园林绿化植物上的大多数种类病虫害，都能传播到农田、果园和其他经济植物上，搞好这些植物上病虫害的防治工作，一方面降低了园林绿化植物受病虫为害的程度，另一方面也减少了园林绿化植物病虫害向农田、果园和其他经济植物上迁移传播的程度。要建立防控工作责任制，根据"谁栽植、谁经营、谁管理"的原则，由栽植园林绿化植物的单位落实防控工作技术措施，对因防控不力或防控措施不落实而造成农田、果园和其他经济植物受到严重损失的，应当承担相应的赔偿责任。

③ 防控工作的重点应由果园转移到桧柏类树木上来

桧柏类树木的分布相对集中，面积小、防治成本低并且防效好。责任单位应切实进行有效的防控工作。一是在春雨降落前，即每年冬季至次年3月底前，彻底剪除桧柏类树木上的菌瘿，并集中烧毁。二是在桧柏类树木上越冬的锈病菌借助风力向果树传播之前进行药剂防治，即早春（3月下旬～5月中旬）雨后立即对桧柏类树木全树喷药2～3次，第一次喷45%晶体石硫合剂100倍药液，第二次和第三次喷15%三唑酮可湿性粉剂1 000倍药液。三是夏末秋初锈菌在果树上成熟后通过风雨转移传播到桧柏类树木上后（8 月～10月），对桧柏类树木再进行全树喷药1～2次，喷药方法同上。

④ 进行果园内的喷药防治工作

在果树展叶初期（苹果树开花前，梨树落花后）对果园全面喷药1 次，药剂为45%晶体石硫合剂150～200倍液。

果树落花后，当发现叶片上有香头大小的黄色病斑时，立即喷药1次～2次，第一次在疏果期喷15%三唑酮可湿性粉剂1 000～1 500倍液或40%腈菌唑可湿性粉剂8 000倍药液，第二次在套袋前喷12.5%烯唑醇可湿性粉剂2 000～3 000倍液。

在果实套袋后，再用15%三唑酮可湿性粉剂1 000倍液或40%的氟硅唑乳油8 000倍液喷雾1 次，防治效果更加明显。

（二）玫瑰锈病

1. 症状特点

该病侵染玫瑰植株地上部分的各个绿色器官，主要危害叶片和芽，引起发病植株早期落叶、生长衰弱。早春展叶时，从病芽展开的叶片上布满鲜黄色的粉状物；叶片背面出现黄色稍隆起的小斑点即锈孢子器，初生于表皮下，成熟后突破表皮散出橘红色粉末，直径0.5～1.5 mm，病斑外围往往有褪色环圈；叶正面的性孢子器不明显。随着病情的进一步发展，叶背面又出现近圆形的糯黄色粉堆，即夏孢子堆，直径1.5～5.0 mm，散生或聚生。在生长季节末期，叶背面出现大量的黑色小粉堆，即冬孢子堆。嫩梢、叶柄和果实受害，病斑明显隆起。嫩梢、叶柄上的夏孢子堆呈长椭圆形；果实上的病斑为圆形，直径4～10 mm，果实畸形，如图4-5所示。

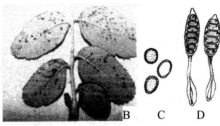

A. 叶片正面症状；B. 叶片背面症状；C. 夏孢子；D. 冬孢子

图4-5　玫瑰锈病在叶片上的症状

2. 病原菌

病原菌为真菌类中的多种，其中以短尖多胞锈菌 *Phragmidium mucronatum*（Pers.）Schlecht.为主要种。性孢子器生于叶上表皮，往往不明显。锈孢子器橙黄色，周围侧丝很多；锈孢子亚球形或广椭圆形，（25～32）μm×（16～24）μm，壁厚1～2 μm，有瘤状刺，淡黄色。夏孢子堆橙黄色；夏孢子球形或椭圆形，（18～28）μm×（15～21）μm，孢壁密生细刺。冬孢子堆红褐色、黑色；冬孢子圆筒形，暗褐色，（53～110）μm×（25～27）μm，有3～7个横隔，不缢缩，顶端有乳头状突起，无色，孢壁密生无色瘤状突起；孢子柄永存，上部有色，下部无色，显著膨大，长60～77 μm。

3. 发病规律

病菌系单主寄生锈菌，在玫瑰叶片上能够产生性孢子、锈孢子、夏孢子、冬孢子和担子孢子。病原菌以菌丝体在芽内越冬，春季随芽的伸展，菌丝体直接侵入。病原菌也可以冬孢子堆状态在植株上的其他发病部位越冬或者冬孢子在枯枝落叶上越冬，春季冬孢子萌发产生担孢子，担孢子萌发侵入植株，形成初次侵染。病原菌在病叶上先形成性孢子器，随后形成锈孢子器，锈孢子可以产生6次之多，这在锈菌中是独特的。随后产生夏孢子随风雨传播，由气孔侵入，在生长季节进行反复侵染，扩大危害。

锈孢子萌发的适宜温度为10～21℃，在6～27℃范围内均可萌发；夏孢子在9～25℃时萌发率较高，当气温超过27℃萌发和侵染力显著降低；冬孢子萌发温度范围为6～27℃，适温为18℃。发病最适温度为18～21℃；连续2～4 h以上的高湿度有利于发病。

一般秋雨多，春季病芽率高；春雨多，则病叶率高。夏季温度高或冬季温度低，寒冷时间长，病害发生一般不太严重，若四季温暖、多雨和多露雾的年份，夏孢子可终年生长侵染，病害发生严重。

不同玫瑰品种间抗病性也有差异。

4. 综合治理技术

① 秋冬季节彻底清园，扫除落叶，集中烧毁，以减少越冬病菌原量。

② 春季经常检查，发现病芽立即摘除；生长期结合修剪，剪除去掉病枝、病叶和病芽，以防止病原孢子飞散传播，减少危害。

③ 选用园林性状良好的抗病品种；加强栽培管理，增施磷、钾肥，以增强抵抗力；注意通风透光及排水，降低周围环境的湿度，以减少发病条件。

④ 化学药剂防治非常重要。一定要在发病初期及时和多次喷药，才能控制病害的发生和扩散蔓延。药剂可以选用 15%三唑酮可湿性粉剂 1 000～1 500 倍液、12.5%烯唑醇可湿性粉剂 2 000～3 000 倍液、40%腈菌唑可湿性粉剂 8 000 倍药液、40%的氟硅唑乳油 8 000 倍液喷雾，间隔 7～15d 喷药 1 次，连续喷洒 2～3 次，以取得良好的防治效果。

三、炭疽病类

（一）梅花炭疽病

1. 症状特点

主要为害梅花的叶片和嫩梢。叶片受害，叶面产生圆形或椭圆形褐色小斑，发生在叶缘的病斑成半圆形或不规则形，后逐渐扩大，直径 3～9 mm，呈灰褐色或灰白色，边缘红褐色或暗紫色，并生出近似轮纹状排列的小黑点。在易感品种上，叶缘多个病斑可相互联合成更大的斑，病斑失水后向叶面卷缩。嫩梢被害后形成枯死斑。受害严重时，可导致叶片早期脱落，枝梢枯死，植株生长不良，并影响花芽的形成，如图 4-6 所示。

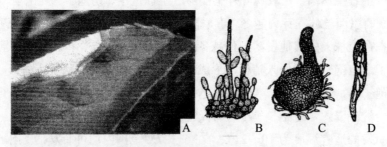

A. 叶片上的症状；B. 分生孢子盘和分生孢子；C. 子囊壳；D. 子囊和子囊孢子

图 4-6　梅花炭疽病

2．病原菌

病原菌为真菌类梅小丛壳菌 *Glomerella mume*(Hori)Hemmi。子囊壳直径为 100～250 μm。子囊大小为（58～80）μm×（8～13）μm；子囊孢子微弯，圆筒形，大小为（10～18）μm×（3.2～5）μm。无性世代为梅炭疽病菌 *Colletotrichum mume*（Hori）Hemmi。分生孢子盘大小为（50～60）μm×（3.5～4.0）μm，内有深褐色的刚毛；分生孢子圆筒形，无色，单细胞，大小为（10～16.5）μm×（3.6～6）μm。

3．发病规律

病原菌以菌丝体和分生孢子在受害的病落叶和病梢中越冬。翌年春季气温升高后侵染新生嫩叶和嫩梢。分生孢子在 12～32℃都能萌发，以 28℃最为适宜。分生孢子借风雨传播，在梅花生长季节，不断进行新的侵染，扩大病情。一般 5 月份开始发病，7～8 月份发病最为严重，10 月份基本停止发展。夏季高温、多雨和湿度大时发病严重。土壤贫瘠，管理粗放，树荫窝风处，常加重病情。梅花品种间，抗病性也有差异，一般绿梅抗病性较强，而红梅、游龙梅则易被侵染。

4．综合治理技术

① 发现病叶及时剪除，彻底清扫有病落叶，并收集病残物予以烧毁，以减少侵染来源。

② 加强肥水管理，增施磷、钾肥，提高植株的抗病能力；栽植密度要适宜，改善通风透光条件，促使园林植物健壮生长。

③ 选育抗病品种，增强抵御病害侵染和发生的能力。

④ 化学农药防治。在病害侵染初期，可选用 70%代森锰锌可湿性粉剂 800～1 000 倍液、50%多菌灵可湿性粉剂 800～1 000 倍液、50%甲基硫菌灵可湿性粉剂 800～1 000 倍液喷雾；在发病后选用 50%苯菌灵（苯来特）可湿性粉剂 1 000～1 500 倍液、12.5%烯唑醇可湿性粉剂 2 000～3 000 倍液、43%戊唑醇悬浮剂 3 000 倍液、25%腈菌唑乳油 2 000～4 000 倍液喷雾，都可控制病害的扩散蔓延。

（二）大叶黄杨炭疽病

1．症状特点

大叶黄杨炭疽病主要危害叶片，多从叶缘发病，初为褐色坏死斑，逐渐向内扩展，成为灰色不规则形大斑，有的可占整张叶片的 1/3～1/2 面积，病斑灰白色；后期病斑上可产生多数小黑点，并呈轮纹状排列，为病原菌分生孢子盘和分生孢子，如图 4-7 所示。

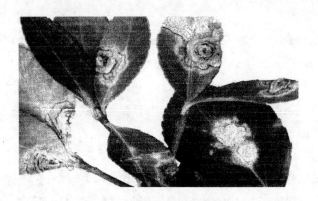

图 4-7　大叶黄杨炭疽病

2．病原菌

病原菌为真菌类卫矛炭疽病菌 *Colletotrichum griseum* Heaseum et Walf.，分生孢子盘埋生于叶表皮下，成熟后突破表皮外露，内有褐色刚毛。分生孢子梗无色，不分支。分生孢子椭圆形，无色，单胞，两端各有一个油球，孢子大小为（15.2～18.4）μm×（5.1～6.5）μm。

3．发病规律

病原菌以菌丝体和分生孢子盘在病叶上越冬，翌年产生分生孢子，随风雨传播，侵入寄主。病落叶不能及时清除、植株过密、生长不良、管理粗放、温度高、雨水多和湿度大等条件，易造成病害严重发生。

4．综合治理技术

参看梅花炭疽病综合治理技术。

四、灰霉病类

（一）仙客来灰霉病（四季海棠灰霉病、万寿菊灰霉病）

1．症状特点

海棠灰霉病主要为害仙客来、四季海棠、秋海棠、竹叶海棠、斑叶海棠、天竺葵、一品红、万寿菊、孔雀草、瓜叶菊、芍药、牡丹、月季和玫瑰等植物。

病原菌主要危害叶片、叶柄、花冠和茎等部位，引起叶片、茎和花冠的腐烂坏死。发病初期，叶缘部位先出现褐色的水渍状病斑，病斑扩展较快，很快蔓延至整个叶片，使叶片变为褐色，迅速干枯或腐烂。花冠发病时花瓣上有褐色水渍状病斑，萎蔫后变为褐色。在高湿度条件下发病部位着生有密集的灰褐色霉层，即病原菌的分生孢子及分生孢子梗。茎干发病往往是近地面茎基的分枝处先受侵染，病斑不规则，深褐色、水渍状。病斑也发生在茎节之间，病枝干上的叶片变褐下垂，发病部位容易折断。在发病部位表面或组织内部还可产生黑色扁平状的菌核，如图 4-8 所示。

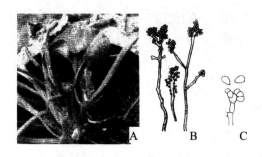

A．病株症状；B．分生孢子梗；C．分生孢子

图 4-8　仙客来灰霉病

2．病原菌

病原菌为真菌类灰葡萄孢霉菌 *Botrytis cinerea* Pers ex Fr.。病部出现的灰色粉状物即病菌的分生孢子梗和分生孢子。分生孢子梗丛生，大小为（280～550）μm×（12～14）μm，有横隔，由灰色转为褐色，分生孢子梗顶端为枝状分枝，分枝末端膨大；分生孢子葡萄状，聚生，卵形或椭圆形，少数球形，无色至淡色，单细胞，大小为（9～16）μm×（6～10）μm。有性世代为富氏葡萄孢盘菌 *Botryotinia fuckeliana*（De Bary）Whetzel.，菌核黑色，形状不规则，大小为（4～10）mm×（0.1～0.5）mm。

3．发病规律

病原菌以分生孢子、菌丝体在病残体及发病部位越冬。菌核可随种子调运传播。在温暖、湿润的温室内该病可以周年发生。

成熟的分生孢子借助气流、雨水、灌溉水、棚室滴水及田间操作传播。在低温高湿条件下，分生孢子萌发芽管，由寄主开败的花器、伤口或坏死组织侵入，也可由表皮直接侵入，但以伤口侵入为主。潮湿时病部所产生的大量分生孢子是再侵染的主要病源。病原菌能分泌分解细胞的酶和多糖类的毒素，导致寄主组织腐烂解体或使寄主组织中毒坏死。

该病系低温高湿型病害，多于早春、晚秋或冬季出现。病原菌发育的最适温度为 20～25℃，最低为 4℃，最高为 30～32℃。产生分生孢子与孢子萌发的最适温度为 21～23℃，分生孢子在 13.7～29.5℃均能萌发，但以较低温度对萌发有利。最适发病条件是气温 20℃左右，相对湿度 90%以上。分生孢子抗旱力强，在自然条件下，经 138 d 仍然具有生命力。

一般情况下，北方冬春季节，温室大棚温度低，湿度又大，光照不足时，病害发生很重。天气潮湿、连阴雨或时晴时雨，达到相对湿度高于 90%时，湿气滞留时间长，常造成该病的大流行。这种条件有利于病原菌分生孢子的形成、释放和侵入。病原菌的分生孢子萌发后很少直接侵入生长活跃的组织，但可通过伤口侵入或者侵入衰弱组织。缺钙、多氮也能加重灰霉病的发生。

4．综合治理技术

① 温室栽培要加强通风、透光和降温，浇水时避免淋浇，注意控制湿度。

② 搞好田园卫生，及时清除老叶、病叶、病花，病穗、凋谢的花和枯枝败叶，以及在木本植物上切除病茎或部分有病组织，集中烧毁，减少田间病原菌的积累。

③ 由于此类病原菌只能从伤口侵入，因此要避免植株遭受冻伤和机械创伤，并注意促进伤口的愈合；同时，要加强肥水管理，不过量偏施氮肥，注意排水，培育健壮植株，提高植株抗病性和愈伤能力。

④ 化学农药防治。在病害侵染初期，可选用 70%代森锰锌可湿性粉剂 800～1 000 倍液、50%多菌灵可湿性粉剂 800～1 000 倍液和 50%甲基硫菌灵可湿性粉剂 800～1 000 倍液喷雾；在发病后选用 43%戊唑醇悬浮剂 3000 倍液、40%嘧霉胺悬浮剂 800～1 200 倍液和 50%异菌脲可湿性粉剂 1 000～1 500 倍液喷雾，可有效地控制病害的扩散蔓延。

（二）牡丹（芍药）灰霉病

1. 症状特点

幼苗被害时，茎基部呈水渍状褐色腐烂，幼苗有倒伏现象，病部产生灰色霉层。花芽受害后，变黑或花瓣枯萎，腐烂变褐，被黑褐色霉状物。叶片染病初在叶尖或叶缘处生近圆形至不规则形水渍状斑，后病部扩展到大小 1 cm 或更大，病斑褐色至灰褐色或紫褐色，有的产生轮纹。湿度大时病部长出灰色霉层。叶柄和茎部染病，生水渍状暗绿色长条斑，后凹陷褐变软腐，造成病部以上的倒折。花染病花瓣变褐烂腐，产生灰色霉层。有时在病茎上可见到菌核，小而光滑，黑色球形。

2. 病原菌

病原为真菌类葡萄孢霉属的 *Botrytis paeoniae* Oudem. 和 *Botrytis cinerea* Pers ex Fr.。分生孢子倒卵形或椭圆形，梗直立，浅褐色，有隔膜。分生孢子聚集成头状，卵圆形；无色至浅褐色，单胞，大小为（9～16）μm×（6～9）μm。菌核黑色，形状不规则，大小为 1～1.5 mm。

3. 发病规律

病菌以菌核在病残体和土中越冬；翌年春季条件适宜时，菌核萌发，产生分生孢子进行初侵染；在牡丹整个生育期间可重复进行侵染。高温和多雨有利于分生孢子的大量形成和传播；氮肥施用偏多，栽植过密、湿度大而光照不足，生长嫩弱，均易受病菌感染；连作地块发病严重。

4. 综合治理技术

参看仙客来灰霉病类综合治理技术。

五、叶斑病类

（一）樱花褐斑穿孔病

1. 症状特点

樱花褐斑穿孔病为害樱花、樱桃、梅花、桃、李和杏等核果类果树和观赏树木。发病初期叶片上出现紫褐色小点，后扩展成为近圆形的褐色病斑，边缘紫褐色，直径 2～5 mm，后期病叶片上出现灰褐色霉状物，病斑中央干枯脱落，形成穿孔。严重时，全叶穿孔，叶片脱落，如图 4-9 所示。

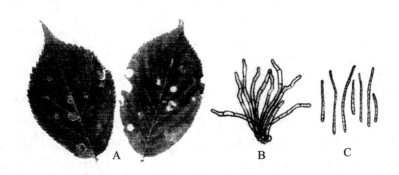

A. 叶片上的症状；B. 分生孢子梗；C. 分生孢子

图 4-9　樱花褐斑穿孔病

2. 病原菌

病原菌为真菌类，无性阶段为核果假尾孢菌 *Pseudocercospora circumscissa* Sacc.。多根分生孢子梗丛生，有时密集成束，橄榄色，有 1～3 个分隔，有明显的膝状屈曲 0～3 处；分生孢子梗的基部为子座（菌丝块）。分生孢子细长，橄榄色，倒棍棒形，直或稍弯，有 1～7 个横隔，大小为（30～115）μm×（2.5～5.0）μm。有性阶段为樱桃球壳菌 *Mycosphaerella cerasella* Aderh.，但在我国罕见。

3. 发病规律

病原菌以菌丝体在枝梢病部或以子囊壳在病落叶上越冬。分生孢子由风雨传播，从气孔侵入。一般年份 6 月份开始发病，8～9 月份为发病盛期。通常树冠较下层老叶先发病，逐渐向树冠上部扩展蔓延。树势衰弱发病重；夏秋季节多雨、大风发病重；湿度大，植株过密，通风透光不好时发病重。

4. 综合治理技术

① 在园林树木栽植规划时，根据各种园林树木的生长特性，要适地适树，不在风口区栽植樱花类树木。

② 加强栽培管理。合理修剪，以利通风透光；低洼地注意排湿；增施有机肥及磷肥、

钾肥，避免偏施氮肥，促使植株生长健壮，提高抗病能力。

③ 秋冬季节结合清园和修剪作业，剪除有病枝条，收集病枯落叶，集中烧毁或深埋，以减少越冬菌源。

④ 树木发芽前，可选用 45%晶体石硫合剂 50～100 倍液喷雾，使树体呈淋洗状态，以杀灭在树体表面越冬的各种病原菌，兼治叶螨和介壳虫。

⑤ 树木展叶后，可选用 70%代森锰锌可湿性粉剂 800～1 000 倍液、70%丙森锌可湿性粉剂 600～800 倍液喷雾，以预防和消灭初侵染菌源。

⑥ 在发病初期及发病期，可选用 70%甲基硫菌灵可湿性粉剂 800～1 000 倍液、50%多菌灵可湿性粉剂 800～1 000 倍液、12.5%烯唑醇可湿性粉剂 2 000～3 000 倍液或 43%戊唑醇悬浮剂 3 000～5 000 倍液喷雾，控制病害的发展蔓延。

（二）菊花褐斑病

1．症状特点

发病初期叶片上出现褪绿斑或紫褐色小斑，病斑逐渐扩大为圆形或不规则形，中央灰白色，边缘黑色，直径 3～12 mm，病斑上有黑色小点。后期病斑中央组织变为灰白色，边缘为黑褐色，病斑上散生许多不明显的黑色小点粒，即分生孢子器。发病严重时叶片上病斑相互连接，使整个叶片枯黄，继而变黑、干枯并脱落，进而整株枯死；有时病叶卷曲成筒状并下垂，倒挂于茎秆上。病斑的大小和颜色与菊花品种密切相关，如图 4-10 所示。

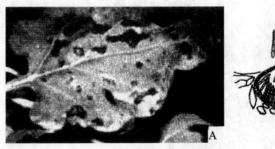
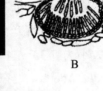

A．叶片上的症状；B．分生孢子座和分生孢子

图 4-10 菊花褐斑病

2．病原菌

病原菌为真菌类菊壳针孢菌 *Septoria chrysanthemella* Sacc.。分生孢子器埋生于叶面，散生或聚生，球形或近球形，直径 78～123 μm，褐色至黑色，器壁膜质，有孔口，孔口直径为 12～17 μm；分生孢子梗短，不明显；分生孢子丝状，直或稍曲，（36～65）μm×（1.5～2.5）μm，无色，有 4～9 个分隔。

3．发病规律

病原菌以菌丝体和分生孢子器在病残体或土壤中的病残体上越冬，成为第二年的初侵染来源。翌年春季分生孢子器吸水胀发溢出大量的分生孢子，由风雨传播，由气孔侵入，潜育期 20～30 d。其潜育期长短与菊花品种的感病性和空气湿度有关。湿度高则潜育期较短，抗病品种潜育期较长。病害发育适宜温度为 24～28℃。褐斑病在整个生长期都可发病，8～10 月份为发病盛期。秋雨连绵、种植密度或盆花摆放密度大或通风透光不良，均有利于该病的发生。老根留种及多年栽培的菊花发病均严重。

4．综合治理技术

① 参看樱花褐斑穿孔病综合治理技术。

② 盆栽菊花每年要更新盆土；用无病母株进行分根繁殖；病株采条在扦插前应用 0.1%多菌灵可湿性粉剂药液浸泡 30 min 消毒，清水洗净后再扦插；幼苗移植时用 0.5%的高锰酸钾溶液浸泡 30 min。发病期间及时喷药，尤其是 8～10 月的防治很重要。

（三）牡丹（芍药）红斑病

1．症状特点

病斑主要出现在叶片上，但枝条、花和果壳也受害。早春叶上出现小斑，后逐渐扩大为圆形或不规则形。叶正面病斑褐色或黄褐色，有不太明显的淡褐色轮纹；病斑相连后，叶片皱缩、焦枯且易碎。叶背面病斑在湿度大的时候产生墨绿色霉层。枝条上病斑为红褐色，长椭圆形；花瓣上病斑均为紫红色小点，如图 4-11 所示。

图 4-11　牡丹（芍药）红斑病

2．病原菌

病原菌为真菌类牡丹枝孢霉菌 *Cladosporium paeoniae* Pass.。分生孢子梗 3～7 根丛生，黄褐色，有 2～6 个分隔，大小为（27～73）μm×（4～5）μm；分生孢子纺锤形或卵形，1～2 个细胞，多数为单细胞，大小为（6～7）μm×（4～4.5）μm。

3．发病规律

病原菌主要以菌丝体在病叶、病枝、果壳及地面枯枝等残体上越冬。翌年春季产生分生孢子，经风雨传播，进行侵染，在生长季节均可发病。病原菌自伤口侵入或直接侵入，但伤口侵入发病率更高。在自然界，下雨时泥浆的反溅使茎基部产生微伤口，叶片等处茸毛脱落造成的微伤口，都有利于病菌的侵入。

病原菌生长的最适宜温度为20～24℃。分生孢子萌发的温度范围为12～32℃，在12℃以下或32℃以上时萌发率很低。在适宜的温、湿度条件下，分生孢子6h便开始萌发。病原菌侵入后潜育期很短，一般6d左右，但病斑上子实层的形成时间很长，大约在病斑出现后1.5～2个月才出现，因此再侵染次数极少。一般7～8月份为发病盛期。

若冬季清园和修剪病枝不彻底，越冬菌原量大，会导致病害严重发生。在雨水多、露水重及相对湿度大，尤其在叶面有水珠存在的条件下易发病。春雨早、降雨适中时，病害发生早，危害严重；植株栽植过，或土壤贫瘠沙化有利于病害的发生。

4. 综合治理技术

① 加强栽培管理，合理施肥灌水，注意排涝，增施有机肥、磷肥及钾肥，避免偏施氮肥，促使植株生长健壮，提高抗病能力。

② 合理密植，通风透光，降低湿度，创造不利于病害发生的环境条件。

③ 秋冬季节结合清园和修剪作业，彻底清除有病植株和收集病枯落叶，集中烧毁或深埋，以减少越冬菌源。生长季节发现病叶时及时摘除，控制病害传播扩散。

④ 发芽前，可选用45%晶体石硫合剂50～100倍液喷雾，以杀灭在枝干表面越冬的各种病原菌。

⑤ 展叶后，可选用70%代森锰锌可湿性粉剂800～1 000倍液、70%丙森锌可湿性粉剂600～800倍液喷雾，以预防和消灭初侵染菌源。喷药要均匀、周到，特别注意一定要喷洒到叶片背面。

⑥ 在发病初期及发病期，可选用70%甲基硫菌灵可湿性粉剂800～1 000倍液、50%多菌灵可湿性粉剂800～1 000倍液、12.5%烯唑醇可湿性粉剂2 000～3 000倍液或43%戊唑醇悬浮剂3 000～5 000倍液喷雾，控制病害的发展蔓延。

（四）花木煤污病

1. 症状特点

煤污病是温室或大棚及露天栽培园林植物上的常见病害。危害许多种类的针叶树、阔叶树和花卉等园林植物。

煤污病的主要特征是在叶和嫩枝上覆盖一层黑色"煤烟层"，这是病菌的营养体（菌丝）和繁殖体（孢子），表面还常伴有蚜虫、介壳虫、木虱和粉虱等刺吸式口器害虫，以及它们的排泄物（蜜露）和分泌的黏液。发病初期在叶面和枝条上出现黑色小霉斑，逐渐扩大连成一片，使霉层布满叶面、叶柄及枝条，此煤烟物可用手擦掉或剥离。由于煤污病的发生，阻碍光合作用，导致叶片提早脱落，影响园林植物的正常生长发育。严重危害时会使植株逐渐枯萎死亡，如图4-12所示。

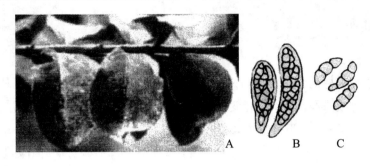

A. 叶片上的症状；B. 子囊；C. 子囊孢子

图 4-12 花木煤污病

2. 病原菌

病原菌为真菌类，主要是子囊菌的煤炱菌科和小煤炱菌科的一些真菌引起的病害，如柳煤炱菌 *Capnodium salicinum* Mont、田中氏煤炱菌 *Capnodium tanakai* Skirai et Hara、山茶小煤炱菌 *Meliola camelliae*（Catt.）Sacc.和散播烟霉菌 *Fumago vegans* Pers.等，在不同植物上病原菌不同。

3. 发病规律

每年有 2 次发病高峰，春夏 4～6 月，秋天 8～10 月。煤污病病菌由风雨、昆虫等传播，在蚜虫、介壳虫、木虱和粉虱的排泄物、分泌物或植物自身分泌物上发育。高温高湿，通风不良，刺吸式口器害虫发生多、为害严重时，均加重煤污病的发生。夏季高温、干燥及多暴雨的情况下，病害较轻。

4. 综合治理技术

① 园林植物栽植时，植株不可过密；要加强养护管理，适当进行修剪，改善通风透光条件，控制病菌滋生。

② 结合修剪，及时剪除病枝、病叶，清扫落叶，一并集中烧毁。家养花卉发生煤污病时，可摘除病叶或剪除病枝。

③ 认真防治蚜虫、介壳虫、木虱和粉虱等刺吸式口器害虫，是有效地预防和控制煤污病的关键。

④ 发芽前可选用 45%晶体石硫合剂 50～100 倍液喷雾，以杀灭在枝干表面越冬的各种病原菌。

⑤ 发病初期可选用 70%甲基硫菌灵可湿性粉剂 800～1 000 倍液、50%多菌灵可湿性粉剂 800～1 000 倍液、12.5%烯唑醇可湿性粉剂 2 000～3 000 倍液、43%戊唑醇悬浮剂 3 000～5 000 倍液喷雾，控制病害的发展蔓延。

（五）松树落针病

1．症状特点

该病为害多种松树的苗木和大树。初期症状因树种不同而稍有差异，在马尾松上先出现很小的黄色斑点或段斑，晚秋全叶变黄脱落。在黑松针叶上，病斑稍大，并有褐色斑纹，以后也变黄脱落。在油松针叶上则看不见明显的病斑，针叶由暗绿到灰绿，最后变为红褐色而脱落。通常针叶上的病斑在春末夏初出现，夏末秋初即有部分病叶开始脱落，但大部分病叶则在秋末冬初脱落，落下的病叶变为灰褐色或灰黄色。翌年春季，各种针叶上产生典型的后期症状，即先在落叶上出现纤细黑色横线，在两条横线间长出黑色小点，即为分生孢子器。此后又产生具有光泽的长椭圆形大黑点，即病菌的子囊盘，盘中央有 1 条纵向裂缝，如图 4-13 所示。

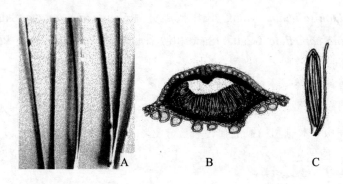

A．针叶上的症状；B．子囊盘；C．子囊

图 4-13　松树落针病

2．病原菌

病原菌为真菌类散斑壳菌属 *Lophodermium* spp.中的多种病菌，其中以扰乱散斑壳菌 *Lophodermium seditiosum* Minter. Staley. Et Millar 是主要病原菌。其子囊盘全部在表皮细胞下生，基壁线黑色，子囊盘长径为 1～1.5 mm，开口处有唇状细胞结构。子囊圆筒形，大小为（120～170）μm×（9～13）μm。子囊孢子线形，单胞，无色，大小为（83～120）μm×（2～3）μm。侧丝较直，顶端膨大不明显，有时弯曲，大小为（138～145）μm×2 μm。无性阶段为 *Leptostroma rostrupii* Minter.，分生孢子器大小为（0.2～0.3）mm，分生孢子短杆状，无色，单胞。

3．发病规律

病原菌以菌丝体在病落叶以及树上的病叶、球果或鳞片中越冬。翌年 3～4 月份产生子囊盘，4～5 月份陆续产生子囊孢子作为初侵染来源。在雨天或潮湿条件下，子囊孢子从子囊中放射出来，借雨水和气流传播，并由植株气孔侵入。潜育期 1～2 个月。降雨量大、湿度高时，病害严重。一般认为松针细胞的膨压降低时最易感染，所以干旱、土壤瘠薄、遭受病虫害、抚育管理不良和树木生长衰弱等原因，最易引起落针病发生。地势低洼、苗木过密及通风不良的圃地，发病亦重。

4. 综合治理技术

① 加强抚育管理，及时浇水和施肥，防止干旱，提高松树抗病性。

② 冬季清除落叶，集中深埋或烧毁，减少侵染源。

③ 4～5 月份，在子囊孢子飞散前，可选用 45%晶体石硫合剂 50～100 倍液喷雾，保护新老针叶。在子囊孢子放散高峰期，可选用 50%多菌灵可湿性粉剂 800～1 000 倍液、12.5%烯唑醇可湿性粉剂 2 000～3 000 倍液及 43%戊唑醇悬浮剂 3 000～5 000 倍液喷雾，以保护新老针叶和消灭已侵入的病菌。

六、其他病原菌侵染的病害

（一）丁香细菌性疫病

1. 症状特点

叶片感病时，有 4 种类型的叶斑。第 1 种为褪绿小斑，后变褐，四周有黄色晕圈，后期病斑中央为灰白色；第 2 种病斑边缘有放射状线纹，如星斗斑；第 3 种为花斑，具同心纹，中央灰白色，周围有波状线纹；第 4 种为枯焦，叶片褐色，干枯皱缩挂于枝条上，远看如火烧过一般。嫩叶感病后变黑，很快枯死。花序及花芽感病后变黑变软。病害严重发生时，在叶片上产生大枯斑，引起枝条枯死，削弱树势，植株死亡。

2. 病原菌

病原菌为细菌类丁香假单胞杆菌 *Pseudomonas syringae* Van Hall.。菌体杆状；鞭毛极生，1～2 根；大小为（0.7～1.2）μm×（1.5～3.0）μm，呈长链状；革兰氏染色呈阴性反应。生长适温为 25～30℃。在人工培养基上，特别是在缺铁的培养基上产生扩散性荧光色素。

3. 发病规律

病原细菌由雨水传播，由皮孔或气孔侵入。在春季或雨季，丁香抽新梢时有明显症状，幼苗和大苗易感病。温暖、潮湿、通风不良或圃地积水，植株生长衰弱时有利于病害发生。一般来说，紫花丁香和白花丁香抗病，朝鲜丁香较感病。

4. 综合治理技术

① 引种时要注意检查，要在无病圃地块选择苗木。

② 栽植前对苗木要进行消毒处理。要选择高燥、排水良好的地块栽植，多施有机肥。栽植时不要过密，以利通风透光，促进植株健壮生长，提高抗病力。

③ 加强管理，避免创伤，增强树势，雨后及时排水。

④ 早春可选用 45%晶体石硫合剂 50～100 倍液喷雾，保护植株免受侵染。

⑤ 少量发病时，可刮除病部或剪除病枝，并用 100 倍福尔马林溶液消毒。

⑥ 植株发病早期，可选用 15%农用链霉素可湿性粉剂 2 000 倍液喷雾，并在丁香病株下近根部撒施硫磺粉，每株 50～100 g。

（二）月季花叶病

1．症状特点

其症状表现因月季品种不同而异。有的表现为花叶、叶片上产生不规则的浅黄色至橘黄色斑块；有些在叶尖、叶中部或近叶基部出现一条淡黄色单峰曲线状褪绿带或呈栎叶状褪绿斑、环状花纹；有些表现黄脉、叶畸形及植株矮化。叶片斑块附近小的叶脉常为透明状。

2．病原菌

该病由多种病毒引起，主要有蔷薇花叶病毒（RMV）、南芥菜花叶病毒（ArMV）、草莓潜隐环斑病毒（SLRSV）、烟草条斑病毒（TSV）和李坏死环斑病毒（PNRSV）。

3．发病规律

病株带毒。除草莓潜隐环斑病毒可由线虫传播外，其他病毒主要通过接穗或砧木嫁接传毒，蚜虫也能传毒。用有病月季作接穗、砧木或插条时，发病重。气温 10～20℃，光照强，土壤干旱或植株生长衰弱时，有利于该病的显症和扩展。夏季温度高时常常出现隐症或只出现轻型花叶症。

4．综合治理技术

① 选择无病毒植株作繁殖材料，避免用感病品种月季做繁殖材料。接穗、插条或砧木要进行热处理脱毒，即置于 38℃下处理 4 周，能使植株体内 99%的病毒失去活性。

② 加强圃地管理。发现病株立即拔除和烧毁，减少毒源；生长季节及时喷药防治传毒媒介昆虫如蚜虫、木虱等，减少传播。

③ 药剂防治。发病初期喷药，可选用生物制剂好普（20%氨基寡糖水剂）500～800 倍液喷雾，每 5～7d 喷 1 次，连喷 3 次；也可选用 10% 83 增抗剂（混合脂肪酸）水剂 100 倍液、0.5%抗毒剂 1 号（菇类蛋白多糖）水剂 300～400 倍液、20%毒克星可湿性粉剂 500 倍液、20%病毒宁水溶性粉剂 500 倍液及 3.85%病毒必克可湿性粉剂 700 倍液喷雾，每隔 7～10 d 喷 1 次，连喷 3 次。

（三）菊花线虫叶枯病

1．症状特点

线虫侵染菊花的叶片、花芽和花。叶片受害，侵入点很快变成黄褐色斑点，逐渐扩大，呈现三角形斑块，褐色或黑色，或受大叶脉限制，形成多角形或其他形状；最后叶片卷曲、凋萎、下垂但不脱落。叶芽受害，抽出的叶片小、畸形或芽枯。花芽受害后变小畸形，花蕾枯萎、脱落。严重发病植株不能开花，甚至死亡。

2. 病原菌

病原为菊花滑刃线虫 *Aphelenchoides ritzemabosi* (Schwartz)，Steiner & Buhrer。虫体细长，尾端尖，其末端通常有 2～4 个微小的针状突起。侧区有侧线 4 条，口针基部球明显。

3. 发病规律

菊花滑刃线虫寄主范围广，花卉寄主有菊属、银莲花属、秋海棠属、樱草属、毛茛属、罂粟属、虎耳草属和商陆属等植物；野生寄主有繁缕、西番莲和苣荬菜等杂草。菊花不同栽培品种之间抗病性有差异。一般来讲，大叶型菊花感病较轻，中、小型菊花感病较重。

该线虫 1 a 约发生 10 代。线虫发育最适温度为 20～28℃。在该温度条件下，从卵发育为成虫只需 14 d 左右，每条雌成虫在感病寄主内产卵 20～30 粒。线虫在叶芽、花芽及生长点内越冬，也能在干枯的病叶内越冬，在干燥的叶片内可存活 2 a 或更长。线虫由气孔侵入，主要靠雨滴滴溅传播，也能在水膜中主动扩散传播，并随发病植株远距离传播。

4. 综合治理技术

① 该线虫为全国农业检疫性有害生物，要严格检疫，避免病苗、病株远距离调运进入无病区。

② 培育无病母株。育苗时要从健康无病母株上选取茎秆顶芽作为繁殖材料。

③ 清除病残体，及时摘除病叶、病芽和病花，并清除附近线虫的其他寄主，一并烧毁。

④ 避免连作或使用病土育苗，盆土应在伏天暴晒后使用；改进浇水方法，防止喷水飞溅，减少传播机会。

⑤ 土壤消毒可选用 3%呋喃丹颗粒剂，整地前按 20～30 kg/hm^2 的用药量，均匀撒施地面，使其与表土混合；营养钵育苗时，1 m^3 营养土中拌药 0.1 kg。叶面防治可选用 48%乐斯本乳油 1 500～2 000 倍液喷雾。

复习思考题

1. 园林植物叶、花、果病害的主要症状有哪些？
2. 白粉病的主要症状特点是什么？防治对策是什么？
3. 锈病的主要识别特点是什么？应该如何控制？
4. 炭疽病的主要识别特点是什么？应该如何控制？
5. 灰霉病的主要识别特点是什么？应该如何控制？
6. 叶斑病的主要识别特点是什么？应该如何控制？
7. 菊花线虫叶枯病的发病规律是什么？应该如何控制？

第二节　茎干病害

茎干病害，主要是指发病部位在茎干部位和枝条部位的一类病害，表现的症状也在茎干部位和枝条部位。例如，干或鳞茎的腐烂病、溃疡病、枯萎病、流脂流胶病和丛枝病等。茎干是整个植物的"中心枢纽"，茎干一旦感病，会响到整个植物的存活，因而茎干病害在园林植物病害中占有相当重要的地位。

一、针叶树病害

（一）雪松枯梢病

1．症状特点

雪松的叶、枝梢和主干均受害。症状可分为 3 种类型：

① 枯叶型：春季 4～5 月份，在春梢上新生的针叶染病，先从叶尖开始发黄，很快整丛针叶黄化，针叶收拢下垂，逐渐枯死，悬挂在梢上。2 年生针叶受害，由叶尖向叶基部成段枯死。

② 枯梢型：嫩梢受害，先是水渍弯曲下垂，渐渐枯死，发病枝梢变为黄棕色，梢顶端枯叶大多不脱落。7～8 月份枝梢受侵染发病枯死后，病叶脱落，只剩枯梢。病斑逐渐向下扩展至枝节处，形成腐烂病斑，病斑通常下陷，流脂，病斑绕干一周时，上部枝条枯死。后期病斑上产生黑色小点，即分生孢子器。

③ 干基腐烂型：此类型的病树梢部很少枯死。发病时全株的针叶逐渐变黄，以至枯死，干基部出现大型的腐烂病斑，并延续根部，病部皮层变黑腐烂，深达木质部。

2．病原菌

病原菌为真菌类松色二孢菌 *Diplodia pinea*（Desm.）Kickx.。分生孢子器黑色，近球形或椭圆形，单生，半埋生于寄主表皮组织下，有乳头状突起，大小为（212～350）μm×（150～380）μm；分生孢子双胞，淡褐色，卵形至椭圆形，大小为（22～38）μm×（10～17）μm。

3．发病规律

该病在 4～9 月份均能发生，5～6 月份为发病高峰期。病原菌以菌丝体和分生孢子器在病组织中越冬，靠风雨传播。自伤口或自然孔口侵入。嫩梢和针叶发病潜育期 7 d 左右，枝干发病潜育期 15～20 d。该病菌为弱寄生菌，树势衰弱有利于病害的发生。空气污染严重、土壤条件差和管理粗放等，均加重病害的发生。

冻害和干旱往往是该病流行的诱因。春季新梢生长时，晚霜重或突然大幅降温，该病易发生，其发病部位往往在刚抽出的新梢或新叶上，随后，若不及时控制，病害会继续扩展，此时干旱会促进病害进一步发展。

4. 综合治理技术

① 加强栽培管理，尤其是加强早春的防旱防冻措施，增强树势，能提高抗病能力。

② 及时清除落在侧枝上和地面上的针叶，以减少病菌来源。

③ 4月份在病害发生初期，可选用50%代森锰锌可湿性粉剂1 000倍液、70%甲基硫菌灵可湿性剂1 000倍液或50%多菌灵可湿性粉剂800倍液喷雾，间隔10d左右喷1次，连续喷洒3～4次，可控制病害的发展。尤其是要加强3 m以下幼树的喷药防治工作。

（二）松树烂皮病

1. 症状特点

该病发生在松树2～10 a生的枝、干上，主要危害皮层部分。1～3月份，部分小枝或枝干上部针叶变成黄绿色至灰绿色并逐渐变成红褐色。3月末，当针叶变为红褐色时，被害枝干因失水而收缩起皱。针叶逐渐脱落，叶痕处稍膨大。病害若发生在小枝上，小枝则呈枯枝状。若侧枝基部的皮部发病，侧枝则枯死下垂，呈弯曲状。主干皮层发病时，开始有轻微的流脂现象，随后流脂加剧，病皮亦逐渐干缩下陷，并易与木质部剥离。从4月份起，病部皮层产生裂缝，由皮下生出病原菌的子实体即子囊盘。5月下旬至6月上旬成熟。成熟的子囊盘雨后吸水张开变大，干燥后收缩变黑并僵化，如图4-14所示。

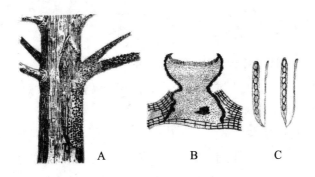

A. 枝干上的症状；B. 子囊盘；C. 子囊、侧丝、子囊孢子

图4-14 松树烂皮病

2. 病原菌

病原菌为真菌类铁锈薄盘菌 *Cenangium ferruginosum* Fr. Ex Fr.。子囊盘只在当年的病枝干上形成，子囊盘单生或数个簇生，初生于表皮下，黄褐色，后逐渐变大，呈暗褐色，突破表皮外露，无柄，黄褐色，杯状或盘状，盘径2～3 mm，成熟时可超过5 mm。子囊棍棒状，大小为（80～120）μm×（10～14）μm，无色，内含8个子囊孢子，多为单行排列。子囊孢子无色至淡色，单胞，椭圆形，大小为（8～12.5）μm×（6～8）μm，侧丝无色，顶端膨大，长100～120 μm。

3. 发病规律

病菌于上年秋季侵染松树后，以菌丝体在感病树皮内越冬。翌年 1～3 月份针叶开始出现枯萎症状。4 月上、中旬，病枝干皮下生出子囊盘，5 月下旬至 6 月下旬子囊盘开始成熟，约在 6 月份以后全部成熟。子囊孢子的放散时期在 7 月中旬至 8 月中旬。成熟的子囊孢子必须在降雨后才能大量放散。放散时间可持续 3 个月左右。子囊孢子借风力传播到松树枝、干皮部，在水湿条件下萌发，由伤口侵入皮层，越冬后再呈现病状。

4. 综合治理技术

① 加强幼树的养护管理，移栽时注意栽植密度，改善通风透光条件，加强肥水管理，以增强树势。

② 彻底清除病树和枯立木，剪除病枝和树冠下部枯枝落叶，并及时予以烧毁。

③ 秋季雨后，可选用 45%晶体石硫合剂 150～300 倍液、50%代森锰锌可湿性粉剂 1 000 倍液喷雾，预防病菌侵入。3～4 月份可选用 70%甲基硫菌灵可湿性剂 1 000 倍液、50%多菌灵可湿性粉剂 800 倍液及 12.5%烯唑醇可湿性粉剂 2 000～3 000 倍液喷雾，间隔 10 d 左右喷 1 次，连续喷洒 3～4 次，控制病害的发展。

二、阔叶树病害

（一）杨树腐烂病

1. 症状特点

该病是杨树的主要枝干病害。病害可以感染大树，也可侵染 1～2 a 年生苗木。尤其是在春季栽植苗木时，由于失水过多，生活力下降，常导致病害大发生。病害主要发生在树干及枝条上，表现为干腐和枝枯两种类型。

① 干腐型：主要发生在主干、大枝及枝干分叉处。初期为暗褐色水肿状斑，皮层腐烂变软，有酒糟气味，后失水干缩下陷，有时龟裂，病斑有明显的黑褐色边缘。当病斑绕树干一周时，病斑以上部分死亡。皮层腐烂后，纤维分离如麻状，易剥离，木质部边材亦变色。后期病斑处表皮下有许多针头状的突起，此即病原菌的分生孢子器。分生孢子器近成熟时突破上表皮露出，顶端呈黑色或淡褐色，潮湿或雨后，自小黑点内挤出橘黄色、黄色或橙黄色胶质卷丝状物或胶质堆状物，即为病原菌的分生孢子角。若病斑发生在树皮较厚的老树干上，症状表现不明显，看不到水浸状病斑及其边缘，只能在树皮裂缝中偶见分生孢子角。先一年死枝病疤上常形成一些小黑点，为病原菌的子囊壳，如图 4-15 所示。

② 枝枯型：多发生在 2～3 a 生或 4～5 a 生的枝条上，在衰弱树上更明显。病部暗灰色，不规则形，病斑发展迅速，环绕树干一周甚至延及整个枝条，使枝条枯死，病斑皮层外部枯黄色，韧皮部变为黑褐色，易与木质部脱离。后期病部也产生黑色小粒点。

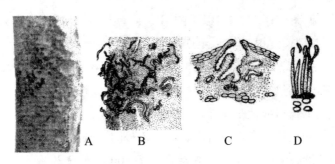

A. 树干上的症状；B. 树皮上的分生孢子角；C. 分生孢子器；D. 分生孢子梗和分生孢子

图 4-15 杨树腐烂病

2. 病原菌

病原菌为真菌类黑腐皮壳菌 *Valsa sordida* Nit.，无性世代为金黄壳囊孢菌 *Cytospora chrysosperma*（Pers.）Fr.。子囊壳多个埋生在子座内，呈长颈烧瓶状，黑褐色，直径 350～680 μm，高 580～890 μm。子囊棍棒状，子囊孢子单细胞，无色，腊肠形，大小为（2.5～3.5）μm×（10.1～19.5）μm。分生孢子器也在子座内埋生，黑褐色，不规则形，多室或单室，具长颈并露于寄主表皮外，分生孢子器直径 0.89～2.23 mm，高 0.79 mm×1.19 mm。分生孢子单细胞，无色，腊肠形，大小为（0.68～1.36）μm×（3.74～6.80）μm。病菌在人工条件下很容易培养，通常在 PDA 培养基上长出粉白色的菌落。该病菌除了危害杨树以外，还可侵染柳树、核桃、板栗、桑树、桃和樱桃等多种木本植物。

3. 发病规律

病菌以子囊壳、菌丝或分生孢子器在植物病部越冬。4～9 月均能形成分生孢子器，以 5～6 月产生最多。分生孢子角 5 月中旬大量产生，以雨后或天气潮湿时产生更多。分生孢子借风、雨传播，一些蛀干害虫也可以传播。孢子萌发后芽管自伤口或病死组织侵入。有性世代在先一年枯死的病枝上，子囊壳成熟期在 5 月以后，子囊孢子在雨后大量放散，靠风力传播，伤口侵入。病害在春季开始发生，5～6 月为发病盛期，7 月以后病害发展缓和，9 月基本停止发展。

腐烂病病菌为弱寄生菌，在寄主生长旺盛时不能侵染。通常在杨树的枝干上均有病菌存在，可在伤口组织中潜伏很久。在杨树生长衰弱或生活力下降时，病菌即开始活动，形成腐烂斑。春季栽植时，杨树根系受伤严重、运输苗木不当、栽植不及时或栽植后管理不善等，均有可能导致病害大发生。病害发生还与杨树品种有一定关系。一般来说，小叶杨、加杨和钻天杨等较抗病，小青杨、北京杨和毛白杨等较感病。

4. 综合治理技术

① 提高树木生长势，增加树木对逆境胁迫的抵抗能力是防治这类由弱寄生菌引起的寄主主导性病害的根本途径。

② 栽植时应选择适宜的土壤条件，选择抗冻、抗虫及抗日灼的品种，做到适地适树。

③ 培育壮苗。插条应存于 2.7℃以下的阴冷处，以免降低插条生活力，避免苗木长途运输，认真假植，栽植前浸根 24 h 以上或蘸泥浆。

④ 栽植后加强抚育管理，及时浇水，合理整枝，不留残桩，防治蛀干害虫。初冬及春天应涂白以防冻害及日灼，并及时清除衰弱枝条及衰弱株。

⑤ 对严重感病的杨树应及时清除，以免作为侵染源扩大传染。

⑥ 对感病较轻的植株，在加强管理、提高树势的同时，及时刮除病斑，再涂抹 45%晶体石硫合剂 50 倍液、70%甲基硫菌灵可湿性粉剂 100 倍液或 20%农抗 120 水剂 50 倍液。

（二）梅花流胶病

1. 病原

病原主要有两类。一类是由真菌引起的流胶，病原菌为多主葡萄壳菌 *Botryosphaeria ribis* Gross. et Duggar.，无性世代为多主小穴壳菌 *Dothiorella gregaria* Sass.。第二种是非侵染性原因，即霜、冻、冰雹和病虫等灾害及机械损伤造成的伤口，引起流胶；因开花过多、施肥不当、修剪过重、土壤黏重、营养不足和生长不良等原因，引起生理失调，导致流胶。

2. 症状特点

梅花流胶病主要为害梅花的主干、枝条，有时果实也可受害。受害部位流出半透明黄色胶体，柔软状，胶体与空气接触后颜色逐渐加深至褐色、红褐色或茶褐色硬块。病部皮层常变褐腐烂，致使树势衰弱，叶片变黄变小、稀疏，花芽形成少，花量减少，严重时不能开花，甚至枝干、全株枯死。其中真菌引起的流胶，流胶点常多，且点较集中，但每点流胶较少；非侵染性原因引起的流胶、机械损伤引起的流胶，流胶点较少，但每点流胶量较多；而生理失调引起的流胶，常常是枝干等部位多处流胶，但每点的流胶量不一定多。该病还为害桃、碧桃等多种蔷薇科树木，如图 4-16 所示。

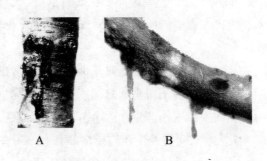

A   B

图 4-16　梅花流胶病

3. 发病规律

真菌引起的流胶，病原菌以菌丝体和分生孢子器在被害枝干部越冬，翌年 3～4 月间产生分生孢子，借风雨传播，自皮孔、伤口侵入。每年 5～6 月和 8～9 月有两个发病高峰，当气温在 15℃左右时开始流胶，随着温度上升，流胶点逐渐增多，7～8 月高温季节流胶相对减少。一般枝杈处较易发病，树干下部较上部重；土壤贫瘠、营养不良及花量过多等也是该病发生的诱因。而非侵染性原因引起的流胶，一般在雨季，特别是长期干旱后突降暴雨后常流胶严重，老龄树较幼树、壮树发病重，病虫害尤其是蛀干害虫严重，人为或气象灾害造成的伤口多，发病亦常重。

4. 综合治理技术

① 加强水肥管理，注意排涝，增施有机肥及磷、钾肥，适当控制花量，增强树势。

② 结合修剪，及时剪除病枝、梢。及时防治吉丁虫、天牛、蝽象和腐烂病等病虫害。

③ 在休眠期刮除病胶块，并涂抹 1%硫酸铜液、45%晶体石硫合剂 50 倍液等。生长期可选用 45%晶体石硫合剂 300 倍液、50%苯菌灵可湿性粉剂 1 500 倍液、50%多菌灵可湿性粉剂 800 倍液及 12.5%烯唑醇可湿性粉剂 2 000 倍液等药剂喷雾，间隔 10 d 喷 1 次，连续喷药 2～3 次。

（三）泡桐丛枝病

1. 症状特点

枝、干、叶、花和根部均能表现症状。常见的有两种类型：

① 丛枝型：在个别枝条上腋芽和不定芽大量萌发，侧枝丛生，节间变短，叶片变黄、变薄、变小，且有时皱缩。整个枝条呈扫帚状。幼苗发病则植株矮化，如图 4-17 所示。

A. 丛枝型；B. 花变枝叶型

图 4-17　泡桐丛枝病

② 花变枝叶型：花瓣变为叶状，花柄或柱头生出小枝，花萼明显变薄，花托多裂，花蕾变形，有越季开花现象。感病植株第 2 年发芽早，萌芽密，大多集中在近根约 10 cm 处，顶梢枯死。地下根系也呈丛生状。

2. 病原菌

病原菌为一种植原体。

3. 发病规律

4～5 月开始发病，出现丛枝，6 月底至 7 月初丛枝停止生长，叶片卷曲干枯，丛枝逐渐枯死。植原体大量存在于泡桐韧皮部输导组织的筛管中。在病株内植原体通过筛板孔移动而侵染到全株。植原体秋季随树液流向根部，春季又随树液向上流动。病害主要通过嫁接、病苗及病根繁殖和介体昆虫如烟草盲蝽 *Cyrtopeltis tennuis* Reuter、茶翅蝽 *Halyomorpha picus*（Fabricius）及混茶翅蝽 *Halyomorpha mista* Uhler 等进行传播。发病与育苗方式有关，种子育苗的苗期和幼树未见发病；根繁苗、平茬苗发病率较高。环境因素中，干燥气候、过量降水加重病害的发生。泡桐各品种间抗病性也有差异。

4. 防治方法

① 选育抗病品种，采用种子育苗法培育无毒苗木，是控制该病最根本的途径。

② 加强栽培管理，认真防治介体昆虫，减少传播途径。

③ 幼树发病，可选用 10 000 单位的硫酸四环素或土霉素注射，有一定的抑制病害发展的作用，但这种方法对大树效果较差。

三、花卉病害

（一）月季枝枯病

1. 症状特点

该病主要为害月季枝条、茎干。发病初期，感病部位出现苍白、黄色或红色斑点，后扩大为椭圆形至不规则形病斑，中央浅褐色或灰白色，并有一清晰的紫色边缘。后期病斑下陷开裂，形成典型的溃疡斑，其上产生许多黑色小颗粒，即病菌的分生孢子器。病斑环绕茎部一周后，引起上部变褐、枯死，如图 4-18 所示。

图 4-18　月季枯枝病

2. 病原菌

病原菌为真菌类蔷薇盾壳霉菌 *Coniothyrium fuckelii* Sacc.。该菌的分生孢子器生于枝条表皮下，黑色，近球形，器壁膜质，具乳突状孔口，直径 180～260 μm。分生孢子梗无色，单胞，不分支。分生孢子单胞，近球形或卵圆形，浅黄色，大小为（2.4～5）μm×（2.15～3.86）μm。有性世代为盾壳霉小球腔菌 *Laptosphaeria coniothyrium*（Fckl.）Sacc.，翌年可在病死枝条上产生子囊座。子囊座簇生在表皮下，球形，黑色，有乳状突起的孔口，直径 250～350 μm。子囊圆筒形，有柄，大小为（66～96）μm×（4～6）μm，内含 8 个子囊孢子。子囊孢子褐色，矩圆形，有 3 个隔膜，分隔处稍缢缩，大小为（10～15）μm×（3.5～4）μm。

3. 发病规律

病原菌以菌丝体或分生孢子器在枝条的病组织内越冬。翌年春天产生分生孢子，借风雨和浇灌水滴的冲溅传播，自休眠芽或伤口侵入，尤其是通过修剪伤、嫁接伤、摩擦伤和虫伤等部位侵入。管理不善、过度修剪、茎部受伤或树势衰弱的植株发病重。潮湿环境有利于病害发生发展。

4. 综合治理技术

① 加强管理，增强树势。修剪、嫁接应在晴天进行，修剪口可用油漆或动物油涂抹，以防失水，促使伤口早期愈合。

② 结合修剪，及时剪除病枝和枯枝，并集中烧毁。

③ 发病初期或生长季节修剪后，可选用 50%多菌灵可湿性粉剂 800～1 000 倍液或 50%甲基硫菌灵可湿性粉剂 600～800 倍液喷雾。

（二）万寿菊（孔雀草）茎腐病

1. 症状特点

苗期染病病苗茎部初呈水渍状，渐变褐色，造成死苗。成株染病，主要危害茎和花，近地面的茎染病后产生长条形褐色斑，皱缩状，茎部枯萎或引起根部腐烂，造成叶片枯萎或全株死亡。花冠染病亦变褐、腐烂。种子也可受侵染，引起腐烂。

2. 病原菌

病原菌为真菌类隐地疫霉菌 *Phytophthora cryptogea* Pethybridge & Lafferty。菌丝无隔，粗 3～8 μm。菌丝膨大体球形或不规则形。孢囊梗不分支，粗 3～6 μm。孢子囊椭圆形，大小为（34～64）μm×（17～36）μm，顶部平展无乳突。游动孢子肾形，大小为（10～13）μm×（8～10）μm。鞭毛长 21～34 μm。休止孢子球形，大小为 8～13 μm。藏卵器球形。雄器球形至圆筒形，大小为（10～15）μm×（7～18）μm。卵孢子球形，壁薄，直径 17～27 μm。

· 3. 发病规律

病原菌以卵孢子在病残体上越冬。翌年春季环境条件条件适宜时卵孢子萌发，产出芽管，芽管顶端膨大形成孢子囊。孢子囊萌发产出游动孢子，借风雨传播和侵染。尔后病部又产生孢子囊进行再侵染，最后在病组织内形成卵孢子，进行越冬。温度 25～28℃，连阴雨或雨后转晴，湿度高时易发病；8～9 月份雨日多、降雨量大，该病易流行。品种间抗病性差异明显，矮化万寿菊品种、法兰西万寿菊较抗病，非洲型品种最感病。

4. 综合治理技术

① 选用抗病品种，并对土壤进行消毒处理。土壤消毒可选用 72.2%霜霉威水剂 200～400 ml，加水 20～25 kg 稀释，均匀喷拌在 1 m³ 营养土中。

② 注意田园卫生，发现病株应立即拔除并烧毁。

③ 发病初期可选用 70%代森锰锌可湿性粉剂 800～1 000 倍液、70%丙森锌可湿性粉剂 600～800 倍液、40%三乙膦酸铝可湿性粉剂 500～600 倍液及 12.5%烯唑醇可湿性粉剂 2 000～3 000 倍液喷雾，间隔 7～10 d 喷 1 次，共喷 2～4 次。

复习思考题

1. 杨树腐烂病的症状特点是什么？如何进行防治？
2. 梅花流胶病的症状特点是什么？如何进行防治？
3. 泡桐丛枝病的症状特点是什么？如何进行防治？
4. 月季枝枯病的症状特点是什么？如何进行防治？

第三节　根部病害

园林植物根部病害在地上部分也可表现为叶色发黄、叶形变小、提早落叶和植株矮化等，所造成的危害常是毁灭性的。根病发生的初期不易发现，待地上部分出现明显症状时，病害已进入晚期，染病的幼苗几天内即可枯死，幼树在一个生长季节可造成枯萎。大树延续几年后也可枯死。

一、真菌引起的病害

（一）苗木立枯病

1. 症状特点

该病寄主范围很广。一年生和二年生花卉如瓜叶菊、蒲包花、彩叶草、大岩桐和一串红等，球根花卉如秋海棠、唐菖蒲、鸢尾和香石竹等，针叶树木如雪松、五针松、落叶松、油松、黑松、白皮松、华山松、马尾松和杉木等，阔叶树木如泡桐、刺槐、榆和枫杨等，苗期都可发生立枯病。

该病害多发生在 4～6 月，可出现 4 种症状类型，如图 4-19 所示。

① 烂芽型（地下腐烂型）。播种后 7～10 d，胚根、胚轴伸出时，被病菌侵染，破坏种芽组织而腐烂。

② 猝倒型（倒伏型）。幼苗出土 60 d 内，嫩茎尚未木质化，病菌侵染后，产生褐色斑点，迅速扩大呈水渍状腐烂，随后苗木倒伏。此时苗木嫩叶仍呈绿色。

③ 茎叶腐烂型。1～3 a 幼苗都可发生。幼苗出土期，若湿度过大、苗木密集或撤除覆盖物过迟，则会遭受病菌侵染引起茎叶腐烂。在连雨天湿度大、苗密时，大苗也会发病。腐烂茎、叶上常有白色丝状物，干枯茎叶上有细小颗粒状、块状菌核。

④ 立枯型（根腐型）。幼苗出土 60 d 后，苗木已木质化。在发病条件下，病菌侵染引起根部皮层变色腐烂，苗木枯死且不倒伏。

A. 烂芽型；B. 猝倒型；C. 茎叶腐烂型；D. 立枯型

图 4-19 苗木立枯病症状

2. 病原

病原可分为非侵染性病原和侵染性病原两类。非侵染性病原包括圃地积水造成根系窒息；土壤干旱，表土板结；地表温度过高，根颈灼伤；农药污染等原因。侵染性病原，主要是真菌类中的腐霉菌 *Pythium* spp.、丝核菌 *Rhizoctonia* spp.和镰刀菌 *Fusarium* spp.，如图 4-20 所示。

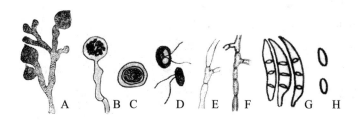

A. 孢子囊梗；B. 孢子囊；C. 卵孢子；D. 游动孢子、丝核菌；

E. 幼菌丝；F. 老菌丝、镰刀菌；G. 大分生孢子；H. 小分生孢子

图 4-20 苗木立枯病病原菌

腐霉菌菌丝无隔，无性世代产生薄壁的游动孢子囊，囊内产生游动孢子，游动孢子借水游动侵染。有性世代产生厚壁、色泽较深的卵孢子，有时附有空膜的雄器。

镰刀菌菌丝多隔、无色，无性世代产生 2 种分生孢子：一种是大型多隔镰刀状的分生

孢子；另一种是小型单细胞的小分生孢子。分生孢子着生于分生孢子梗上，分生孢子梗集生于垫状的分生孢子座上。有性世代很少产生。

丝核菌菌丝具隔，分枝近直角，分枝处明显缢缩。初期无色，后呈浅褐色至黄褐色。成熟时菌丝常形成一连串的桶形细胞，菌核即由桶形细胞交织而成。菌核黑褐色，质地疏松。

腐霉菌、镰刀菌和丝核菌都有较强的腐生习性，平时能在土壤中的植物残体上腐生。分别以卵孢子、厚垣孢子和菌核度过不良环境，一旦遇到合适的寄主和潮湿的环境，即可萌发侵染危害苗木。丝核菌对二氧化碳忍耐性低，菌丝生长适温为 24～28℃，在 18～22℃时最易发病。镰刀菌分布在土壤表层中，生长适温为 25～30℃，以土温 20～28℃时最易致病。腐霉菌喜水湿环境。能忍受二氧化碳，生长适温为 26～28℃，在土温 12～23℃时危害最为严重。

3. 发病规律

该病害危害 1～3 a 幼苗，特别是出土 1 个月以内幼苗最易感病和流行。引起幼苗猝倒和立枯病的病原菌腐生性很强，可在土壤中长期存活，所以土壤带菌是最重要的侵染来源。病原菌可借雨水、灌溉水传播，在适宜条件下进行再侵染。引起发病的原因有：长期连作，土壤中病残体多，病株积累也多；种子质量差，发芽势弱，发芽率低；幼苗出土后遇连阴雨，光照不足，幼苗木质化程度差，抗病力低；种子覆土深；揭盖不适时等。

4. 综合治理技术

① 选用排水良好的地块作为圃地。精选种子，适时播种。推广高床育苗及营养钵育苗，加强苗期管理，培育壮苗。

② 立枯病的病原菌主要存在于土壤内。播种前对土壤进行杀菌处理，可减少苗木立枯病的发生。可选用 40%福尔马林，按 50 ml/m² 的量，加水 6～12 kg，播种前半个月喷洒于土中，并用塑料薄膜覆盖，1 周后揭膜，5 d 后播种；也可选用 50%多菌灵可湿性粉剂，按 75 kg/hm² 的量，与细土按 1∶200 混合，配成药土垫床和覆种，对丝核菌和镰刀菌的防效明显；还可选用硫酸亚铁加水配制成 2%～3%溶液浇灌土壤。

③ 播种时按 30～75 kg/hm² 的量，施用壳聚糖，对于防治苗木立枯病，促进苗木的生长，具有一定的效果。壳聚糖主要是非选择性地提高土壤放线菌的数量，从而发挥放线菌的颉颃作用。

④ 营养钵育苗时，对床土要进行严格的消毒处理。播种前或扦插前，可选用 72.2%霜霉威盐酸盐水剂（普力克）200～400 ml，用 20～25 kg 水稀释，均匀喷拌在 1 m³ 营养土中。

⑤ 种子消毒用 0.5%高锰酸钾溶液，在 60℃温度时浸泡 2 h。

⑥ 幼苗期可选用 50%多菌灵可湿性粉剂 500～1 000 倍液喷雾，间隔 10 d 左右喷 1 次。苗床幼苗可选用 72.2%霜霉威盐酸盐水剂 600～800 倍液喷灌，间隔 10 d 左右喷 1 次。

（二）苗木白绢病

1．症状特点

白绢病主要危害苹果、梨、桃、葡萄、青桐、楸树、柑橘、芍药、牡丹、凤仙花、菊、万寿菊、非洲菊、大花君子兰、吊兰、鸢尾、美人蕉、水仙、玉簪、风信子、郁金香、香石竹、福禄考和飞燕草等 200 多种植物。

病害发生于接近地表的茎基部（根颈部），初期皮层变褐色坏死，在湿润的条件下，表生白色绢丝状的菌丝体，并在根际土表作扇形扩展，而后产生菜籽状的菌核，初为白色，后渐变为淡黄色至黄棕色，最后成茶褐色。菌丝逐渐向下延伸及根部，引起根部皮层腐烂，表面也有白色菌丝体和菜籽状菌核。发病植株叶片逐渐发黄凋萎，最终全株枯死，如图 4-21 所示。

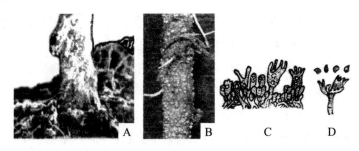

A．茎基部和根际地表症状；B．根部症状及菌核；C．子实体；D．担子和担孢子

图 4-21　苗木白绢病

2．病原菌

病原菌为真菌类齐整小核菌 *Sclerotium rolfsii* Sacc.。菌丝体白色，疏松或集结成扇状，外观如白色绢丝。菌核表生，球形或近球形，直径 1～3 mm，平滑，有光泽，表面茶褐色，似菜籽状，内部灰白色。有性世代为罗氏伏革菌 *Pellicularia rolfsii*（Sacc.）West.，只有在湿热环境下才产生，担孢子的传病作用不大。

3．发病规律

白绢病菌是一种根部习居菌，菌丝体只能在寄主残余组织上存活，容易形成菌核。菌核无休眠期，在适宜的条件下就会萌发，在不良条件下休眠。菌核在土壤中能存活 5～6 a，特别是在低温干燥的条件下存活时间更长。

越冬后的菌丝体或菌核在适宜的条件下，产生新的菌丝体，侵染苗木的根颈部。病部菌丝可沿土壤间隙横向蔓延至邻近植株。在疏松的土壤中可进一步向下延伸危害根部。菌核在土壤中可随地表水流动而传播，但远距离传播主要通过苗木调运。

该病菌偏喜高温，生长发育最适温度为 30℃，最高约 40℃，最低为 10℃。光线能促进菌核产生。一般 6～9 月为发病期，7～8 月气温上升至 30℃左右时，是发病盛期。病菌的代谢产物草酸和草酸盐对寄主有直接毒害作用，还能使寄主体内原有的抗菌成分（生物碱）失去作用，可加重病害的发生。介壳虫的危害亦可使病害严重发生。

土壤湿度较高有利于病害的发生，特别是在连续干旱后遇雨可促使菌核萌发，增加对寄主侵染的机会。连作地由于土壤中积累病菌，发病也会较重。土壤中有机质丰富或多施有机肥，尤其是氮肥多时，可促使苗木生长旺盛，提高抗病力，另外还促进土壤中颉颃微生物活动，从而减轻发病。在贫瘠缺肥和黏重板结的土壤中，苗木生长差也容易发病。

4. 综合治理技术

① 播种前或定植前，结合整地，按 40～60 kg/hm² 的量，将硫磺粉均匀混合在表土中，能抑制多种病原菌的繁殖，对苗期病害等有一定的作用；

② 经运输后的苗木，多因挤压摩擦而受伤，容易感病。在卸苗后选用 50%甲基硫菌灵可湿性粉剂 600～800 倍液、50%多菌灵可湿性粉剂 800～1 000 倍液，对根部和枝干进行全面喷雾。

③ 苗木生长期要及时施肥、浇水、排水及中耕除草，促进旺盛生长，提高抗病能力。夏季要防灼伤危害，减少病菌侵染机会。

④ 发病初期可选用硫酸铜液 500 倍液、45%晶体石硫合剂 50 倍液、50%甲基硫菌灵可湿性粉剂 400～500 倍液或 50%多菌灵可湿性粉剂 500～600 倍液浇灌病株根部，间隔 10 d 左右浇灌 1 次，可视病害发生情况共浇灌 3～5 次。

⑤ 拔除重病株，并连同病残体和菌丝菌核一起烧毁。病穴可浇灌 20%石灰乳消毒。

二、细菌和线虫引起的病害

（一）根癌病

1. 症状特点

根癌病寄主范围广泛，可侵染 93 科 331 属 643 种高等植物，主要为双子叶植物、裸子植物及少数单子叶植物，尤以蔷薇科植物感病普遍。受害较重的树种有樱花、樱桃、桃树、苹果、梨和葡萄等。该病主要发生在根颈处，也可发生在主根、侧根以及地上部的主干和侧枝上，感病部位产生瘤状物。由于根系受到破坏，发病轻的造成植林树势衰弱、生长缓慢、寿命缩短，重则引起全株死亡。

发病初期，病部出现膨大呈球形或扁球形的瘤状物。幼瘤初为白色，质地柔软，表面光滑。随着生长，瘤逐渐增大，质地变硬，颜色变为褐色或黑褐色，表面粗糙、龟裂，甚至溃烂。瘤的大小、形状各异，草本植物上的瘤小，木本植物及肉质根的瘤较大，严重时整个主根变成一个大瘤子。病轻的叶色不正、树势衰弱、生长迟缓及寿命缩短，影响苗圃苗木的质量，病重者可导致全株死亡，如图 4-22 所示。

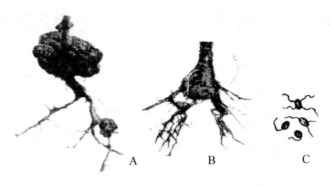

A. 木本植物根部的症状；B. 花灌木根部的症状；C. 病原细菌

图 4-22　根癌病

2. 病原菌

病原菌为细菌类根癌土壤杆菌 *Agrobacterium tumefaciens*（Smith et Towns.）Conn.。菌体细胞呈短杆状，大小为（1.2～5）μm×（0.6～1）μm，以 1～6 根周生鞭毛进行活动，常有纤毛，严格好气，不形成芽孢。革兰氏染色阴性，在液体培养基上形成较厚的、白色或浅黄色的菌膜；在固体培养基上菌落圆而小，稍突起，光滑，白色至灰白色，半透明。在含碳水化合物的培养基上生长的菌株能产生胞外多糖黏液。菌落无色素，随着菌龄的增加，光滑的菌落逐渐有条纹或呈粗糙型。发育最适温度为 25～28℃，最高为 34℃，最低为 10℃，致死温度为 51℃（10 min）。耐酸碱度范围为 pH5.7～9.2，以 pH7.3 为最适合。

3. 发病规律

根癌病菌在肿癌皮层内或随破裂的肿瘤残体落入土壤中越冬，可在病瘤内或土壤病株残体上生活 1 a 以上，若 2 a 得不到侵染机会，细菌则失去致病力和生活力。病原细菌靠灌溉水和雨水、采条、嫁接、耕作农具及地下害虫等传播。带菌苗木和植株的调运是该病远距离传播的重要途径。

病原细菌从各种伤口侵入植株，或者作用在没有伤口的根上，使根形成枯斑，再由枯斑侵入植物体，经数周或 1 a 以上就可出现症状。土壤潮湿、积水，有机质丰富时发病严重。嫁接时切接比芽接发病率高。苗木根部伤口多发病重。

4. 综合治理技术

① 引进或调出苗木时，发现带有根癌病的坚决烧毁，这是控制病害侵入的重要措施。在出圃苗木或外来苗木中如发现可疑苗木，应选用 1%硫酸铜液浸根 5 min，再放入 2%的石灰水中浸根 1 min；也可直接用 500～2 000 ppm 链霉素溶液浸泡 30 min，栽植后再系统观察。

② 加强栽培管理，防止土壤板结、积水。增施有机肥，提高土壤 pH 值，增强树势。选择无病菌污染的土壤育苗和移植，移植时避免造成伤口，注意防治地下害虫。嫁接应避免伤口接触土壤，嫁接工具可用 75%的酒精或 1%的甲醛液消毒。

③ 用 50℃的温水处理休眠阶段的葡萄插条 30～60 min,插条中的土壤杆菌数量显著下降或者完全被杀除。

④ 应用石硫合剂、DT 杀菌剂、硫酸铜、硫磺粉、链霉素或土霉素等药剂灌根,对根癌病都有一定的效果。

(二)根结线虫病

1. 症状特点

根结线虫可危害 1 700 多种植物,分属于 114 个科。主要寄生在幼嫩的支根和侧根上,小苗有时主根也可能被害。被害根上产生许多大小不等、圆形或不规则形的瘤状虫瘿,直径有的达 1～2 cm,有的仅 2 mm 左右。初期表面光滑,淡黄色,后粗糙,色加深,肉质,剖视可见瘤内有白色稍有发亮的小粒状物,镜检可观察到梨形的雌根结线虫。造成根系发育受阻和腐烂,吸收功能减弱,致使地上部生长衰弱,叶小,发黄,易脱落或枯萎,有时会发生枝枯,严重的整株枯死,如图 4-23 所示。

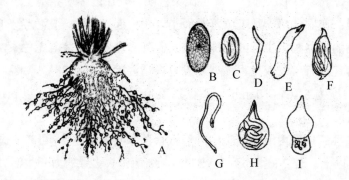

A. 根部被害状;B. 卵;C. 卵内孕育的幼虫;D. 性分化前的幼虫;E. 未成熟的雌虫;
F. 在幼虫包皮内成熟的雄虫;G. 雄虫;H. 含有卵的雌虫;I. 产卵的雌虫

图 4-23　根结线虫病

2. 病原

该病由线虫类多种根结线虫 *Meloidogyne* spp.侵染所致。已知的至少有 36 个种,其中最常见、分布最广的有南方根结线虫 *M. incognita*、爪哇根结线虫 *M. javanica*、花生根结线虫 *M. arenaria* 及北方根结线虫 *M. hapla*。不同种类的根结线虫有其不同的寄主范围和适宜的活动区域。

根结线虫的生活史分为卵、幼虫和成虫 3 个阶段。卵为椭圆形,产后几小时开始发育,逐渐发育成具有细长口针的卷曲在卵壳内的幼虫。幼虫蚯蚓状,无色透明,雌雄不易区分。幼虫经 3 次蜕皮变成成虫,雌雄异形。雌虫乳白色,梨形,头尖,腹圆,有明显的颈,通常可见口针和食道球,成熟的雌虫平均长度为 0.5～1.3 mm,平均宽度为 0.4～7.0 mm。雌虫交配后产卵,也可进行孤雌生殖。雌虫整体或部分埋藏于寄主组织内,产卵于体外的胶质介质中（不形成坚硬的胞囊）。雄成虫线形，与幼虫相似，但较长，有发达的口针，前端圆锥形，后端钝圆，长约 1～1.5 mm。

3. 发病规律

根结线虫 1 a 可发生多代，幼虫、成虫和卵都可在土壤中或病瘤内越冬。孵化不久的幼虫即离开病瘤钻入土中，在适宜的条件下侵入幼根。根结线虫口腔分泌的消化液通过口针的刺激作用，在刺吸点周围诱发形成数个巨型细胞，并在巨型细胞周围形成一些特殊导管，使幼虫不断吸取营养，得以生长发育，同时继续刺激周围的细胞增生，形成虫瘿。

根结线虫可随苗木、土壤、灌溉水和雨水而传播，线虫本身移动范围仅在 30～70 cm。大多数线虫在表土层中 5～30 cm 处，但在种植多年生植物的土壤中，可深达 5 m 或更深。土壤温度对根结线虫影响最大，北方根结线虫最适温度为 15～25℃，爪哇根结线虫和南方根结线虫的最适温度为 25～30℃；超过 40℃或低于 5℃时，任何根结线虫都缩短活动时间或失去侵染能力。土壤湿度与根结线虫的存活也有密切关系，当土壤很干燥时，卵和幼虫易死亡，当土壤中有足够水分，并在土粒上形成水膜时，卵就会迅速孵化并侵染植物的根。根结线虫一般在含水量 20% 左右的中性砂质土壤中，活动最有利，寄主植物也最容易发病。

4. 综合治理技术

① 选育抗病优良品种，是经济有效的防治根结线虫的重要措施。

② 选择无病苗圃地块育苗。在已发生根结线虫病的圃地，应避免连作感病寄主，可与松、杉和柏等苗木轮作 2～3 a。施肥可以提高植物的抗性，促进根系发育，减少损失。有机质含量高的土壤，天敌微生物往往比较活跃。

③ 土壤深翻和淹水可减轻发病。

④ 结合整地，可选用 3% 呋喃丹颗粒剂，按 20～30 kg/hm^2 的用药量，均匀撒施地面，使其与表土混合；营养钵育苗时，1 m^3 营养土中拌药 0.1 kg。也可选用硫磺粉，按 40～60 kg/hm^2 的量，均匀混合在表土中；也可按 750～1 000 kg/hm^2 的量，施入碳酸氢铵作底肥。这些措施对根结线虫均有一定的杀灭效果。

复习思考题

1. 苗木立枯病的症状特点是什么？如何进行防治？
2. 苗木白绢病的症状特点是什么？如何进行防治？
3. 根癌病的症状特点是什么？如何进行防治？
4. 根结线虫病的症状特点是什么？如何进行防治？

第四节　草坪病害

一、禾草病害

（一）黑麦草冠锈病

1. 症状特点

黑麦草冠锈病主要危害叶片和叶鞘，也侵染茎秆和穗部。病叶褪绿、发黄，光合作用减弱，呼吸作用失调，蒸腾作用增强，水分大量散失；发病严重时病斑汇合，逐渐失去光合作用，直至干枯死亡。由于该病发生后形成黄褐色的菌落（夏孢子堆），散出铁锈状夏孢子，因而病害严重时黄粉飞扬，污染环境，直接影响城市绿化水平和观赏效果。

发病初期，草坪上散生单片病叶，出现黄色或黄褐色小型病草斑，即发病中心，不易发现。冠锈病菌繁殖能力强，病势发展很快，迅速扩展蔓延，造成整片草坪发病。夏孢子堆散生于叶正反两面，以正面为主，排列不规则，椭圆形或长条形，长 1.2～2.0 mm，宽 0.8～1.2 mm，初为黄色、橙褐色疱斑，尔后寄主表皮破裂，露出橘黄色粉末状夏孢子如图 4-24 所示。

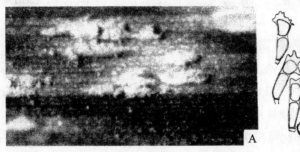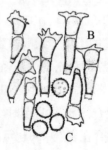

A. 叶片上的夏孢子堆；B. 冬孢子；C. 夏孢子

图 4-24　黑麦草冠锈病

2. 病原菌

病原菌为真菌类冠柄锈菌原变种 *Puccinia coronata* Corda var. *coronata*。夏孢子堆叶两面生，椭圆形、长条形，（1.2～2.0）mm×（0.8～1.2）mm。夏孢子球形、宽椭圆形或卵圆形，淡黄色，大小为（16.0～21.3）μm×（18.0～25.0）μm，壁厚 1.0～1.5 μm，有细刺，有芽孔 6～8 个，散生；冬孢子堆多生于叶背，寄主表皮不破裂。冬孢子棒形，双胞，栗褐色，顶端有 3～10 个指状突起，上宽，下较细，分隔处缢缩不明显，大小为（13～24）μm×（30～67）μm。柄短而色淡。

3．发病规律

黑麦草冠锈病的栽培寄主有多花黑麦草、早熟禾和剪股颖等，以多花黑麦草发病最重。野生寄主有雀麦、拂子茅、披碱草和棒头草等。冠锈病菌的转主寄主为鼠李属植物，但该病的发生和流行不必有转主寄主存在。

病原菌是严格的专性寄生菌，夏孢子离开寄主，存活时间仅 30 d 左右。病菌以夏孢子世代不断侵染的方式在禾草上寄生和存活。在禾草草坪的茎叶周年存活的地区，病菌以夏孢子和菌丝体在病残组织或生长中的植株上越冬，次年夏孢子重复发生并侵染新叶、新株。冬孢子不易萌发，在侵染循环中作用不大。

禾草草坪上冠锈病菌的初侵染来源应为野生寄主，也有一些是购买草皮时携带病株传入的。再侵染菌源主要来自草坪中已发病的病叶上的病菌孢子，也有一部分来源于发病的野生寄主上的病菌孢子。3 月上旬禾草返青后即开始发病，6～10 月为发病最严重的时期，12 月中旬以后开始越冬。病菌主要在已侵染的病叶上以菌丝体越冬，也有一部分在继续生长的叶片上以夏孢子堆越冬，1～2 月在避风向阳处叶片上仍可发现少量夏孢子堆。

冠锈病菌的远距离传播主要靠风力和气流携带病菌孢子传播；近距离传播主要靠雨水冲溅和人为的各项操作过程携带造成病菌孢子传播。人为传播以剪草作业和喷灌作业为主，在草坪上进行的各项体育运动和休闲活动也是携带病菌孢子传播的一个途径。

机械剪草造成禾草草坪锈病严重发生和流行的重要因素。在机械剪草过程中，剪草机表面粘着大量病菌孢子，甚至连操作人员的衣裤都成了黄色，促使病菌迅速向全田传播蔓延，进而使病菌迅速侵染整块草坪，病害突然严重发生。

喷灌的机械作用是造成病菌孢子的飞溅传播，使病菌进一步向新叶传播；更重要的是改善了草坪的小气候条件，增加了小区域的相对湿度，为病菌孢子的萌发、侵入提供了有利条件。若剪草后立即喷灌，病害发生更为严重。

4．综合治理技术

① 园林栽培管理技术防治主要是减少剪草次数和喷灌次数。尤其是剪草后不要立即喷灌，以促进草坪草的伤口愈合；同时保持草坪地上部分一个比较干旱的小气候条件，创造一个不利于冠锈病病菌侵染的环境条件，控制该病的传播、扩散和蔓延。

② 化学农药防治技术。可选用 15%三唑酮可湿性粉剂 750～1 000 倍液、25%三唑酮可湿性粉剂 1 000～1 500 倍液、12%腈菌唑乳油 3 000～4 000 倍液、12.5%烯唑醇可湿性粉剂 2 000～3 000 倍液和 43%戊唑醇悬浮剂 3 000 倍液等喷雾，对冠锈病都有很好的防治效果。只有坚持连续喷药 3～5 次，才有可能达到控制该病发生的目的。

（二）离蠕孢叶枯病

1．症状特点

侵染各种禾草，引起全株性病害，导致芽腐、苗枯、根腐、茎基腐、鞘腐和叶斑。叶片和叶鞘上生椭圆形、梭形病斑，充分发展后病斑长可达 5～12 mm，宽 1～2 mm。病斑中部褐色，外缘有黄色晕圈。在潮湿条件下病斑表面产生黑色霉状物。天气条件适宜时，病情发展迅速，引起严重的叶枯，草坪上出现不规则的枯草斑和枯草区。根腐、茎基腐症状不亚于叶枯，常导致草坪早衰，如图 4-25 所示。

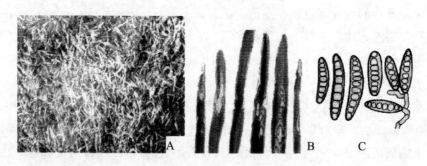

A. 草坪表面的症状；B. 叶片上的症状；C. 分生孢子梗和分生孢子

图 4-25　离蠕孢叶枯病

2．病原菌

病原菌为真菌类禾草离蠕孢菌 *Bipolaris sorokiniana*（Sacc.）Shoem.。分生孢子梗单生，少数集生，圆筒状或屈膝状，褐色，长可达 220 μm，宽 6～10 μm。分生孢子弯曲，纺锤形、宽椭圆形，暗褐色，具 3～12 个假隔膜，多数 6～10 个，大小为（40～120）μm×（17～28）μm。

3．发病规律

初侵染源来自带菌种子和土壤中病残体，引起幼苗的地下部分和茎叶发病；已建成的草坪，病原菌以持续侵染的方式多年流行。茎叶发病主要是由气流和雨水传播的分生孢子再侵染而引起。雨露多而气温适宜，有利于茎叶部发病。病菌多在夏季湿热条件下侵染草坪禾草，在 20～35℃之间，随气温升高发病加重。例如，20℃时只发生叶斑，23～24℃以上有轻度叶枯，29～30℃以上发生严重的叶枯。

草坪肥水管理不良，高湿郁闭，病残体和杂草多，都有利于发病。播种建植草坪时，种子带菌率高、播期选择不当，气温低，萌发和出苗缓慢，覆土过厚、出苗期延迟，播种密度过大等因素，都可能导致烂种、烂芽和苗枯等症状发生。

4．综合治理技术

① 种植抗病、耐病和轻度感病草种或品种。播种前可用 25%三唑酮可湿性粉剂拌种 1 000 倍液、43%戊唑醇悬浮剂 3 000 倍液喷拌种子，晾干后播种。适时播种，适度覆土，以减少幼芽和幼苗发病。

② 加强草坪水肥管理，配合施用氮、磷、钾肥，促进健壮生长。适度灌水，避免草坪积水。及时剪草，保持适宜高度。

③ 春季返青前彻底清除枯草层和清理病残体，并予以烧毁。

④ 发病初期可选用 25%三唑酮可湿性粉剂 1 000～1 500 倍液、70%代森锰锌可湿性粉剂 800～1 500 倍液、12%腈菌唑乳油 3 000～4 000 倍液、12.5%烯唑醇可湿性粉剂 2 000～3 000 倍液或 43%戊唑醇悬浮剂 3 000 倍液等喷雾,间隔 7～10 d 连续喷药 2～3 次。

（三）草坪褐斑病（丝核菌综合症）

1．症状特点

病原菌引起禾草苗枯、根腐、基腐、鞘腐和叶腐。病株根部和根颈部变黑褐色腐烂。叶鞘上产生褐色梭形、长条形病斑,多数长 0.5～1 cm,有的长达 3.5 cm 以上,病斑可绕茎一周。初期病斑内部青灰色水浸状,边缘红褐色,后期病斑黑褐色,并附有红褐色不规则形菌核,易脱落。严重时整个病茎基部变为褐色或枯黄色,病分蘖多枯死。叶片上病斑梭形、椭圆形,长 1～4 cm,内部青灰色,略呈水浸状,边缘红褐色。在潮湿条件下,叶鞘和叶片病变部位产生稀疏的褐色菌丝。空气湿度很大时,尤其是早晨或者雨后,在草坪坏死区边缘能看到病菌形成的 1～5 cm 的"烟雾杯",是由已枯萎和新近感病的叶片间缠绕大量的菌丝组成。

草坪发病后出现褐色圆形的枯草斑。在干燥条件下,枯草斑直径可达 30 cm,枯草斑中央的病株恢复后,呈环状或蛙眼状枯草斑,即中央绿色,边缘为黄褐色环带。枯草斑连成一片后,常造成大面积枯死。有时,病株散生于草坪中,无明显枯草斑,如图 4-26 所示。

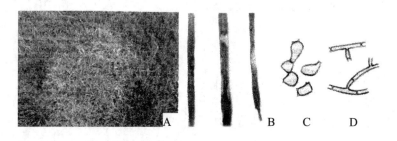

A. 草坪表面的症状；B. 叶片上的症状；C. 菌核细胞；D. 菌丝

图 4-26　草坪褐斑病

2．病原菌

病原菌为真菌类立枯丝核菌 *Rhizoctonia solani* Kuhn。菌丝褐色,直径 5～12 μm,直角分枝,分枝处缢缩,附近形成隔膜。初生菌丝较细,老熟后常形成粗壮的念珠状菌丝。菌核红褐色。长 1～7 mm,形状不规则,表面粗糙,内外颜色一致,表层细胞小,但与内部细胞无明显不同。菌核以菌丝与基质相连。不产生无性孢子。

3．发病规律

以菌核和病残体中的菌丝体越夏或越冬。菌核耐低温和高温,其萌发温度范围为 8～

40℃，最适温度为 28℃；侵染和发病的最适温度为 21～32℃。丝核菌是土壤习居菌，可在土壤中营腐生生活，由土壤传播。菌核萌发长出的菌丝或病残体生出的菌丝接触寄主后形成附着胞或侵染垫，产生侵入丝由根部的伤口侵入或直接侵入寄主的叶鞘。病组织初呈水渍状，后病叶和病株变褐枯死，菌核在发病部位表面和组织内形成，病组织解体后落于枯草层和土壤中。

建植时间较长或枯草层厚的草坪，菌源量较大，发病重。低洼潮湿、排水不畅或密植郁闭，造成小气候湿度高的草坪发病重。重施氮肥，使植株旺长，组织柔嫩，导致其抗病能力降低。越冬期温度高于常年，雨量较多，有利于病菌扩展蔓延，发病均重。

4. 综合治理技术

① 结合整地，可选用硫磺粉，按 40～60 kg/hm^2 的量，均匀混合在表土中。

② 播种前可用 25%三唑酮可湿性粉剂拌种 1 000 倍液、43%戊唑醇悬浮剂 3 000 倍液喷拌种子，晾干后再播种，避免种子带菌传病。

③ 加强草坪水肥管理，增施有机肥和磷肥，保持氮磷平衡，促进健壮生长；适度灌水，避免草坪积水，降低土壤湿度。

④ 春季返青前彻底清除枯草层和清理病残体，并予以烧毁。

⑤ 发病初期可选用 43%戊唑醇悬浮剂 3 000～5 000 倍液、25%三唑酮可湿性粉剂 1 000～1 500 倍液、12%腈菌唑乳油 3 000～4 000 倍液、12.5%烯唑醇可湿性粉剂 2 000～3 000 倍液等药剂喷雾或灌根，间隔 10 d 左右连续用药 2～3 次。发病严重的地块，在春季草坪返青前，可按 40～60 kg/hm^2 的量撒施硫磺粉，并耙入表层土壤中。

（四）腐霉疫病

1. 症状特点

种子萌发和出土过程中被侵染，出现芽腐，苗腐和幼苗猝倒。幼根近尖端部分表现典型的褐色湿腐。发病轻的幼苗叶片变黄，稍矮，此后症状可能消失。

成株根部受侵染表现不同的症状。有的根部产生褐色腐烂斑块，根系发育不良，病株发育迟缓，分蘖减少，底部叶长，变黄或变褐，草坪稀薄。有的根系外形正常，无明显腐烂现象或仅轻微变色，但次生根的吸水机能已被破坏，高温炎热时，病株失水死亡，整块草坪在短短数日内可完全被毁坏。

在高温高湿条件下，腐霉菌侵染常导致根部、根颈部和茎、叶变褐腐烂。草坪上突然出现直径 2～5 cm 的圆形黄褐色枯草斑。高尔夫球场等剪草较低的草坪上枯草斑最初很小，但迅速扩大。剪草高度较高的草坪枯草斑较大，形状不规则。湿度大时，枯草斑内病株叶片暗褐色水渍状腐烂，变软、黏滑，连在一起，腐烂叶片成簇伏在地上，且产生一层成团的白色绵毛状菌丝层，枯草区边缘也能看到白色或紫灰色的棉絮状菌丝体。干燥后菌丝体消失，病叶皱缩，整株枯萎死亡。在持续高温、高湿时，枯草斑可汇合成较大的、形状不规则的死草区。这类死草区往往分布在低洼处，如图 4-27 所示。

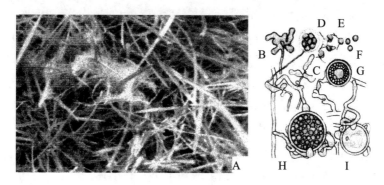

A. 草坪表面的症状；B-C. 孢子囊；D. 泡囊；E. 游动孢子；

F. 休止孢子；G-I. 藏卵器、雄器和卵孢子

图 4-27　腐霉疫病

2. 病原菌

病原菌为真菌类腐霉属 *Pythium* 的许多种类病菌，常见种如下：

① 禾生腐霉菌 *Pythium graminicola* Subram。菌丝直径 3～7 μm，不规则分枝，孢子囊膨大，丝状、指状，单生或形成不规则念珠状、裂瓣状复合体，顶生或间生，萌发后产生 15～49 个游动孢子。游动孢子肾形，双鞭毛，大小为（14.8～17.2）μm×（9.8～14.8）μm，平均为 16.73 μm×13.78 μm，休止孢子直径 12.3～17.2 μm。藏卵器球形，光滑，顶生或间生，直径 19～38 μm，平均为 24.3 μm。雄器同丝，棍棒状，大小为（8.6～12.1）μm×（6.0～6.9）μm，生于长短不一的柄上，每一藏卵器附有 1～6 个雄器。卵孢子球形，平滑，单生满器，直径 18～35 μm，平均为 24.37 μm，壁厚 1.7～3.1 μm，平均为 2.46 μm，无色或淡褐色。菌丝生长的最低温度为 8℃，最适 28℃，最高 40℃。

② 瓜果腐霉菌 *Pythium aphanidermatum*（Eds.）Fitzp.。菌丝分枝，直径 2.8～9.8 μm。孢子囊膨大丝状，指状，不规则分枝，顶生或间生，大小为（124～477）μm×（11.3～14.8）μm，平均为 236.9 μm×13.8 μm。逸出管长短不一，直径 4.2 μm。泡囊球形，内含 6～25 个或更多的游动孢子。游动孢子双鞭毛，肾形，大小为（13.7～17.2）μm×（12.0～17.2）μm。休止孢子球形，直径 11.2～12.1 μm。藏卵器球形，平滑，多数顶生，偶有间生，直径 17～26 μm，平均 23.7 μm。雄器袋状、宽棍棒状或玉米粒状等多种形状，顶生或间生，同丝或异丝生，每藏卵器 1 个雄器，少数 2 个，平均大小为 13.97 μm×11.28 μm。卵孢子球形，平滑，不满器，平均直径 20.2 μm，平均壁厚 2.59 μm，含有 1 个贮物球和发亮小体。

③ 禾根腐霉菌 *Pythium arrhenomanes* Drechsl.。菌丝分枝，直径 3～6 μm。孢子囊丝状、瓣状，分枝或不分枝，宽 15～30 μm，萌发产生 15～40 个或更多的游动孢子。逸出管宽 3～4 μm，长可达 80 μm。休止孢子球形，直径 12 μm。藏卵器球形、近球形，平滑，顶生或间生，直径 16～55 μm，平均为 29.5 μm。雄器曲颈状，与减卵器异丝，顶生，大

小为（10～25）μm×（5～10）μm，每个藏卵器附有雄器 3～8 个。雄器柄常有 10～20 个以上分枝。卵孢子球形，平滑，满器，直径 15～55 μm，平均 27.5 μm。

④ 群结腐霉 *Pythium myriotylum* Drechsl.。菌丝分枝，直径 3.6～9.2 μm。孢子囊由膨大部分和末膨大部分组成，膨大部分指状、裂瓣状，顶生或间生，大小为（23～65.9）μm ×（11～17）μm，平均 28.4 μm×13.3 μm，萌发产生 40 个或更多游动孢子。游动孢子平均大小为 13.73 μm×10.42 μm，休止孢子直径 12 μm，萌发生芽管。藏卵器球形、亚球形，顶生或间生，偶有 2 个串生，平均直径 30.8 μm。雄器棒状，曲颈状，顶生于雄器柄分枝上，异丝生，平均 10.91 μm×5.65 μm，每个藏卵器附有 4～5 个雄器。卵孢子球形，平滑，不满器，平均直径 27.5 μm，含有 1 个贮物球和 1 个发亮小体。

⑤ 终极腐霉菌 *Pythium ultinum* Trow.。菌丝分枝发达，直径 4.6～6.6 μm。孢子囊近球形，多间生，直径 14～26 μm，平均 21.5 μm，萌发未见。藏卵器球形，平滑，多顶生，较少间生，罕切生，直径 19～23 μm，平均 21.5 μm。雄器囊状弯曲，多同丝生，无柄，紧靠藏卵器形成，偶有下位和异丝生，大小为（7.7～13.9）μm ×（5.5～7.7）μm，平均 10.87 μm×6.79 μm。卵孢子球形，平滑，不满器，直径 15～19 μm，平均 17.4 μm，壁厚 0.9～1.7 μm，平均 1.48 μm，内含贮物球和发光小体各一个。

3．发病规律

腐霉菌为土壤习居菌，在土壤中和病残体中可存活 5 a 以上。土壤和病残体中的卵孢子是最重要的初侵染菌源。菌丝体也可在病残体中和活体病株中越冬。翌年春季在适宜条件下，卵孢子萌发后产生游动孢子囊和游动孢子，游动孢子经一段时间的游动后静止，形成休止孢子。休止孢子萌发产生芽管和侵染菌丝，侵入幼苗或成株的根部以及其他部位，主要在寄主细胞间隙扩展。卵孢子萌发也可直接生成芽管和侵染菌丝。各种来源的菌丝体在适宜条件下也迅速生长并侵染植株不同器官，以后病株又产生大量菌丝体以及无性繁殖器官孢囊梗和孢子囊。孢子囊萌发产生游动孢子或芽管，也能侵染寄主。

游动孢子可在植株和土壤表面自由水中游动传播，灌溉和雨水也能短距离传播孢子囊和卵孢子。菌丝体可借叶片相互接触传播。菌丝体、带菌植物残片及带菌土壤则可随工具、人和动物远距离传播。

高温、高湿有利于病菌侵染。白天最高温度 30℃以上，夜间最低温度 20℃以上，大气相对湿度高于 90%，且持续 14 h 以上，根腐和叶腐大发生。腐霉菌能耐受水湿，低凹积水的草坪及土壤、枯草层和植物体经常维持湿润状态的草坪均易发病。土壤贫瘠，有机质含量低，通气性差，缺磷，氮肥施用过量的草坪发病亦重。

4．综合治理技术

① 草坪建植之前应平整土地，设置地下或地面排水设施，避免雨后积水。结合整地，可选用硫磺粉，按 40～60 kg/hm² 的量，均匀混合在表土中。

② 播种前可选用 72.2%霜霉威水剂 600 倍液、50%甲霜灵可湿性粉剂 800 倍液或 70%

代森锰锌可湿性粉剂 1 000 倍液喷拌种子，晾干后再播种，避免种子带菌传病。

③ 采用喷灌，滴灌，控制灌水量，减少灌水次数，减少 10～15 cm 深的根层土壤含水量，降低草坪小气候相对湿度。

④ 合理平衡施肥，增施磷肥和有机肥，避免施用过量氮素追肥，以免刺激草坪草疯长。

⑤ 定期疏草、打孔和切割，减少枯草层的病菌积累、传播，使表土通气透水。

⑥ 发病初期可选用 50%苯菌灵可湿性粉剂 1 000～1 500 倍液、25%腈菌唑乳油 3 000～4 000 倍液、25%甲霜灵可湿性粉剂 600～800 倍液、25%嘧菌酯悬浮剂 1 000～1 500 倍液及 40%三乙膦酸铝可湿性粉剂 500～600 倍液等药剂喷雾或灌根，间隔 10 d 左右连续用药 2～3 次。发病严重的地块，在春季草坪返青前，可按 40～60 kg/hm^2 的量撒施硫磺粉，并耙入表层土壤中。

（五）镰刀菌枯萎病

1. 症状特点

镰刀菌枯萎病是由多种镰刀菌侵染所产生的一系列症状，包括苗枯、根腐、基腐、叶斑、叶腐以及穗腐等，引起草坪早衰和大面积枯死。

幼苗出土前后被侵染，种子根腐烂变褐色，幼苗黄瘦，发育不良；严重时造成烂芽和苗枯。成株根、根颈、根状茎和葡匐茎等部位干腐，变褐色或红褐色。变色部分还可由根颈向茎秆基部发展，形成基腐。潮湿时，根颈和茎基部叶鞘与茎秆间产生白色至淡红色菌丝体和分生孢子团。病草坪初现淡绿色小型病草斑，随后很快变为枯黄色。在干热条件下，病草枯死。枯草斑圆形或不规则形，直径 2～30 cm，斑内植株几乎全都发生根腐和基腐。有些枯草斑直径超过 1 m，中央为正常草株，四周为已枯死草株构成的环带，整个枯草斑呈"蛙眼状"。病株还能产生叶斑，主要在老叶和叶鞘上，不规则形，初水渍状墨绿色，后变枯黄色至褐色，有红褐色边缘，外缘枯黄色，如图 4-28 所示。

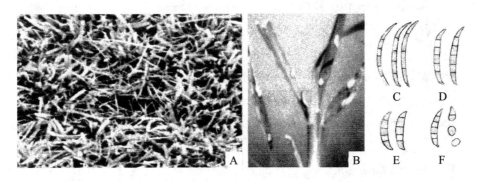

A. 草坪表面的症状；B. 叶片上的症状；C. 燕麦镰刀菌；D. 禾谷镰刀菌；E. 黄色镰刀菌；F. 梨孢镰刀菌

图 4-28　镰刀菌枯萎病

2. 病原菌

病原菌为真菌类镰刀菌属 *Fusarium* 的许多种类病菌，常见种如下：

① 燕麦镰刀菌 *Fusarium avenaceum*（Fr.）Sacc.，有性世代为 *Gibberella avenueea* Cooke.。大分生孢子有两类，初生大分生孢子生于多瓶体产孢细胞，镰刀形。1～3 个隔膜，长度变异较大，大小为（8～50）μm×（3.5～4.5）μm。次生大分生孢子产生于分生孢子座，狭镰刀形，弯曲，顶细胞较长，脚胞明显，4～7 个隔膜，大小为（40～80）μm×（3.5～4）μm。小分生孢子缺。菌丝上分生孢子稀，有时还产生厚垣孢子。

② 黄色镰刀菌 *Fusarium culmorum*（Smith）Sacc.。大分生孢子宽镰形，微弯，背腹分明，顶端尖，脚胞明显，3 隔孢子大小为（26～36）μm×（4～6）μm，5 隔孢子大小为（34～50）μm×（5～7）μm。小分生孢子缺。厚垣孢子卵形至球形，间生，偶有顶生，壁光滑至粗糙，大小为（10～14）μm×（9～12）μm，单生，成串或成结节状。

③ 木贼镰刀菌 *Fusarium equiseti*（Corda）Sacc.，有性世代为 *Gibberella infricans* Wollenw.。大分生孢子镰形，脚胞发达，顶端细胞渐狭长，内侧弯，4～7 个隔膜，大小为（22～60）μm×（3.5～5.9）μm。厚垣孢子球形，直径 7～9 μm，间生、单生、成串或成结节状。

④ 禾谷镰刀菌 *Fusarium graminearum* Schwabe，有性世代为 *Gibberella zeae* Schwabe。大分生孢子产生于单生的近球状侧生瓶状小梗上或繁复分枝末端的瓶状小梗上，小梗大小为（10～14）μm×（3.5～4.5）μm。产孢后分生孢子梗继续生出新小梗，并可构成分生孢子梗座。大分生孢子镰刀形，腹背明显，向顶部渐尖，具或不具伸长的顶端细胞，脚胞明显，具 3～7 个隔膜，3～4 隔的孢子大小为（25～40）μm×（2.5～4）μm，5～7 隔的孢子大小为（48～50）μm×（3～3.5）μm，无色，聚集时粉红色。小分生孢子缺。厚垣孢子球形，直径 10～12 μm，间生，单生或成串，很少产生。子囊壳产生于寄主茎基部节间，散生或聚生，卵形，壁粗糙瘤状，深蓝色至紫色，顶端有乳头状突起，有孔口，直径（140～250）μm。子囊无色，棒状，大小为（60～85）μm×（8～11）μm，内含 8 个子囊孢子。子囊孢子无色，弯纺锤形，两端钝圆，多数 3 隔，大小为（19～24）μm×（3～4）μm。

⑤ 异孢镰刀菌 *Fusarium heterosporum* Nees ex Fr.，有性世代为 *Gibberella gordonia* Booth。大分生孢子镰刀形，弯曲，顶细胞狭长，脚胞明显，3 隔孢子大小为（17～40）μm×（3～3.5）μm，5 隔孢子大小为（38～55）μm×4 μm。小分生孢子缺。原垣孢子很少产生。

⑥ 梨孢镰刀菌 *Fusarium poae*（Peck）Wollew.。大分生孢子镰刀形，弯曲，顶细胞尖锥形，脚胞明显，3 隔，大小为（20～40）μm×（3～4.5）μm，不易产生。小分生孢子有两种，瓶形的大小为（8～12）μm×（7～10）μm，球形的直径 7～10 μm。原垣孢子球形，单生或串生，很少产生。

3．发生规律

病原菌在土壤中、病残体中及枯草层中以菌丝体、厚垣孢子越冬。该菌是土壤习居菌，可随病残体在土壤中存活 2 a 以上。种子带菌率相当高，也是重要的初侵染来源。在种子萌发出苗过程中，土壤和种子中的病原菌侵染胚轴、种子根等幼嫩组织，引起烂芽、猝倒和苗立枯。对较大的植株，则主要由根颈上发根造成的伤口侵入，也有的先侵入 1～2 mm 长的细根，使之褐变死亡；变色部分进一步扩展到根颈，导致植株基部和根系腐烂，引起植株死亡。

死亡病株的腐烂组织中形成大量厚垣孢子越夏，腐烂组织破碎后，厚垣孢子散入土壤。当温度、湿度等条件适宜时，病原菌迅速生长，厚垣孢子萌发产生新的菌丝体，并产生大量分生孢子，侵入健康植株体内，引起发病。分生孢子随风、雨及灌溉水传播，造成再次侵染。分生孢子随气流传播分散，侵入叶鞘和叶面产生叶斑。

镰刀菌枯萎病多发生在 6～9 月份，土壤含水量过低或过高都有利于病害严重发生，干旱后长期高温或枯草层温度过高，尤其夏季高温强日照时发病尤重。长期高湿条件下也有利于病害的发生。枯草层过厚、草坪修剪高度过低、氮肥施用过量及氮磷比例失调等条件易发生该病。

4．综合治理技术

①草坪建植之前应平整土地，设置地下或地面排水设施，避免雨后积水。结合整地，可选用硫磺粉，按 40～60 kg/hm^2 的量，均匀混合在表土中。

② 播种前可选用 50%多菌灵可湿性粉剂 800 倍液、70%代森锰锌可湿性粉剂 1 000 倍液喷拌种子，晾干后再播种，避免种子带菌传病。

③ 采用喷灌，滴灌，控制灌水量，减少灌水次数，斜坡草坪及时补充灌溉。

④ 合理平衡施肥，提倡重施秋肥，轻施春肥，增施磷肥、钾肥和有机肥，控制氮肥用量以免刺激草坪草疯长。

⑤ 定期疏草、打孔、切割，及时清理枯草层，减少枯草层的病菌积累、传播。

⑥ 发病初期可选用 50%多菌灵可湿性粉剂 800～1 000 倍液、50%甲基硫菌灵可湿性粉剂 600～800 倍液、50%苯菌灵可湿性粉剂 1 000～1 500 倍液、25%嘧菌酯悬浮剂 1 000～1 500 倍液、25%腈菌唑乳油 3 000～4 000 倍液和 50%咪鲜安可湿性粉剂 1 000～1 500 倍液等药剂喷雾或灌根，间隔 10 d 左右连续用药 2～3 次。发病严重的地块，在春季草坪返青前，可按 40～60 kg/hm2 的量撒施硫磺粉，并耙入表层土壤中。

二、三叶草病害

（一）三叶草白粉病

1. 症状特点

该病主要危害红三叶草，在白三叶草上发生较轻，主要特点是在叶两面产生霉层。初期由病原菌的菌丝体和分生孢子构成白色粉状病斑，然后迅速扩大汇合成大斑，覆盖叶的大部或全部。干燥时病叶变黄、焦枯直至脱落，潮湿时叶片变黑霉烂。后期白色病斑上产生许多黑褐色小黑点，即病原菌的闭囊壳。严重感病的植株发育迟缓，生长势弱，如图4-29所示。

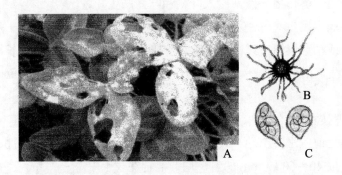

A. 叶片上的症状；B. 子囊壳；C. 子囊和子囊孢子

图4-29　三叶草白粉病

2. 病原菌

病原菌为真菌类豌豆白粉菌 *Erysiphe pisi* DC.。分生孢子梗直立，无色，顶部串生分生孢子。分生孢子桶形或两端钝圆的圆柱形，单胞，无色。闭囊壳扁球形，暗褐色，附属丝多根，菌丝状，基部褐色，向顶渐淡至无色。子囊多个，卵形、椭圆形、少数近球形，具短柄至近乎无柄。子囊孢子单胞，淡黄色，卵形或椭圆形。

3. 发病规律

病原菌主要以休眠菌丝在寄主体内越冬。分生孢子阶段是三叶草的主要致病体。分生孢子借风传播，生长季节可进行多次的再侵染，引起发病。凉爽湿润的环境条件有利于此病的流行。多雨或过于潮湿则不利于病害的发生。过量施氮肥造成植株幼嫩徒长，加重病害的发生。增施钾肥可抑制菌丝的生长，便病情减轻。

4. 综合治理技术

① 选用抗病、适应性好的品种进行草坪建植。播种前可选用50%多菌灵可湿性粉剂800倍液、70%代森锰锌可湿性粉剂1 000倍液喷拌种子，晾干后再播种，避免种子带菌传病。

② 早春返青前，及时清理枯草层，减少枯草层的病菌积累和传播。

③ 发病初期可选用 25%粉锈宁可湿性粉剂 1 000 倍液、50%多菌灵可湿性粉剂 600 倍液和 70%甲基硫菌灵可湿性粉剂 1 500 倍液喷雾，间隔 10 d 左右连续用药 2～3 次。

（二）三叶草轮纹病

1．症状特点

该病是三叶草草坪较常见病害。主要危害叶片，初为小褐点，后逐渐扩大为近圆形或不规则形、稍凹陷的褐斑或枯斑，病斑中部色较淡，有时有轮纹。受害严重时叶片干枯，提早脱落。在潮湿条件下，病部呈现褐色至黑色的霉层，为病原菌的分生孢子梗和分生孢子。也可引起种子萌发时腐烂或幼苗腐烂，如图 4-30 所示。

A．叶片上的症状；B．分生孢子；C．分生孢子梗

图 4-30　三叶草轮纹病

2．病原菌

病原菌为真菌类束状匍柄霉菌 *Stemphylium sarciniiforme*（Cav.）Wiltsh.。分生孢子梗单生或束生，直立，褐色，具 2～4 个横隔，大小为（16～32）μm×（6～8）μm，顶部膨大，上单生分生孢子，当分生孢子成熟脱落后，梗顶向上延伸，形成新的产孢细胞和新的分生孢子，这种产孢方式往往使其分生孢子梗呈结节状。分生孢子近圆形、卵形或长椭圆形，橄榄褐色，壁光滑，有纵横隔膜，分隔处明显缢缩，大小为（18～38）μm×（18～29）μm。

3．发病规律

病原菌以休眠菌丝体或分生孢子在病株或病残体上越冬，翌年春季，分生孢子借助风雨传播形成再侵染。高温高湿有利于病害的发生和流行，故夏末和秋初发病较重。远距离传播主要靠种子带菌传播。

4．综合治理技术

① 选用抗病品种。播种前用 50%多菌灵可湿性粉剂 800 倍液、70%代森锰锌可湿性粉剂 1 000 倍液喷拌种子，晾干后再播种，避免种子带菌传病。

② 夏秋发病季节减少喷灌浇水次数，控制湿度，减轻发病。

③ 在病害发生初期，可选用 50%多菌灵可湿性粉剂 800～1 000 倍液、50%甲基硫菌灵可湿性粉剂 600～800 倍液、50%苯菌灵可湿性粉剂 1 000～1 500 倍液和 70%代森锰锌可湿性粉剂 800～1 000 倍液等药剂喷雾，间隔 10 d 左右连续用药 2～3 次。

复习思考题

1. 黑麦草冠锈病的症状特点是什么？如何进行防治？
2. 离蠕孢叶枯病的症状特点是什么？如何进行防治？
3. 草坪褐斑病的症状特点是什么？如何进行防治？
4. 腐霉疫病的症状特点是什么？如何进行防治？
5. 镰刀菌枯萎病的症状特点是什么？如何进行防治？
6. 三叶草白粉病的症状特点是什么？如何进行防治？

第五章 园林植物害虫防治

第一节 刺吸害虫

刺吸害虫是园林植物上的一类重要害虫，其种类多，个体小，生活周期短，繁殖力强，扩散速度快，是目前常见、易成灾且难以控制的园林害虫。此类害虫，除少数在根部为害外，多聚集在植物的嫩梢、枝、叶、花和果等部位，以刺吸式口器吸取植物的汁液，给植物造成病理或生理伤害，使被害部位呈现褪色斑点、卷曲、皱缩、枯萎或畸形；也会使部分组织受唾液的刺激，使细胞增生，形成局部膨大的虫瘿。严重时，可使树势衰弱，甚至整株死亡。

一、蚜虫类

（一）桃蚜 *Myzus persicae*（Sulzer）

1. 寄主植物

寄主植物达300多种。主要有桃、李、杏、梅、樱花、樱桃、兰花、月季、夹竹桃、蜀葵、石榴、枸杞、香石竹、仙客来、郁金香、芍药、牡丹、大丽花、百日红、金鱼草、菊花、金盏菊和牵牛花等园林植物；还有辣椒、马铃薯、菠菜、萝卜、白菜、油菜、荠菜、芥菜、蒿菜、甜菜、黄瓜和烟草等经济作物。

2. 为害特点

桃蚜的成虫和若虫刺吸植物的汁液，被害部位以叶片、嫩梢、嫩尖和花芽为主。植物在幼苗期受害后，会造成生长缓慢，甚至干枯死亡；成株期叶片受害后由绿变黄、红色，呈不规则的凹凸不平的螺旋状卷曲，最后干枯脱落；嫩梢受害后，生长缓慢或停滞，节间短、枝细弱，严重时枝梢干枯。另外，桃蚜还是黄瓜花叶病毒和脉斑病毒的传播媒介，对部分花卉植物可造成更严重的为害。

3. 形态特征

① 孤雌胎生雌蚜

有翅孤雌成蚜：体长约2 mm。头、胸部黑色，额瘤显著，向内倾斜，中额瘤微隆起，眼瘤也显著。触角6节，第3节有10～15个感觉圈排成1行。腹部绿色、黄绿色、褐色或赤褐色，第 1 腹节背中有 1 行零星小横斑，第 2、3 腹节背中具窄横带，第 4～6 腹节背中具 1 块融合的大斑，第 2～6 腹节各有大型缘斑。腹管细长。尾片中央稍凹陷，着生 3 对弯曲侧毛。

无翅孤雌成蚜：体长约 2 mm。有黄绿色和红褐色两种体色。头部额瘤与眼瘤均同有翅孤雌蚜。触角 6 节。腹管淡黑色，细长，圆筒形，向端部渐细，具瓦纹。尾片黑褐色，圆锥形，两侧各有曲毛 3 根。

若蚜：体较小，淡绿或淡红色。如图 5-1 所示。

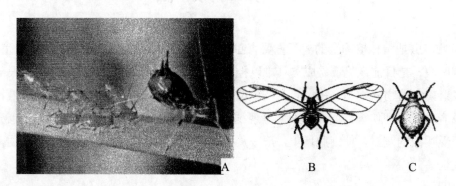

A. 无翅孤雌成蚜和若蚜；B. 有翅孤雌成蚜；C. 无翅孤雌成蚜

图 5-1　桃蚜

② 性蚜成虫

雌蚜：无翅，体长 1.5～2 mm。体肉色或橘红色。头部额瘤显著，外倾。触角 6 节，较短。腹管圆筒形，稍弯曲。

雄蚜：有翅，体长 1.3～1.9mm。体色深绿色、灰黄色、暗红色或红褐色。头胸部黑色。

③ 卵

长椭圆形，初产黄绿色，后变黑色，有光泽。

4. 发生规律

桃蚜 1 a 发生 10～30 代，生活史复杂，有异寄主全周期型和不全周期型两种类型。

异寄主全周期型桃蚜，以卵在桃、李等树木的芽腋、裂缝和小枝杈处越冬。翌年 2 月下旬至 3 月中旬越冬卵孵化为干母蚜，然后孤雌胎生无翅干雌蚜，繁殖 2 代～3 代。随着花木的发芽，先群集在芽上为害，花和叶开放以后，又转害花和叶。4 月下旬至 5 月上旬孤雌胎生有翅干雌蚜，迁飞到十字花科植物、烟草和辣椒等侨居寄主上孤雌胎生无翅侨蚜和有翅侨蚜迁移扩散为害，共繁殖 10 代以上。10 月中、下旬，侨蚜产有翅性母蚜和无翅性母蚜。有翅性母蚜回迁到桃、李等树木上为害，并孤雌胎生无翅雌蚜。无翅性母蚜孤雌胎生有翅雄蚜，再回迁到桃、李等树木上。然后雌、雄性蚜交尾，产卵越冬。

不全周期型桃蚜，寄主为十字花科植物、烟草和辣椒等，年生活史均以孤雌胎生生殖来完成，冬季在十字花科蔬菜、油菜和杂草根际越冬，或在棚室内继续存活、繁殖，不产生雌、雄性蚜和卵，无明显的越冬现象。

5. 综合治理技术

① 结合园林抚育、花圃管理，清洁圃地，铲除杂草，减少寄主植物。

② 经常检查，防止蚜虫蔓延扩散。在苗圃发现虫苗，要及时拔除并进行灭虫处理；在成株期发现虫枝梢、虫叶，要及时剪除，亦要进行灭虫处理。

③ 利用蚜虫对黄色的正趋性，在有翅蚜迁飞期，设置黄皿或黄板诱杀；也可利用有翅蚜对银灰色的负趋性，在有翅蚜迁飞期，张设铝箔条或地面覆盖银灰色塑料薄膜避蚜。

④ 注意保护天敌资源，如瓢虫、食蚜蝇、草蛉蜻和蚜茧蜂等。

⑤ 早春发芽前，可选用45%晶体石硫合剂50～100倍液、95%机油乳剂100～150倍液喷雾，使树体呈淋洗状态，可杀灭多种害虫的越冬卵和越冬的叶螨虫体。

⑥ 在桃蚜发生初期，可选用10%吡虫啉可湿性粉剂2 000～3 000倍液、3%啶虫脒可湿性粉剂1 000～1500倍液、0.2%苦参碱可溶性液剂800～1 000倍液、10%硫酸烟碱乳油800～1 000倍液和3%苦楝素乳油150～200倍液喷雾。在桃蚜发生严重时，也可选用2.5%溴氰菊酯乳油2 000～2 500倍液、40.7%毒死蜱乳油1 500～2000倍液喷雾，此法虽击倒速度快，但对天敌昆虫杀伤力也强，应慎用。

（二）绣线菊蚜 *Aphis citricola* van der Goot

1. 寄主植物

寄主植物有多种绣线菊、樱花、樱桃、麻叶绣球、榆叶梅、白兰、木瓜、石楠、海棠、苹果、梨和山楂等。

2. 为害特点

以成虫、若蚜群集在幼芽、嫩枝和幼叶背面为害，受害叶片向下弯曲或稍呈横向卷缩，严重时在嫩梢和嫩叶背面密布黄绿色的蚜虫和白色的蜕皮，影响新梢的正常生长发育，叶片枯黄凋落，如图5-2所示。

图5-2　绣线菊蚜为害状

3．形态特征

① 孤雌胎生雌蚜

无翅孤雌成蚜：体长 1.7 mm 左右，身体金黄色或黄绿色，腹管与尾片黑色，足与触角淡黄色至灰黑色。腹管圆筒形，具瓦纹，基部较宽。尾片长圆锥形，近中部收缩，有微刺组成的瓦纹，有长毛 9～13 根。

有翅孤雌成蚜：体长卵形，长约 1.7 mm，头、胸部黑色，腹部黄色；有黑色斑纹，腹管、尾片黑色。触角第 3 节有感觉圈 5～10 个，第 4 节有感觉圈 0～4 个。

若蚜：形似无翅孤雌成蚜。

② 卵

椭圆形，长 0.5 mm，初淡黄色至黄褐色，后漆黑色，具光泽。

4．发生规律

1 a 发生 10 多代，以卵在枝杈、芽苞旁及皮缝处越冬。翌年春季寄主萌动后越冬卵孵化为干母蚜，在芽、嫩梢顶端及新生叶的背面为害，并进行孤雌胎生生殖，产无翅干雌蚜为害，5～6 月为害春梢。5 月下旬开始出现有翅干雌蚜，并迁飞扩散。6～7 月份繁殖最快，枝梢、叶柄和叶背布满蚜虫，是虫口密度迅速增长的严重为害期，致使叶片向叶背横卷，叶尖向叶背、叶柄方向弯曲。8～9 月虫口密度下降。10～11 月份产生雌、雄性蚜，交配产卵，以卵越冬。

5．综合治理技术

参看桃蚜综合治理技术。

（三）栾多态毛蚜 *Periphyllus koelreuteria* Takahaxhi

1．寄主植物

栾多态毛蚜为害栾树、复羽叶栾树、黄山梨、日本七叶树、五角枫、椿树和石楠等树木。

2．为害特点

春季在嫩枝、叶背刺吸为害，造成新叶萌发畸形或卷缩，花期少开花甚至不开花，严重时可使枝条干枯，甚至死亡。其排泄物污染下部枝叶，诱发煤污病，同时严重污染地面和行人衣帽，影响市容环境。秋季在叶背刺吸为害，致使叶片枯黄，提早脱落。

3．形态特征

① 孤雌胎生雌蚜

无翅孤雌成蚜：体长 3 mm 左右，长卵圆形。黄褐、黄绿色或墨绿色。胸背有深褐色瘤 3 个，呈三角形排列，两侧有月牙形褐色斑。触角、足、腹管和尾片黑色，尾毛 27～32 根。

有翅孤雌成蚜：体长约 3 mm，翅展约 6 mm，头和胸部黑色，腹部黄色，体背有明显的黑色横带。

若蚜：浅绿色，与无翅孤雌成蚜相似。

②卵

椭圆形，深墨绿色。

4．发生规律

1 a 发生多代，以卵在芽基缝隙、叶痕、树皮裂缝和伤疤缝隙等处越冬。翌年 3 月栾树叶芽萌动时，越冬卵孵化为干母蚜，孵化期较整齐。初孵若蚜顺枝干向上爬行，群集在枝梢顶芽处为害，并不断发育，至顶芽展叶时即发育成干母成蚜。4 月上旬开始，干母成蚜不断胎生有翅干雌若蚜，有翅干雌若蚜不断为害和发育，至 4 月下旬发育成为有翅干雌成蚜。此时虫口密度大增，为害加重，嫩梢新叶布满虫体，造成枝梢弯曲、叶片卷缩。5 月上中旬有翅干雌成蚜迁飞扩散，胎生滞育型蚜虫越夏，树上很少见到该蚜为害。9 月上中旬滞育型蚜虫回复活动，继续为害并胎生有翅性母成蚜。有翅性母成蚜继续为害和发育，于 9 月中下旬不断胎生雌、雄性蚜，继续为害和发育。10 月下旬至 11 月上旬，雌、雄性蚜发育成为成蚜，向下爬行，逐渐向枝干上转移，群集在各种缝隙中交尾、产卵，以卵越冬。如图 5-3 所示。

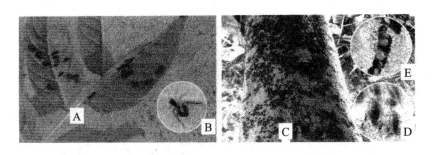

A．在叶片上刺吸为害；B．无翅孤雌蚜；C．雌性蚜群集在主干上产卵；D．雌性蚜；E．卵

图 5-3 栾多态毛蚜

5．综合治理技术

① 加强水肥管理，提高生长势。合理修剪，保持通风透光，以减少虫口密度。

② 秋末在树干上缠绕草绳，诱导蚜虫产卵。早春在树芽萌动前一定要解开草绳，并进行灭虫处理。这一措施对减少春季虫口密度极为有效。

③ 保护和利用天敌资源，如草青蛉、瓢虫、蚜茧蜂和食蚜蝇等。

④ 早春栾树始萌芽期，在枝干上喷 45%晶体石硫合剂 50 倍～100 倍液、40.7%毒死蜱乳油 1000 倍液，使树体呈淋洗状态，以消灭越冬卵和初孵化的蚜虫。

⑤ 3～4 月在干母蚜和有翅干雌蚜发生期，可选用 10%吡虫啉可湿性粉剂 2 000～3 000 倍液、3%啶虫脒可湿性粉剂 1 000～1 500 倍液、0.2%苦参碱可溶性液剂 800～1 000 倍液、10%硫酸烟碱乳油 800～1 000 倍液或 3%苦楝素乳油 150～200 倍液对嫩枝和叶背喷雾。若蚜虫发生严重时，也可选用 2.5%溴氰菊酯乳油 2000 倍～2500 倍液、40.7%

毒死蜱乳油 1500 倍～2000 倍液喷雾，此法虽击倒速度快，但对天敌昆虫杀伤力也强，应慎用。

⑥ 9～10 月在有翅性母蚜和雌、雄性蚜发生期，亦可应用上述药剂对树冠喷雾。

⑦ 10 月下旬～11 月上旬，在雌、雄性蚜的成蚜向枝干上转移并交尾产卵时，对枝干喷 40.7%毒死蜱乳油 1 000 倍与 2.5%溴氰菊酯乳油 1500 倍混合药液，呈淋洗状态，将雌、雄性蚜消灭在交尾产卵之前，可有效减少越冬卵量。

（四）大喙长足大蚜 *Cinara largirostris* Zhang et Zhang

1. 寄主植物

大喙长足大蚜的生活史为异寄主全周期型。该虫的越冬寄主有油松、黄山松、白皮松和黑松等松属植物，侨居寄主至今不详。

2. 形态特征

大喙长足大蚜在松树上的生活周期共经历有翅性母蚜、雌雄性蚜、卵、干母蚜、无翅干雌蚜和有翅干雌蚜 6 个过程，形态变化共有 7 个型。

① 无翅孤雌蚜

体卵圆形，褐色，长约 4.6 mm，宽约 2.4 mm。体表有微细瓦纹。中额及额瘤不隆，头盖缝明显。触角光滑，有稀疏皱纹，全长约 1.60 mm。喙粗长，端部可达腹部第 7 腹板；4～5 节长矛状，分节明显，长为基宽 7 倍。腹部第 1 背片有一大中斑，第 2～4 背片各有零星黑斑，第 7～8 背片各有成 1 对横斑，中间不连，第 1～3、7 背片有缘斑。足粗大，光滑。后足股节长约 1.5 mm，为触角的 0.9 倍；后足胫节长约 2.5 mm，为体长的 0.5 倍。腹管大，位于多毛的圆锥体上，周围有长毛 240～250 根。尾片半球形，长约 0.18 mm，为基宽 0.8 倍。尾板末端平圆形。生殖板横带状。

② 有翅孤雌蚜

体椭圆形，长约 4.3 mm，宽约 1.8 mm。触角全长约 1.7 mm。喙粗长，4～5 节长矛状，分节明显。足粗大，光滑。翅脉正常，前翅肘脉及径分脉粗，中脉色淡 3 支。腹管大型，位于多毛的圆锥体上，周围长毛约 100 根。尾片末端长圆形。生殖板横带状。其他特征与无翅孤雌蚜相似。

3. 发生规律

大喙长足大蚜在陕西省关中地区的发生规律为：

9 月中下旬～10 月上旬，该虫以有翅性母蚜的成蚜迁飞到白皮松、黑松上后，在 2 年生枝条上进行孤雌生殖，胎生雌性蚜和雄性蚜。雌、雄性蚜在 2 年生枝条松针基部枝干表皮上密集群居，刺吸树体汁液，影响树体的正常生长发育，同时排泄物为松脂状的黏稠胶液，向油珠一样不断掉落，污染下部针叶、地面和行人衣帽。如图 5-4 所示。

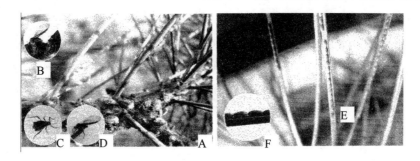

A. 群集 2 年生枝条上为害；B. 有翅性母蚜；C. 雌性蚜；D. 雄性蚜；E. 雌性蚜将卵成排产在松针上；F. 卵以卵柄相连

图 5-4　秋季在松树上的大喙长足大蚜

11 月中旬～12 月份，雌、雄性蚜的成蚜交尾后雄蚜死亡，雌蚜继续刺吸树体汁液和产卵。雌蚜耐寒能力极强，能耐 - 3℃以下的低温，1 月中旬仍有少数雌蚜存活。雌蚜将卵产在松针上，以卵越冬。11 月下旬开始产卵，盛期为 12 月上中旬，产卵期可延续至 12 月底甚至 1 月初。每天的产卵时间为 9∶30～15∶30。卵以卵柄相连成段，每段卵量一般 6～8 粒，最多 34～42 粒；每个松针上的卵一般排列为单行，少数 2 行，个别 3 行；每针叶一般有卵 20～30 粒，最少 5～6 粒，最多 42～74 粒，如图 5-4 所示。

2 月中旬卵开始孵化，盛期为 3 月上中旬，末期为 3 月下旬。孵化后的干母蚜爬行到新枝松针基部枝干表皮上，刺吸树体汁液，影响新枝生长发育，同时排泄物为松脂状的黏稠胶液，污染环境。3 月下旬以后，干母蚜的成蚜孤雌生殖，胎生无翅干雌蚜。干母蚜存活时间很长，直至 5 月上旬仍有一部分还在产仔。

无翅干雌蚜在新枝松针基部枝干表皮上密集群居，继续刺吸为害和排泄松脂状的黏稠胶液，污染环境。4 月下旬～5 月下旬，无翅干雌蚜的成蚜进行孤雌生殖，胎生有翅干雌蚜。

有翅干雌蚜在新枝松针基部、枝干和表皮密集，与无翅干雌蚜的若蚜、成蚜混居，并向枝梢发展，每群有虫千头以上，继续刺吸为害和排泄松脂状的黏稠胶液。5 月中下旬，有翅干雌蚜的若蚜相继发育成为成蚜，爬到松针尖端停留 3～5 min 随即迁飞，5 月下旬全部迁飞完毕，寄生部位仅留有蜕皮空壳。至于 6～9 月该虫在哪种植物上为害，至今不详。如图 5-5 所示。

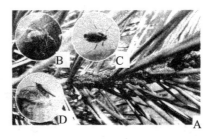

A. 群集在新枝上为害；B. 干母蚜；C. 无翅干雌蚜；D. 有翅干雌蚜

图 5-5　春季在松树上的大喙长足大蚜

4. 综合治理技术

① 大喙长足大蚜迁飞到松树上以后，喷药应以触杀药剂为主，可选用 40.7%毒死蜱乳油 1 200 倍液喷雾消灭，间隔 15～20 d 再喷药 1 次，把该虫的有翅性母蚜、雌雄性蚜消灭在交尾产卵之前。由于此时松树生长缓慢，对内吸药剂的吸收和传导性能都差，应用内吸药剂防治效果不佳。

② 春季应以内吸药剂和触杀药剂混合药液喷雾为主，可选用 10%吡虫啉可湿性粉剂 2 000～3 000 倍液与 40.7%毒死蜱乳油 1 500～2 000 倍液混合喷雾；也可选用 2.5%溴氰菊酯乳油 2 000～2 500 倍液、40.7%毒死蜱乳油 1 500～2 000 倍液或 20%杀扑磷噻（杀扑磷＋噻嗪酮）1 000 倍液喷雾。并且应间隔 15～20 d 再喷药 1～2 次，彻底消灭该虫的干母蚜、无翅干雌蚜和有翅干雌蚜，以免影响松树新梢的正常生长发育。

（五）苹果根爪绵蚜 *Aphidounguis pomiradicicola* Zhang et Hu

1. 寄主植物

苹果根爪绵蚜的生活史为异寄主全周期型，其越冬寄主为榆，侨居寄主为苹果、沙果。

2. 为害特点

① 在榆树上的为害状

苹果根爪绵蚜春季在榆叶上为害，在榆叶正面形成倒瓶状、顶端有一小侧尖突的虫瘿，虫体在虫瘿内刺吸树体汁液，影响榆树的正常生长发育。虫瘿绿色，老熟时带红、黄色，高 8～12 mm，直径 3～5 mm。苹果根爪绵蚜在虫瘿内的生活过程中，体外不断分泌白色蜡粉，使虫瘿内充满松散的白色蜡团。5 月底有翅蚜迁飞结束后，瘿叶还可存活 1 月多才逐渐干枯脱落，如图 5-6 所示。

② 在苹果树上的为害状

苹果根爪绵蚜为害苹果树根梢，在细根部位刺吸汁液，同时还不断分泌白色棉絮状蜡粉。受害处皮层枯死、腐烂。由于细根坏死，不能萌发新根，直接影响水分和养分的吸收和输送，进而使地上部树势生长衰弱，叶片小且叶色淡，果实小，品质劣，产量降低。受害严重的果树枝叶萎蔫甚至枯死。该虫的分布以地下 0.2～0.5 m 范围内最多，最深可达 1 m 以下。如图 5-7 所示。

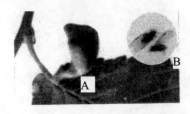

A. 榆叶上形成的虫瘿；B. 虫瘿中发育的有翅干雌成蚜　　A. 苹果树根部的为害状；B. 苹果树根部的无翅侨居蚜

图 5-6　苹果根爪绵蚜在榆叶上的为害状　　图 5-7　苹果根爪绵蚜在苹果树根部的为害

3．形态特征

苹果根爪绵蚜在全年的生活周期中有两种寄主植物，共经历卵、干母蚜、有翅干雌蚜、无翅侨蚜、有翅性母蚜以及性蚜（雌、雄）等 6 个过程，形态变化共有 7 个型，各型的形态特征差异很大。

① 干母蚜

体卵圆形，体长约 1.2 mm，宽约 0.9 mm。气门卵圆形，开放；气门片卵圆形，褐色。体背蜡片不显。体背毛较少，缘毛稍粗而尖，其余背毛较短细。中额圆弧形。复眼 3 小眼面。触角很短，3 节，全长约 0.2 mm；触角毛少而短尖。喙端达中足基节。足各节粗短；转节与股节分节不明显。跗节不分节。腹管不显。尾片末端圆形，端部有毛 2 根；尾板中央稍凹，有毛 24～36 根；生殖板有毛 21 根，其中前部毛 2 根。

② 有翅干雌蚜

体长卵形，长约 1.8 mm，宽 0.7 mm。前翅翅痣、翅脉淡褐色。气门卵圆形开放，气门片卵圆形，淡褐色。触角节Ⅵ及跗节Ⅱ有小刺突横纹。体背毛较少，细尖。中额平直。复眼有眼瘤。触角 6 节，全长约 0.5 mm；原生感觉圈小圆形，有长睫；次生感觉圈半环形。喙端达前足基节。足各节正常。前翅中脉不分支，后翅 2 斜脉。腹管缺。尾片末端圆，较小；端部有毛 2 根。尾板末端宽圆，有毛 44～52 根。生殖板有毛 30～36 根。

③ 无翅侨蚜

体卵圆形，长约 1.5 mm，宽约 0.8 mm。体背毛细长尖锐。头顶毛 4 根，头背毛 8 根；前胸背毛 10 根；腹部背片Ⅰ毛 6 根，背片Ⅷ毛 2 根。头顶圆弧形。复眼 3 小眼面。触角 5 节，短小，全长约 0.2 mm。触角毛似体背毛；原生感觉圈小圆形，有长睫。喙端达中足基节。足各足短小。足毛似体背毛。腹管缺。尾片末端圆形，端部有毛 3 根。尾板末端宽圆，有毛 22 根。生殖板横卵形，有毛 10 根，其中前部有长毛 2 根。

④ 有翅性母蚜

体长椭圆形，长约 1.7 mm，宽 0.6 mm。翅痣褐色，翅脉、腹部背板深褐色；气门关闭，气门片褐色。3 个小单眼周围黑褐色。股节、胫节基半稀疏小刺突横纹，胫节端半、跗节有密小刺突横纹；尾片、尾板短皱纹，生殖板有小刺突横纹。体背毛细短而尖锐。头顶毛 2 对，头背中毛 2 对，侧毛 2～3 对，缘毛 1～2 对；前胸背毛 6 根；腹部背片Ⅰ有背毛 4 根，背片Ⅷ有背毛 7～11 根。触角毛细尖短；原生感觉圈小圆形，有长睫；次生感觉圈线状。喙楔状，达中胸腹板。足各节正常，足毛粗短尖。腹管不显。前翅长约 2.0 mm，中脉一支，后翅 2 斜脉。尾片小，末端圆形，有毛 4 根，短尖。尾板末端宽圆，有毛 14 根。生殖板横卵形，有毛 10～14 根，前部毛 2～4 根。生殖突 2 个，各有短尖毛 3 根或 4 根。

⑤ 性蚜

雌性蚜：体椭圆形，长约 0.6 mm，宽约 0.3 mm。头顶稍骨化，头盖缝存在。头顶圆弧形。体背毛少而短尖。触角 5 节，全长约 0.1mm；各节短小。触角毛短少；原生感觉圈小圆形，有睫。无喙。足各节粗短。股节与转节愈合。腹管缺。尾片末端圆形，有毛 2 根。尾板末端宽圆，有毛 4 根。

雄性蚜：体小，卵形，长约 0.46mm，宽约 0.17mm。体背毛短尖而少。头顶毛 2 对，头背毛 2 对；前胸背板中毛 1 对，缘毛 2 对；腹部背毛较头背毛更短尖。头顶圆弧形。复眼 3 小眼面。触角 5 节，全长约 0.14 mm；触角毛似体背毛；原生感觉圈小圆形，突出。喙退化。足各节正常。转节与股节愈合；跗节不分节。腹管不显。尾片小，末端圆形，有毛 2 根。尾板末端宽圆，有毛 10 根。生殖板特化为抱握器。

⑥ 卵

长卵形，长约 0.46 mm，宽约 0.29 mm。深褐色，表面有皱折。

4. 发生规律

苹果根爪绵蚜在陕西省关中地区的发生规律为：

3 月底至 4 月初，榆叶萌发后，苹果根爪绵蚜的干母蚜从卵中孵出，在榆叶反面为害，刺激榆叶在正面形成一个小突起，然后干母蚜钻入其中。从 4 月中旬开始到 5 月上旬，干母蚜的成蚜在榆叶正面形成的小突起中相继孤雌胎生 17～28 头有翅干雌蚜。由于干母蚜、有翅干雌蚜在其中为害，刺激榆叶使小突起逐渐长大，成为虫瘿，同时叶反面的小孔逐渐愈合。每一叶面有虫瘿多个，最高可达 57 个。5 月中旬至 5 月底，有翅干雌成蚜从虫瘿顶端侧旁钻一小孔相继爬出，随气流迁飞到苹果园。

有翅干雌成蚜迁飞到苹果园后，从地面裂缝及孔隙处都可入土，入土后沿根系爬至根梢部位，即孤雌生殖无翅侨蚜，每头有翅干雌成蚜可产无翅侨蚜 26～37 头，无翅侨蚜又可孤雌生殖无翅侨蚜，产仔量为 32～43 头。6～9 月无翅侨蚜共发生 4～5 代。无翅侨蚜在苹果树根部不断扩散繁殖和为害，每头无翅侨蚜的成蚜可转移 6～10 处产仔，每处产仔量 3～7 头。

9 月上旬以后，最后一代无翅侨蚜的成蚜开始孤雌生殖有翅性母蚜，产仔量为 28～40 头。9 月底至 10 月中旬，有翅性母蚜的 4 龄若蚜沿根系与土壤的结合缝隙爬至苹果树主干周围表土层，最后一次蜕皮变为有翅性母成蚜，有翅性母成蚜爬出表土后，随气流迁飞到榆树枝干上，常群集在榆树粗皮缝隙处及断枝裂缝处。如图 5-8 所示。

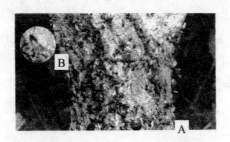

A. 蚜虫群集在榆树主干上；B. 有翅性母成蚜

图 5-8　苹果根爪绵蚜秋季迁飞到榆树枝干上

有翅性母成蚜迁飞到榆树枝干上后，孤雌生殖 8～13 头性蚜。性蚜无功能喙，不能取食，呈负生长、负繁殖。雌性蚜性惰，雄性蚜活泼善跑。雌、雄性蚜的若蚜爬至枝干缝隙翘皮下及断枝裂缝中，3～5 d 蜕皮 1 次，共蜕皮 4 次变为成蚜，雌、雄成蚜交尾后，每头雌蚜只产卵 1 粒，虫壳覆盖在卵表面，以卵在枝干缝隙翘皮下及断枝裂缝中等隐蔽处越冬。

5．综合治理技术

① 榆树上的防治技术

10 月份有翅性母成蚜迁飞到榆树枝干上后，常群集在榆树粗皮缝隙处及断枝裂缝处，孤雌生殖雌、雄性蚜。此时可选用 40.7%毒死蜱乳油 1 000～1 500 倍液、2.5%溴氰菊酯（敌杀死）乳油 1 500～2 000 倍液，对榆树枝干（以主干为主）进行喷雾，可消灭大量有翅性母成蚜和雌、雄性蚜，进而减少越冬卵量。

4 月份，在干母蚜从卵中孵出的成长过程和在虫瘿内孤雌胎生有翅干雌蚜初期，可选用 40.7%毒死蜱乳油 1 500 倍与 10%吡虫啉可湿性粉剂 2 000 倍混合药液、2.5%溴氰菊酯（敌杀死）乳油 2 000 倍与 10%吡虫啉可湿性粉剂 2 000 倍混合药液，对树冠进行喷雾，消灭刚孵化出的干母蚜若虫和虫瘿内的蚜虫。

② 苹果园的防治技术

地膜覆盖法：5 月上旬有翅干雌成蚜从榆树上向苹果园迁飞入土之前，在苹果园采用全田覆膜技术，阻隔其入土。此法安全、有效并且无污染，是一项环保技术。

地面施药法：5 月中旬有翅干雌成蚜从榆树上向苹果园迁飞入土初期，在苹果园地面均匀喷洒 40.7%毒死蜱乳油 500 倍液，然后用小齿耙细耙一遍，使药剂充分混合在表土中。苹果根爪绵蚜在入土时，接触到药剂即可中毒而死。

（六）菊小长管蚜 *Macrosiphniella sanborni*（Gillette）

1．寄主植物

菊小长管蚜为害各种菊科花卉和其他菊科植物。

2．为害特点

成虫和若虫刺吸嫩梢、嫩茎、叶片、花蕾及花朵上的汁液。春天菊花抽芽发叶时，蚜虫群集为害新芽、新叶，致使新叶难以展开，展开后的叶片常卷曲、皱缩；茎的发育亦受到影响；秋季开花时群集在花梗、花蕾上为害，致使开花不正常。此外，该虫还能传播菊花 B 病毒（CVB）、菊脉斑病毒（CVMV）等，造成更严重的为害。如图 5-9 所示。

图 5-9　菊小长管蚜为害状

3. 形态特征

① 成蚜

无翅孤雌成蚜：体纺锤形，长约 1.5 mm，赤褐色至黑褐色，有光泽。触角、喙、腹管、尾片均黑色。触角稍长于虫体，第 3 节有小圆形感觉圈 15～20 个。腹管圆筒形，端部 3/5 有网纹。尾片圆锥形，有曲毛 11 根。尾板半圆形。有毛 10～12 根。体表光滑。

有翅孤雌成蚜：长卵形，长约 1.7 mm，暗赤褐色。体表斑纹较无翅型显著，第 1～3 腹节各有中横带，第 2～4 腹节有缘斑，腹管前斑大于后斑。触角第 3 节有感觉圈 16～26 个，第 4 节有 2～5 个。

② 若蚜

形态与无翅孤雌蚜相似，体稍小，赤褐色，体色随蜕皮次数增加而变深。

4. 发生规律

1 a 发生 10～20 代，以无翅孤雌胎生雌蚜在留种菊花的叶腋和芽旁越冬，也可在温室内继续繁殖为害或短暂越冬。翌年 3 月初开始活动繁殖。4 月中旬至 5 月中旬为繁殖盛期。5 月上旬为有翅蚜始发期，5 月中旬为盛发期，相继迁飞扩散。6 月下旬至 7 月下旬虫口密度较低，8 月初开始回升。9 月中旬到 10 月下旬为第 2 次繁殖盛期，虫口密度出现第 2 个高峰。从 11 月中旬起以无翅孤胎生雌蚜集中在留种株叶腋或芽傍以及菊茬上越冬。当平均温度为 20℃、相对湿度 65%～70%时，完成 1 代历时约为 10 d。

5. 综合治理技术

① 在蚜虫发生初期，剪除有虫嫩芽、嫩梢或叶片，并采用各种方法彻底将蚜虫予以杀灭。

② 注意保护天敌资源，尽量避免在天敌昆虫发生高峰期喷洒农药。

③ 在蚜虫发生期，特别是 4～5 月、9～10 月两次发生高峰的初期，选用 40.7%毒死蜱乳油 1 500 倍与 10%吡虫啉可湿性粉剂 2 000 倍混合药液、2.5%溴氰菊酯（敌杀死）乳油 2 000 倍与 10%吡虫啉可湿性粉剂 2 000 倍混合药液进行喷雾消灭。

④ 越冬前和越冬后，对留种株的叶腋或芽傍以及菊茬等蚜虫越冬部位，仔细进行喷

药防治。药剂可选用 40.7%毒死蜱乳油 1 500 倍液。

二、介壳虫类

（一）竹白尾粉蚧 *Antonina crawii* Cockereill

1．寄主植物

其为害竹、紫竹、刚竹、苦竹、凤尾竹和罗汉竹等竹类植物。

2．为害特点

聚集在叶鞘基部和枝茎分杈处刺吸为害，影响竹类植物的正常生长发育。

3．形态特征

① 雌成虫

椭圆形，体长约 3.5 mm，暗紫色。整体膜质，但腹末数节硬化。体表面覆盖一层白色棉絮状蜡粉，腹部及腹部末端以外形成一个较大的蜡质卵囊，蜡质卵囊卵圆形，白色棉絮状，有数根很长的白色蜡丝向上伸出，如图 5-10 所示。

图 5-10　竹白尾粉蚧

② 卵

椭圆形，两端较平，紫色，包被在蜡质卵囊内。

③ 若虫

紫色，两端较平，体表面覆盖一层白色棉絮状蜡粉。

4．发生规律

1 a 发生 2～3 代，以雌成虫在一年生枝条、节间、叶鞘和隐芽中越冬。翌年 3 月开始孕卵，5～6 月为第一代若虫孵化期，6～9 月为第二、三代若虫发生期。10 月份以后雌、雄成虫交尾后，雄成虫死亡；雌成虫继续吸食为害，直至越冬。

初孵若虫在晴天上午爬出蜡囊到叶鞘内刺吸为害，2 龄若虫群集于枝杈和叶鞘上为害，并分泌白色絮状蜡质覆盖虫体，10～14 d 后蜡丝完全包着虫体，形成蜡囊，并大量分泌蜜露，常招致煤污病发生。

5．综合治理技术

① 防治工作最关键的时期是 5～6 月，即第一代若虫孵化期和初龄若虫为害期。可选用 16%高渗杀扑磷乳油 1 000～1 200 倍液、40%杀扑磷乳油 1 500 倍液和 40.7%毒死蜱乳油 2 000～2 500 倍液等药液，对新枝、嫩梢喷雾。

② 竹子成园以后，由于密度很大，无法喷药。因此，竹园病虫害的防治工作重点应在建园时和建园的最初几年内。防治害虫的药剂应以毒死蜱为主。

（二）长绵粉蚧 *Phenacoccus pergandei* Cokerell

1．寄主植物

其主要为害柿、苹果、梨、枇杷、无花果、桑、玉兰和悬铃木等植物。

2．为害特点

越冬后的出蛰若虫在一年生枝条芽基处固定为害，刺吸树体汁液，使芽基处皮层输导组织受损，受害花芽、叶芽不易萌发或萌发后生长不良。

4～5 月雌若虫固定在叶背面或幼嫩枝条等处刺吸汁液。羽化出的雌成虫仍固定在原部位刺吸汁液。这一阶段的为害，直接影响叶片、枝条的生长发育和光合作用，削弱树势，影响果树的成花、成果和园林景观的观赏价值。

5 月中下旬以后至越冬前，1 龄、2 龄若虫在叶背面叶脉两侧固着为害，不断吸食叶片汁液，在叶面上形成点状失绿，致使叶片的正常生长发育受阻，光合作用减弱。

3．发生规律

长绵粉蚧在陕西省关中地区的发生规律为：

1 a 发生 1 代。以 3 龄若虫群集在寄主主枝、主干阴面粗糙树皮缝隙处，结白色茧越冬。越冬茧长椭圆形，长约 2mm。

翌年 3 月中旬，若虫开始出蛰活动，爬到一年生枝条芽基处固定为害，虫体上覆盖有一薄层白色蜡质膜，如图 5-11（A）所示。

4 月上中旬雌、雄若虫分化。雄若虫蜕皮变为前蛹，再蜕皮变为蛹，4 月中下旬羽化为雄成虫。雄成虫体长 2.0～2.2 mm，淡黄色，前翅发达，后翅退化为平衡棒，腹部末端两侧各有 1 对细长的蜡丝。雌若虫从芽基处逐渐迁移到叶片上固定为害，不断取食发育，4 月中下旬直接羽化变为雌成虫。雌成虫体长 2.8～3.4 mm，宽 2.1～2.6 mm，无翅，体背介壳椭圆形，略扁平，紫褐色，表面被覆一层白色绒茸状蜡粉。4 月下旬至 5 月上旬雌、雄成虫交尾，交尾后雄成虫死亡；雌成虫先在虫体后端分泌白色绒茸状卵袋，固着在叶面，卵产于其中。在产卵过程中，雌成虫缓慢向前爬行，并继续在虫体后端分泌白色绒茸状物，使卵袋不断加长。卵袋长条形、袋状，长 5.6～26.4 mm，宽 2.5～4.3 mm，前端略高于虫体，并和虫体连成一体；末端平覆固定于叶面，呈燕尾状，如图 5-11（B）所示。

雌成虫主要分布在树体中下部的阳面，以叶背面最多，也有少量在叶正面、幼嫩枝条等处。5 月中下旬，雌成虫产卵结束。卵长卵圆形，米黄色，长约 0.7 mm，宽约 0.4mm，密集排列于卵袋内，呈直立状。每卵袋有卵 65～825 粒，平均 643 粒。卵期约 20 d。5 月中旬至 6 月上旬为卵孵化期，如图 5-11（C）所示。

若虫孵化后咬破卵袋爬出，在卵袋上形成许多针尖状的小孔。孵化后的若虫顺枝条爬至嫩叶上，在叶背面叶脉两侧固着并吸食汁液。若虫主要分布在树体中上部叶片上，下部叶片虫量较少。树冠外围虫量多，内膛虫量少。而外围虫量以树体南面分布最多。7 月～8 月高温季节，若虫进入滞育期越夏，如图 5-11（D）所示。

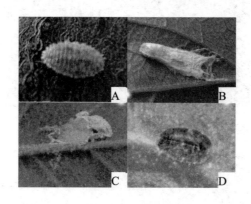

A. 越冬后的出蛰若虫；B. 雌成虫虫介壳、卵袋；C. 卵袋中的卵；D. 初龄若虫

图 5-11 长绵粉蚧

9 月份气温降低后，若虫解除滞育，蜕第 1 次皮变为 2 龄若虫，继续在叶片上刺吸为害。10 月上旬蜕第 2 次皮变为 3 龄若虫，继续为害一段时间，至 11 月中下旬，陆续转移到枝干上，分泌大量的蜡质覆盖物，进入越冬状态。

长绵粉蚧的远距离传播扩散主要靠苗木、接穗和砧木等带虫调运传播。近距离传播扩散主要靠初龄若虫的爬行，修剪和果园疏花、疏果等田间作业携带，鸟类和其他昆虫携带，也可借助风力、降雨或流水传播。该虫活动能力和扩散范围有限，分布很不均匀。

4. 天敌昆虫

黑缘红瓢虫 *Chrysopo sinica* Tjeder 取食刚出蛰的长绵粉蚧若虫和正在产卵的雌成虫。1 a 发生 1 代，以成虫在树末主枝背面、根际土缝及建筑物墙缝等处越冬。越冬成虫于 2 月底至 3 月初出蛰活动，交尾后将卵散产于介壳虫的空壳内及树皮裂缝中，4 月下旬至 5 月初为卵孵化盛期。各龄幼虫均取食长绵粉蚧的卵和若虫。该虫于 5 月下旬至 6 月初化蛹，6 月上中旬羽化成为成虫。成虫先取食长绵粉蚧的 1 龄若虫，然后于 7～8 月高温季节栖息在叶背不食不动，进入滞育期越夏。9～10 月气温降低后解除滞育，又开始活动，取食长绵粉蚧的 1～2 龄若虫。11 月初开始寻找越冬场所，进入越冬状态。

中华草蛉 *Chilocorus rubidus* Hope 是捕食长绵粉蚧卵的天敌。该虫以成虫越冬，翌年

4 月~5 月取食长绵粉蚧的卵袋和卵，取食部位在卵袋背面的中部。

寄生蜂种类经鉴定有粉蚧长索跳小蜂 *Anagyrus dactyopii*（Howard）、柿粉蚧长索跳小蜂 *Anagyrus pergandei* Dang et Wang 两种。这两种寄生蜂于 4 月下旬至 5 月上旬羽化，羽化孔在长绵粉蚧雌成虫体背面，为直径小于 1mm 的圆孔。每头长绵粉蚧雌成虫体内最多有寄生蜂 14 头，被寄生的雌成虫产卵很少或不能产卵，寄生率高达 80%以上，是自然界抑制柿长绵粉蚧的重要天敌，如图 5-12 所示。

图 5-12　柿粉蚧长索跳小蜂

5．综合治理技术

①　长绵粉蚧主要靠苗木、接穗和砧木等带虫调运远距离传播，因此，调运时一定要搞好苗木的消毒工作，防止其传播蔓延。

②　树木休眠期刮刷粗老翘皮，消灭在其上越冬的介壳虫的虫茧；结合冬春修剪，精细剪除有虫枝条，以减少越冬虫源基数。

③　对介壳虫发生密集成群的枝条，在不影响树形的情况下，可随时剪除销毁；在晴天温度较高时用毛刷蘸洗衣粉 100 倍液涂抹，均可收到较好的防治效果。

④　树木发芽前选用 45%晶体石硫合剂 50～100 倍液、95%机油乳剂 50 倍液或 40.7%毒死蜱乳油 2 000 倍液喷雾，使树体呈淋洗状态，以消灭越冬后在树木枝干上爬行的若虫。

⑤　介壳虫体外分泌一层较厚的蜡质覆盖物，药液不易黏着和渗入，防治难度很大。因此化学农药防治的最佳时期为卵孵化期和 1 龄若虫期，雌成虫期防治效果不佳。药剂选用 24%亩旺特（螺虫乙酯）悬浮剂 4 000～5 000 倍液喷雾，16%高渗杀扑磷乳油 1 000～1 200 倍与 40.7%毒死蜱乳油 2 000～2 500 倍混合药液喷雾或 40%杀扑磷乳油 1 500 倍与 40.7%毒死蜱乳油 2 000～2 500 倍混合药液喷雾。

同时，在防治技术上要进行改进，对介壳虫密集成群的树体或枝条，可采用先喷洒洗衣粉 100～200 倍液，待稍干后立即喷洒农药的办法，达到既破坏介壳虫虫体表面的蜡质介壳，使其失水，又增强农药在虫体表面的粘着性能和渗透性能等双层效果，防治效果更佳。

⑥　10～11 月树木落叶前，选用 40.7%毒死蜱乳油 2 000 倍液喷雾，使树体呈淋洗状态，以消灭从各部位向枝干上转移寻找越冬场所、尚未结茧进入越冬状态的介壳虫若虫。

（三）日本龟蜡蚧 *Ceroplastes japonicus* Green

1. 寄主植物

其主要为害枣、柿、枸骨、苹果、梨、桃、李、梅、杏、紫薇、石榴、悬铃木、无花果、茶花、夹竹桃、桂花、蜡梅、白玉兰、含笑、大叶黄杨、冬青、栀子花、杜鹃、菊花、月季和牡丹等百余种植物。

2. 为害特点

以若虫和雌成虫刺吸枝、叶汁液，削弱树势，严重时可使枝条枯死。其排泄物污染下部枝叶，并诱致煤污病。

3. 形态特征

① 成虫

雌成虫：体长 4～5 mm，椭圆形，紫红色。体背有较厚的白蜡壳，背面隆起似半球形，中央隆起较高，表面具龟甲状凹纹，边缘蜡层厚且弯卷，有 8 组小角突。触角 6 节。足 3 对，细小。

雄成虫：体长 1～1.4 mm，淡红至紫红色，眼黑色，触角丝状，翅 1 对白色透明，具 2 条粗脉，足细小，腹末略细，性刺色淡。

② 卵

椭圆形，长 0.2～0.3 mm，初产时浅黄褐色，以后逐渐变深，至孵化时变为紫红色或紫褐色。

③ 若虫

初孵体长 0.4 mm，椭圆形扁平，淡红褐色，触角和足发达，灰白色，腹末有 1 对长毛。固定 1 d 后开始分泌蜡丝，7～10 d 形成蜡壳，周边有 12～15 个蜡角。后期蜡壳加厚雌雄形态分化，雄蜡壳长椭圆形，中间为一长椭圆形突起的蜡板，周围有 13 个星芒状蜡角。如图 5-13 所示。

④ 雄蛹

梭形，长 1 mm，棕褐色，翅芽色稍淡。

A. 雌成虫介壳；B. 雄虫介壳

图 5-13　日本龟蜡蚧

4. 发生规律

1 a 发生 1 代，以受精雌成虫在 1 年生至 2 年生枝条上越冬。翌年春天树木萌芽时，越冬雌成虫开始取食，虫体迅速膨大隆起。5 月上、中旬开始产卵，卵产在母体下，产卵量为 500～3000 粒。卵期 20 d 左右。6 月上旬若虫开始孵化，若虫孵化出壳后，沿枝条爬到嫩枝、叶柄和叶正面上，固着取食。该虫主要分布于树冠的中、下部，上部枝条很少。雄若虫经 3 次蜕皮，于 8 月中旬开始化蛹，8 月下旬开始羽化。雌若虫经 3 次蜕皮变为成虫后，从叶片迁移到枝条上固定，雌、雄成虫交尾受精后雌虫继续为害，至 11 月越冬。雄成虫寿命仅 1～5 d，交配后即死亡。该虫也可孤雌生殖，其子代均为雄性。

5. 综合治理技术

参看长绵粉蚧综合治理技术。

（四）桑盾蚧 *Pseudaulacaspis pentagona* Targioni-Tozzetti

1. 寄主植物

其主要为害桃、李、杏、樱桃、樱花、丁香、榆叶梅、杏梅、槐树、丁香、海棠、苏铁、桂花、仙客来、木槿、桑和月季等百余种果树和园林树木。

2. 为害特点

以雌成虫和若虫群集固着在枝干上，刺吸树体汁液，偶有在叶脉、叶柄及芽基两侧或果实上为害。以 2～3 a 枝条受害最重，受害植株春季发芽迟缓，被害处由于不能正常发育而凹陷，致使枝条表面凹凸不平，果实大量脱落。严重发生时灰白色的介壳密集重叠，从枝条一直向下延伸到主干上中部，致使树体日渐衰弱，枯枝增多，全株死亡，甚至 3～5 a 可将树木毁坏。其分泌物和排泄物污染下部叶片和枝条，遇雨易诱发煤污病。

3. 形态特征

① 成虫

雌成虫：雌成虫卵圆形，长约 1 mm，淡黄至橘黄色，臀板红褐色，较尖。触角瘤状，相互靠近，各生有 1 根弯毛。前气门腺有，后气门腺无。臀叶 3 对，中臀叶大，第 2 和第 3 臀叶双分。围阴腺 5 群。

雄成虫：体长 0.65～0.7 mm，翅展 1.32 mm。橙色至橘红色，体略呈长纺锤形；眼黑色；胸部发达，前翅膜质，灰白色；后翅特化为平衡棒；腹部末端尖削，端部具一细长的刺状交配器。如图 5-14 所示。

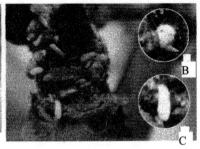

A. 樱桃主干上的桑盾蚧；B. 枝条基部的雌虫介壳；C. 枝条基部的雄虫介壳

图 5-14 桑盾蚧

② 卵

椭圆形，长径 0.25～0.3 mm，短径 0.1～0.12 mm。初产时淡粉红色，渐变淡黄褐色，孵化前为橘红色。

③ 若虫

初孵时扁椭圆形，淡黄褐色。足发达。腹末具臀叶和 1 对尾毛。2 龄后雌、雄分化。雌若虫橙褐色，触角、足和尾毛均退化消失；介壳近圆形，呈丘状突起，直径 1.8～2.5 mm，白色或灰白色。蜕皮橘黄色，稍偏向一边，介壳很薄，可透视到黄色虫体。雄若虫淡黄色，体较窄。介壳细长，长约 1.2 mm，丝蜡质，背面有 3 条纵脊。蜕皮黄色，位于前端。

④ 雄蛹

预蛹长椭圆形，具有触角、足、翅和交尾器的芽体，触角芽为体长的 1/3。蛹橙黄色，芽体延长，触角芽为体长的 1/2。

4. 发生规律

桑盾蚧在陕西省关中地区的发生规律为：

1 a 发生 2 代，以受精雌成虫在枝条上越冬，在枝条阳面越冬的虫体，由于昼夜温差变化较大，越冬死亡率明显高于阴面。

越冬雌成虫于 3 月中旬在寄主萌芽时开始吸食树体汁液，虫体迅速膨大，4 月下旬至 5 月上旬产卵于介壳下，每头产卵 50～180 余粒，平均 120 余粒，雌成虫产完卵后干缩死亡，将白色介壳留在树体枝干上，长期不脱落。卵期 7～15 d，5 月中下旬为卵孵化期。

若虫孵化后先在母体介壳下停留数小时后，逐渐爬行分散，然后选择在 2～3 a 生枝条上固定取食，若虫多分布在枝条分杈处和阴面。初孵若虫淡黄褐色，扁卵圆形，橘红色，眼点黑色。经 8～10 d 虫体背面开始分泌出白色半透明的细蜡丝，逐渐形成介壳。从第 2 龄若虫开始雌、雄分化。第 1 代若虫期 40～50 d，成虫发生期为 6 月中旬至 7 月中旬。

雄若虫第 2 次蜕皮后分泌蜡丝形成茧，在茧内变为前蛹，再经蛹期后羽化成为雄成虫，在主干和枝条基部常见有密集成片的棉絮状雄茧。雄成虫羽化后可飞翔活动，但多爬行寻找雌成虫交尾，交尾活动以中午前后最为活跃，交尾后死亡，寿命仅 1 d 左右。

雌若虫蜕皮 3 次发育成雌成虫。雌成虫无翅，固定不动，继续吸食汁液。交尾后腹部迅速膨大，并于 7 月上旬开始产卵，每头雌成虫产卵 20～110 粒，平均 45 粒。卵期 6～13 d。

7 月中下旬为第 2 代卵孵化期，第 2 代若虫期 30～40 d。雄成虫 9 月上旬开始羽化，交尾后即死亡。受精雌成虫继续为害至秋末冬初，然后寻找越冬场所，进入越冬状态。

一般新感染的植株，雌虫数量较大；感染已久的植株雄虫数量渐增。严重时雄介壳密集重叠，枝条上似挂一层棉絮。

高温干旱的气候条件不利于桑盾蚧的发生；地势低、地下水位高、密植郁闭多湿的小气候有利其发生；枝条徒长，管理粗放的果园发生较重。

桑盾蚧的远距离传播主要靠苗木、接穗和砧木等带虫调运传播。近距离传播扩散主要靠初龄若虫的爬行传播，也可靠人为修剪、嫁接、疏花和疏果等携带，鸟类和其他昆虫携带，借助风力、降雨或流水传播，由于活动能力和扩散范围有限，因此田间分布极不均匀。

捕食桑盾蚧的天敌种类有红点唇瓢虫 *Chilocorus kuwanae* Silvestri、黑缘红瓢虫 *Chilocorus rubidus* Hope、异色瓢虫 *Harmonia axyridis*（Pallas）、二星瓢虫 *Adalia bipunctata*（Linnaeus）和中华草蛉 *Chrysopo sinica* Tjeder 等，但城市园林绿地中天敌数量很少。

5. 综合治理技术

参看长绵粉蚧综合治理技术。

（五）角蜡蚧 *Ceroplastes ceriferus* Anderson

1. 寄主植物

寄主植物有柿树、玉兰、辛夷、火棘、贴梗海棠、黄刺梅、珍珠梅、榆叶梅、红瑞木、红叶李、红枫、栾树、广玉兰、雪松、麻叶绣线菊和枇杷等上百种植物。

2. 为害特点

若虫和成虫刺吸柿树和园林绿化树木的嫩枝及叶片的汁液。叶片受害后长势减弱、失绿并变黄，严重影响光合作用；枝条被害后表面凸凹不平，干枯死亡；嫩枝受害后树皮纵裂，可使整个嫩枝干枯死亡。由于角蜡蚧的为害，使树势逐渐衰弱，柿树等结果树木坐果率降低，最终使果少、果小而造成严重减产。该虫在为害过程中排泄的蜜露，常使叶片诱致煤污病，严重影响光合作用。

3. 形态特征

① 成虫

雌成虫：体多呈椭圆形，红褐色，长 3～8 mm，宽 3～4.5 mm，背部隆起，高约 4 mm，有时宽大于长。触角 6 节，其中第 3 节最长。足与虫体相比很细小，腿节粗壮，胫和跗节几乎等长；爪冠毛粗，顶端不显膨大。胸气门较发达，开口多呈喇叭状，气门刺粗短圆锥形，一般 40～60 根聚集成群。肛板三角形，周缘体壁高度硬化；尾突较短，近似圆锥状。

体缘毛短而少，稀疏分布，尾突端上毛较长。蜡壳灰白色略带淡红，背中部隆起呈半球形，周缘具角状蜡块，前端 3 块，两侧各 2 块，后端 1 块，呈锥形，背部 1 块常无。后期蜡角逐渐消失。角状蜡块之间的凹陷处，常因灰尘沉积，呈灰黑色。

雄成虫：体长 1.5 mm，赤褐色，前翅发达，短宽微黄，翅展 1.5～2 mm，后翅退化为平衡棒；交尾器针状。蜡壳椭圆形，红褐色，长 2～2.5 mm，背面隆起较低，周围有 13 个蜡突。

② 卵

长椭圆形，长约 0.4 mm，宽约 0.2 mm。初期肉红色，两端略带紫色，孵化前变紫褐色。

③ 若虫

初孵若虫扁椭圆形，长 0.5 mm，黄褐色至红褐色背隆起，眼黑色，足发达。至 1 龄末体长 0.9 mm，宽 0.6 mm，同时分泌白色蜡质蚧壳，蜡壳由放射形渐变为半球形，直径 1 mm 左右。2 龄若虫出现蜡壳，雌、雄开始分化。雌若虫体长 1.1～2.1 mm，宽 0.8～1.6 mm；蜡壳长椭圆形，乳白色，前端具有蜡突，周围有 6 块蜡突，前端（头部）1 个较大，尾部左右 2 个蜡突，随着分泌蜡量的增加连成钳状。背面隆起较体宽高，呈圆锥形，顶端向前弯曲。雄若虫体长 2～2.5 mm，蜡壳椭圆形，背面隆起较低，周围有 13 个蜡突。3 龄雌若虫蜡壳直径 4.1 mm 左右，蜡壳背面隆起渐宽大，进而覆盖整个虫体，如图 5-15 所示。

④ 雄蛹

离蛹，长约 1.3 mm，淡红褐色，分节明显，腹末交尾器清晰可见。

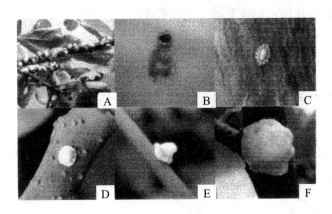

A. 在柿树上的为害状；B. 卵；C. 一龄末若虫蚧壳；D. 雄若虫蚧壳；E. 雌若虫蚧壳；F. 雌成虫蚧壳

图 5-15　角蜡蚧

4. 发生规律

角蜡蚧在陕西省关中地区的发生规律为：

1 a 发生 1 代，以授精雌成虫在枝干上越冬。翌年春季继续为害，4 月中旬开始孕卵，5 月下旬开始产卵，卵产于虫体内。解剖观察，虫体内充满卵粒，已分辨不出体内任何器官的痕迹，单雌卵量3 684～5 827粒，平均4 846粒，繁殖系数之大在介壳虫中亦少见，这是其突发成灾的主要原因之一。卵期5～10 d。

6月中下旬若虫在母体内陆续孵化，孵化后多从母体背面穿透蜡质覆盖物爬出，在蜡质覆盖物表面留有许多针尖大小的孔洞。初孵化的若虫从母体爬出后分散在嫩枝、嫩叶上吸食；若虫孵化后若遇大雨或强降雨，对其种群数量影响很大。初龄若虫经5～8 d蜕皮变为2龄若虫。2龄若虫雌雄开始分化，蜡质覆盖物差异明显。

雌虫多固定在叶片、嫩枝、小枝条和大枝上为害，雄虫多固定在嫩枝、小枝条和大枝上为害。若虫历期50～60 d。至8月中下旬，雌雄虫经3次蜕皮后羽化成为雌成虫，雌成虫体背、侧面覆盖一层很厚的蜡壳，为体重的20～30倍。

雄若虫经2次蜕皮后变为前蛹，进而化蛹，然后再羽化成为雄成虫。

雌、雄成虫羽化期一致，羽化后即交尾。交尾后雄成虫很快死亡，雌成虫授精后虫体和蜡质蚧壳逐渐增大，并继续为害，直至越冬。角蜡蚧在自然界的繁殖方式以孤雌卵生为主。

角蜡蚧的远距离传播扩散主要靠苗木带虫调运传播。近距离传播扩散主要靠初龄若虫的爬行，人为修剪等田间作业携带或借助风力、降雨和流水传播。鸟类和其他昆虫携带也是该虫传播扩散的一个重要途径，这是城市园林绿化中角蜡蚧传播扩散的特点。

柿树是一个主要果树树种，同时也是庭院经济和园林绿化景观相结合的树种之一。由于角蜡蚧的寄主范围特别广泛，因此，以柿树为载体，在园林绿化植物与果园之间的传播、在城市与乡村之间的传播，更应引起足够的重视。

5. 综合治理技术

参看长绵粉蚧综合治理技术。

（六）白蜡蚧 *Ericerus pela* Chavannes

1. 寄主植物

其主要为害小叶女贞、大叶女贞、日本女贞、小叶白蜡、洋白蜡、水蜡、雪松、柑橘、山茶和柚子等植物。

2. 为害特点

以成虫、若虫在寄主枝条上刺吸为害，造成树势衰弱，生长缓慢，甚至枝条枯死；严重时可导致整株植物枯死。

3. 形态特征

① 成虫

雌成虫：无翅，体长1.5 mm，产卵期可长到15 mm；受精前背部隆起，蚌壳状，受精后扩大成半球状，外壳较坚硬，长约10 mm，高7 mm左右。黄褐色、浅红至红褐色，散生浅黑色斑点，腹部黄绿色。触角6节，其中第3节最长。

雄成虫：体长约 2 mm，黄褐色，头淡褐色。翅展约 5 mm，翅透明，有虹彩光泽。触角丝状 10 节；腹部灰褐色，末端有等长的 2 根白色蜡丝。

② 卵

多呈长椭圆形，长约 0.4 mm，宽约 0.25 mm；雌卵红褐色，雄卵浅黄色。

③ 若虫

初孵化的雌、雄若虫形态相似，黄褐色，卵圆形。2 龄若虫雌、雄差异明显。体长平均 0.70 mm，宽 0.41 mm。如图 5-16 所示。

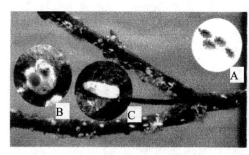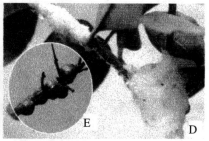

A. 初孵若虫；B. 2 龄雌若虫；C. 2 龄雄若虫；D. 雄若虫群体分泌的白色蜡棒；E. 雌成虫介壳

图 5-16　白蜡蚧

4. 发生规律

1 a 发生 1 代，以受精雌成虫在枝条上越冬。翌年 3 月雌成虫恢复取食活动，虫体孕卵膨大，4 月上旬开始产卵，卵期 7 d 左右。初孵若虫在母体附近叶片上寄生，如遇连续干旱或阴雨连绵，可造成大量死亡。2 龄后转移至枝条上为害。雌虫常分散单个生活；雄若虫有群集为害的习性，常固着在寄主枝条上生活，并分泌大量白色蜡质物，覆盖虫体和包裹枝条，严重时，整个枝条呈白色棒状。10 月上旬雄成虫羽化，交尾后死亡。受精雌成虫体逐渐长大，随着气温下降，陆续越冬。

5. 综合治理技术

参看长绵粉蚧综合治理技术。

三、粉虱类

（一）温室白粉虱 *Trialeurodes vaporariorum*（Westwood）

1. 寄主植物

温室白粉虱食性极杂、寄主范围达 120 科 700 多种。受害严重园林植物主要有一串红、倒挂金钟、菊花、一品红、夜来香、杜鹃、牡丹、绣球和月季等，另外还有许多蔬菜和其他作物以及多种杂草。

2. 为害特点

成虫和若虫吸食植物汁液，导致被害叶片褪绿、变黄和萎蔫，甚至全株枯死。其排泄物粘附在下部叶片和果实上，易引起煤污病。该虫种群聚集，繁殖速度快，大发生时稍受惊动，成虫立刻飞翔，好像撒白粉一样。

3. 形态特征

① 成虫

雌虫体长 1.0～1.5 mm，翅展 2.0～2.3 mm；雄虫体长 0.8～1.0 mm，翅展 1.7～2.0 mm。淡黄色，翅面覆盖白色蜡粉。停息时雌性双翅合拢平铺于体背，雄性双翅合拢成屋脊状覆盖于体背。翅端半圆状遮住整个腹部，状如蛾类。翅脉简单，沿翅外缘有一排小颗粒，如图 5-17 所示。

图 5-17　温室白粉虱成虫

② 卵

长 0.22～0.26 mm，宽 0.06～0.09 mm，长椭圆形，基部有卵柄，柄长 0.02～0.03 mm。初产淡绿色，覆有蜡粉，后渐变褐色，孵化前呈黑褐色。

③ 若虫

1 龄体长约 0.29 mm，2 龄约 0.37 mm，3 龄约 0.51 mm；足和触角退化；体椭圆形，扁平，淡黄色或黄绿色，透明，蜕变前身体隆起，透明度减弱；体背及体缘生有数十根长短不一的蜡刺，以周缘的蜡刺较长，尾端的 2 根蜡丝最长。

④ 伪蛹

4 龄若虫又称伪蛹，体长 0.7～0.8 mm，椭圆形，初期体扁平，逐渐加厚呈蛋糕状（侧面观），中央略高，黄褐色，体背有放射状长短不等的蜡丝 9～11 对，体侧有刺。随着虫体的隆起，周围形成一垂直叶面的蜡壁，壁表面有许多纵向的皱褶。

4. 发生规律

1 a 发生 10 余代，世代重叠。棚室是主要的越冬场所。翌春成虫逐渐向露地寄主转移。各虫态对 0℃以下的低温耐受力弱，在露地不能存活和越冬。该虫的传播途径有两种：一是通过苗木携带传播；二是通过成虫的短距离迁飞和随气流飘移传播蔓延。

初孵若虫先在叶背做短距离行走，待找到适宜的取食场所后即将口器插入叶组织内取食，并开始营固着生活。4 龄若虫称伪蛹，由蛹壳包裹。成虫羽化前，蛹壳的皿状孔开裂为"T"形裂口，成虫由裂口中钻出。

成虫有两性生殖和孤雌生殖两种生殖方式。两性生殖时，雌虫与雄虫交配后 1～3 d 产卵，当温度为 20～25℃时，产卵量为 80～312 粒，平均每头雌虫产卵量为 142.5 粒；卵历期 7.0～9.5 d；若虫期 9.5～13.6 d；伪蛹历期 6.0～7.5 d。卵多产在叶背面，以卵柄从叶背气孔插入叶片组织中，与寄主植物保持水分平衡，极不易脱落。卵表面有雌虫分泌的白色蜡粉。

卵的排列方式有两种，一种为 15～30 粒卵排列成半环形或环形，另一种排列为不规则形。孤雌生殖的后代均为雄性。成虫有向上性、趋嫩性，对黄色有一定的趋性。在寄主植物修剪以前，成虫总是随着植株的生长不断追逐顶部嫩叶产卵，因此白粉虱在植株上各虫态同时发生，自上而下的分布为：新产的绿卵、变黑的卵、初龄若虫、老龄若虫、伪蛹和新羽化成虫。

5. 综合治理技术

① 育苗前要及时彻底清除和深埋各种苗木、花卉残体和杂草，以减少虫源。

② 利用该虫对黄色有趋性这一特性，可在为害场所设置黄板诱杀成虫。具体办法是：采用 1.0 m×0.7 m 的硬纸板或稍厚一点的塑料纸，两面涂抹黏虫油（10 号机油加少许黄色油调和而成），悬挂于植株上方，间隔距离 4 m。当黄板黏满虫体后，要及时清理和重新涂油。

③ 化学药剂防治。由于温室白粉虱世代重叠，在同一作物上同时存在各虫态，必须在害虫发生初期开始喷药，要注意使植株中上部叶片背部着药，并连续喷药 3～5 次，才能收到理想的防治效果。可选用 70%吡虫啉水分散粒剂 10 000～15 000 倍液、10%吡虫啉可湿性粉剂 1 000～1 500 倍液、18%粉虱特（吡虫啉＋噻嗪酮）可湿性粉剂 1 000～1 500 倍液、3%啶虫脒乳油 1 000～1 500 倍液以及 2.5%溴氰菊酯乳油 2 000～3 000 倍液等药剂喷雾。

（二）黑刺粉虱 *Aleurocanthus spiniferus*（Quaintance）

1. 寄主植物

黑刺粉虱寄主植物很多，主要为害月季、玫瑰、蔷薇、金橘、山茶、兰花、散尾葵、丁香、菊花、苹果、梨、葡萄、柿、柑橘、龙眼、香蕉和枇杷等园林植物和果树。

2. 为害特点

成虫、若虫刺吸叶、果实和嫩枝的汁液，被害叶出现失绿的黄白色斑点，受害严重的斑点扩展成片，进而全叶苍白早落，甚至全株枯死。其排泄物黏附在下部叶片和果实上，易引起煤污病。

3. 形态特征

① 成虫

体长 0.9~1.3 mm，橙黄色，覆盖有薄白粉。复眼肾形红色。前翅紫褐色，有 6~7 个白斑；后翅小，淡紫褐色。

② 卵

新月形，长约 0.25 mm，基部钝圆，有短柄，直立附着在叶上，初产时乳白色，后渐变淡黄色、黄褐色，孵化前灰黑色。

③ 若虫

初龄若虫椭圆形，淡黄色，渐变为灰黑色，有光泽，体躯周缘分泌一圈白色蜡质物，体背有 6 根浅色刺毛。2 龄若虫黄黑色，胸部分节不明显，腹部分节明显，体躯周缘白色蜡质物明显，体背具长短刺毛 9 对。3 龄若虫体长 0.7 mm，雌体大，雄虫略细小。黑色，有光泽，腹部前半分节不明显，但胸节分界明显；体躯周缘分泌有明显的白蜡圈，体背具长短刺毛 14 对。

④ 蛹

椭圆形，初乳黄色，渐变黑色，蛹壳近椭圆形，长 0.7~1.1 mm，漆黑色，有光泽，周围有较宽的锯齿状白色蜡边，背面显著隆起，背盘区胸部有长短刺毛 9 对，腹部 10 对。两侧边缘雌蛹有长短刺毛 11 对，雄蛹 10 对，如图 5-18 所示。

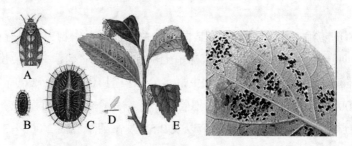

A. 成虫；B. 若虫；C. 蛹；D. 卵；E. 为害状

图 5-18 黑刺粉虱

4. 发生规律

1 a 发生 4 代，以若虫在叶背越冬，温室内无越冬现象。越冬若虫 3 月间化蛹，3 月下旬~4 月羽化。世代不整齐。从 3 月中旬~11 月下旬田间各虫态均可见。各代若虫发生期：第 1 代 4 月下旬~6 月，第 2 代 6 月下旬~7 月中旬，第 3 代 7 月中旬~9 月上旬，第 4 代 10 月~翌年 3 月。成虫喜较阴暗的环境，多在树冠内膛枝叶上活动，具趋光性。营两性生殖和孤雌生殖，两性生殖后代为雌虫，孤雌生殖后代为雄性。卵散产于叶背，散生或密集呈圆弧形，数粒至数十粒一起，每雌可产卵数十粒至百余粒。初孵若虫多在卵壳附近爬动吸食。共 3 龄，2、3 龄固定寄生，若虫每次蜕皮壳均留叠体背。卵期：第 1 代 22 d，第 2 代~第 4 代 10~15 d；非越冬若虫期 20~36 d；蛹期 7~34 d；成虫寿命 6~7 d。

5．综合治理技术

参看温室白粉虱综合治理技术。

四、木虱类

（一）桑异脉木虱 *Anomoneura mori* Schwarz

1．寄主植物

成虫、若虫均为害桑树，成虫也可迁移到柏树上越夏、越冬。

2．为害特点

成虫、若虫均能为害桑叶，主要以若虫吸食桑芽、桑叶的汁液，受害桑株生长不良，叶片向叶背卷缩呈筒状或耳朵状，甚至硬化脱落，严重时桑芽不能正常萌发，叶片由于失水而造成组织坏死或出现枯黄斑块，同时叶背布满白色蜡丝从而影响桑叶的利用价值。若虫还可为害桑花、桑果和幼嫩枝梢，影响桑果的利用价值，抑制枝梢生长。此外，若虫的分泌物洒落在下部叶片和桑果上，易诱发煤污病，影响桑叶和桑果的质量。成虫吸食桑叶汁液，在叶面形成针尖大小的黄白色枯死斑，如图 5-19 所示。

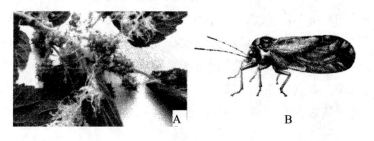

A. 若虫在桑叶、桑果上的为害状；B. 成虫

图 5-19　桑异脉木虱

3．形态特征

① 成虫

雄雌体绿褐色。头顶褐色，两侧凹陷橘黄色；颊锥绿色；单眼橘黄色，复眼褐色；触角褐色，第 1～8 节端及第 9、10 节黑色，端刚毛黄色。胸部黄色，侧腹面黑色，具黄斑；前胸背板两侧凹陷绿褐色；中胸前盾片绿色，前端具 2 块褐斑，盾片具 4 条褐色纵带，小盾片、后盾片绿色。足褐色，后基突黄褐色。翅透明，布满小的褐色斑点，中部由翅基向后到 Cu_{1a} 室具 1 条斜伸的褐带，在翅顶角处具 1 褐斑；脉褐色，缘纹 4 个，沿外后缘各脉端具黑斑。腹部黄褐色至绿褐色。雄体翅长 4.25 mm，雌体翅长 4.70 mm。

② 若虫

五龄：淡绿色，体较大。木虱型，体上刚毛多，体背面、翅芽、足腿节、胫节及腹部有大量的简单刚毛，腹边缘的较长，腹末端有锥形蜡腺毛 2＋2。头比腹宽；复眼大而凸出；触角长，着生于腹面，分 10 节，第 7、8 节端部 1/2 及第 9、10 节褐色，感觉孔 4 个，分别位于第 4、6、8 及 9 节，足胫跗节分节，爪 1 对发达。

四龄：淡绿色。头宽、臀宽及前翅芽长相等，触角长与体宽相等。触角 9 节，感觉孔 4 个，分别位于 4、6、8 及 9 节。足胫跗节分节。

三龄：淡绿色。头与腹同宽，触角 6 节，第 1 鞭节长，感觉孔 3 个，分别位于第 3、5 和 6 节。翅芽不往外突；足胫跗节不分节。

二龄：乳白色。头大于腹宽，触角着生于头侧偏腹面，4 节，末节 2/3 褐色，第 1 鞭节长，感觉孔 2 个，分别位于 3、4 节。翅芽小；胸部侧骨片小。腹部臀板前可见 7 节，臀板上锥形蜡腺毛 5＋5。

③ 卵

乳白色，可见两红色复眼，纺锤形。

4. 发生规律

1 a 发生 1 代，以成虫在桑树或柏树的树皮缝隙及其他裂缝中越冬。越冬成虫于翌年 3 月下旬桑树发芽初期出蛰为害，交尾后在嫩芽上产卵繁殖后代。产卵期可持续 1 个多月，每头雌虫可产卵 2 100 多粒，最多可达 3 196 粒。卵期 10～22 d。孵化后的若虫在嫩芽上吸食汁液为害，影响桑叶的生长。若虫蜕皮 4 次约经 22～29 d 于 5 月上中旬羽化成为成虫。成虫飞翔能力强，具群集性、迁移性，多在桑树嫩梢和叶背吸食叶片汁液；也可迁飞到附近的柏树上。当气温由 12℃降至 4.4℃时，成虫在桑树树缝、虫孔或柏树树缝中越冬。成虫寿命几乎长达 1 a。

越冬后的成虫多在桑树中下部嫩芽上为害和产卵，孵化后的若虫主要在树体通风透光差的中下部叶片上为害，羽化后的成虫当年多分布在树体中上部位叶片上为害和栖息。

5. 综合治理技术

① 4 月上旬及时摘除着卵桑叶。

② 4 月中旬至 5 月上旬，剪除有若虫为害的枝梢或叶片，集中烧毁。

③ 3 月份桑树发芽前，可选用 40.7%毒死蜱乳油 1 500 倍液、2.5%溴氰菊酯乳油 3 000 倍液等药剂进行喷雾，防治越冬后的成虫。

④ 4～5 月份在卵期、若虫为害期选用 5%啶虫脒乳油 3 000 倍液、70%吡虫啉水分散粒剂 10 000～15 000 倍液、10%吡虫啉可湿性粉剂 3 000 倍液、1.8%阿维菌素乳油 2 500～3 000 倍液和 0.3%苦楝素乳油 1 000 倍液等药剂进行喷雾防治。在防治技术上可采用先喷洒洗衣粉 100 倍～200 倍液，待稍干后立即喷洒农药的办法，既破坏了木虱虫体表面的蜡质分泌物，又增强农药在虫体表面的粘着性能，防治效果更佳。

⑤ 10月份桑树落叶前,可选用40.7%毒死蜱乳油1 500倍液、2.5%溴氰菊酯乳油3 000倍液等药剂进行喷雾,防治越冬前的成虫。

⑥ 保护和利用天敌资源,发挥天敌昆虫在自然界对害虫的控制作用。

(二)合欢新羞木虱 *Neoacizzia jamatonica*(Kuwayama)

1.寄主植物

成虫、若虫均为害合欢、山合欢。

2.为害特点

主要以若虫群集在合欢树嫩梢、花蕾和叶片背面刺吸为害,致使植株长势减弱,枝叶疲软、皱缩,叶片逐渐发黄、脱落,嫩梢易折。该虫为害时还分泌白色丝状蜡质物和排泄大量的蜜露,飘落到树下地面后,非常黏稠,对行人和周边环境影响极大,如图5-20所示。

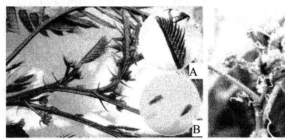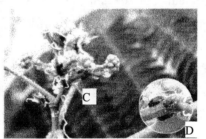

A.越冬成虫将卵产在羽叶嫩芽缝隙中;B.成虫;C.在花蕾上的为害状;D.若虫

图5-20　合欢新羞木虱

3.形态特征

① 成虫

雄雌体黄色至黄绿色。雄体长1.38～2.13 mm,体翅长2.06～2.55 mm。雌体长1.08～2.33 mm,体翅长2.13～3.65 mm。在全年的生活周期中,分两个型。

夏型:单眼黄褐色,复眼褐色;触角黄色至黄褐色,第3～7节端褐色,第8节端及第9、10节黑色,端刚毛黄色。足黄色至黄绿色,端跗节黑褐色。前翅污金黄色,向端加深,透明,缘纹3个,不清晰;脉黄色。腹部绿色至黄绿色。

冬型:头顶黄色,具云状褐斑;单眼黄褐色,复眼黑色;触角第3～8节端及第9、10节黑色。中胸盾片具4条深褐色纵带;胸侧腹面褐色至黑褐色。足褐色,后基突黄褐色。前翅半透明,污褐色,沿脉两侧较深,缘纹3个,明显;脉黄褐色至深褐色。腹部黑褐色。

② 若虫

五龄:木虱型,密生小刻点。头、胸与腹宽及触角长约等;复眼橘红色,大,外凸;触角长,着生于头侧,分10节,末3节褐色,其下方有1小骨片,上有2刚毛,感觉孔

4 个，位于第 4、6、8、9 节，翅面上有瘤状刚毛，前翅芽边缘瘤状刚毛 16 根，后角与后翅芽边缘各 1 长棒状刚毛；足胫跗节分节，跗节 2 节，两分节处各有 1 圈小刺，爪 1 对。腹部分节不明显，臀板前有 4+4 横带状骨片，肛板前有 5 组 2+2 小骨片，侧面游离的 4 对骨片环绕 4 对腹气门；背 10 排瘤状刚毛，腹面 5 排简单刚毛较背面刚毛大，边缘长棒刚毛 4+4；肛门扁圆形。

四龄：头比腹宽；复眼大；触角 7 节，末 2 节褐色，感觉孔 3 个，位第 3、5、6 节。前翅芽边缘刚毛 8 根，后翅芽 1；足胫跗节分节，胫节中部有 1 圈刺。腹臀板前可见 4 节。

三龄：足胫跗节不分节，胫节上无刺。

二龄：触角 5 节，末节褐色，分两节，感觉孔 2 个，位第 3、4 节。

一龄：触角 5 节，末节分亚节，感觉孔 1 个，位第 4 节上。腹背 8 排 2 列瘤状刚毛。

③ 卵

长 0.19 mm、宽 0.07 mm。乳白色透明可见黄斑，纺锤形，端部尖上有一根毛，基部钝圆，有一柄固着在叶上，卵面有分泌的黏附物组成的五边形和六边形花纹及不规则的小条块。

4. 发生规律

1 a 发生 3~4 代。以成虫在树皮裂缝、树洞和落叶下越冬。春天当合欢叶芽开始萌动时，越冬成虫产卵于叶芽基部或梢端，以后各代的成虫则将卵分散产于叶背主脉处，成排，散产。若虫在叶背、叶柄及花蕾上刺吸树体汁液，若虫期 30~40 d。

5. 综合治理技术

参看桑异脉木虱综合治理技术。

（三）梧桐裂木虱 Carsidara limbata（Enderlein）

1. 寄主植物

成虫、若虫均为害梧桐（青桐、中国梧桐）。

2. 为害特点

以成虫和若虫在梧桐叶背、叶柄和幼嫩枝干上刺吸树体汁液，破坏输导组织，尤以幼树受害最烈。为害严重时，树叶早落，枝梢干枯，表皮粗糙脆弱，易风折。若虫分泌的白色棉絮状蜡质物，布满树体、叶面，将叶面气孔堵塞，影响正常的光合作用和呼吸作用，使叶面呈现苍白萎缩症状；分泌物中含有大量糖分，常招致霉菌寄生，诱发煤污病。同时分泌的白色蜡质物随风飘扬，形如雪花飞舞，严重污染行人和周围环境，影响市容市貌，如图 5-21 所示。

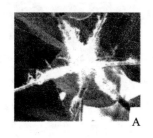

A. 若虫在叶柄基部的为害状；B. 成虫

图 5-21　梧桐裂木虱

3. 形态特征

① 成虫

雄雌体黄色至黄褐色，具黑色或黑褐色斑纹，被稀短毛。头顶黄绿色，中缝黑褐色；单眼棕褐色，复眼褐色，眼后叶黑色；触角黄色，第 1 节腹面、第 4～8 节端、第 9、10 节黑色，端刚毛黄色。前胸背板中央、后缘及两侧凹陷黑色；中胸前盾片前端具褐色斑，盾片两侧具宽的黑色纵带，中央具 1 条褐色带；后小盾片黑褐色。足黄褐色，腿节背面黑褐色；后基突黄色。前翅透明，稍污黄色；翅痣不透明，黄褐色；脉黄色，由 m_{1+2} 室沿后缘至 cu_{1a} 室，再向上沿 cu_{1a} 具 1 条褐色带；A 端斑褐色；臀脉上具 2 个黑色斑点；缘纹 1 条。腹部褐色，雄体第 3 节背板及生殖节黄色，雌体腹板及生殖节褐色。雄体长 3.57 mm，体翅长 5.63～6.71 mm，粗大。雌体长 3.93 mm，体翅长 6.88～7.14mm。

② 若虫

五龄：木虱型。体长 2.75 mm，卵圆形，在木虱中为大型个体。头较腹部为窄；复眼大；触角长，着生于头侧偏腹面，其下方有刚毛，分 10 节，末 2 节褐色，感觉孔分位于第 4、6、8、9 节上。

四龄：头宽与臀板长相等。腹部臀板前可见 5 节，孔腺数目少于五龄。

三龄：头胸嫩绿色，腹部节间淡黄色环纹，骨片、臀板、翅芽及足褐色。体宽与腹宽相等，大于头宽；触角 8 节，感觉孔 3 个，位于第 4、6 及 7 节上。头前胸与中胸间骨片 1＋1，中后胸各有 1 对骨片，足胫跗节不分节。腹部孔腺数目少于四龄。

二龄：乳白色，骨片、臀板及翅芽褐色，复眼红色，腹部透出黄色。触角着生于头侧，分 6 节，感觉孔 2 个，位于第 4、5 节上。翅芽不明显，相应位置处各有 1 披针形刚毛；腹部孔腺数目少于三龄。

一龄：乳白色。触角 4 节，末节分亚节，顶端具两分叉长，为触角长的 2/3，感觉孔 1 个位于末节。无翅芽。无孔腺。

③ 卵

长 0.34 mm，宽 0.08 mm，卵柄长 0.03 mm。越冬卵乳白色，二代卵白色，长卵圆形，卵面有分泌的黏附物组成的花纹。

4. 发生规律

在陕西省关中地区 1 a 发生 2 代，以卵越冬。枝干上的越冬卵于翌年 4 月底 5 月初陆续孵化，多群集于嫩梢、叶柄基部和叶背为害。若虫行动迅速，无跳跃能力，潜居在自身分泌的白色蜡质絮状物中爬行，并进行生长发育。第 1 代成虫于 6 月上、中旬羽化。

新羽化成虫暂时亦栖息于絮状分泌物中，1～2 d 后离移至无分泌物处继续吸食汁液。其觅食求偶，总是爬行，很少飞翔，如受惊扰，即跳跃以助飞翔，其跳跃能力很强，可跃出 30 cm 以外。飞翔力不强，很少飞过 1.3～1.6 m 远，但遇大风时，也可借风力而远扬。经 10 d 左右补充营养，待性成熟后，进行交尾、产卵。交尾以每天 8∶00 前和 17∶00 左右为最多，交尾时间可达 2 h。交尾后 2～3 d 开始产卵，卵多产在叶柄、叶背面，散产，卵产出后由性附腺所分泌的黏液，黏附于枝叶上而不脱落。卵散产，卵期 10～12 d，每头雌虫一生可产卵 50 粒左右。成虫寿命约 6 周。

第 2 代若虫于 7 月中旬开始出现，8 月上、中旬羽化为成虫，8 月下旬开始产卵，卵产于主干的阴面、主枝下面（阴面）靠近主干处、侧枝下方接近主枝处及主侧枝表皮粗糙处，以备越冬。此虫发生极不整齐，在同一时期可见各种不同虫态。

天敌在陕西省有大草蛉、中华草蛉、绿姬蛉、深山姬蛉、赤星瓢虫、姬赤星瓢虫、黄条瓢虫、食蚜蝇和 2 种寄生蜂，其中以赤星瓢虫、姬赤星瓢虫和 2 种寄生蜂作用最大。

5. 综合治理技术

参看桑异脉木虱综合治理技术。

五、蝉类

（一）大青叶蝉 *Cicadella viridis*（L.）

1. 寄主植物

寄主植物很多，主要为害杨、柳、槐、丁香、鸢尾、大丽花、翠菊、唐菖蒲、月季、茉莉花、木芙蓉、杜鹃、海棠、梅、桃、杏、樱花、樱桃、葡萄、苹果、梨和核桃等园林植物和果树，还为害多种蔬菜和农作物。

2. 为害特点

以成虫、若虫刺吸寄主叶片汁液，造成叶片褪色、卷缩；成虫产卵于树木幼嫩枝条皮层内，形成许多半月形疱疹状突起，使枝梢失水干枯死亡，如图 5-22 所示。

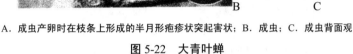

A. 成虫产卵时在枝条上形成的半月形疱疹状突起害状；B. 成虫；C. 成虫背面观

图 5-22 大青叶蝉

3. 形态特征

① 成虫

雌虫体长 9.4～10.1 mm，雄虫体长 7.2～8.3 mm。头部颜色淡褐色，两颊微青，在颊区近唇基缝处左右各有 1 小黑斑；触角窝上方、两单眼之间有 1 对黑斑；复眼三角形、绿色；前胸背板淡黄绿色，后半部青绿色；小盾片淡黄绿色，中间横刻纹较短，不深达边缘；前翅绿色带有青蓝色泽，前缘淡白，端部透明，翅脉为黄青色；后翅烟黑色，半透明。腹部背面蓝黑色，胸腹部及足橙黄色。

② 卵

长卵圆形，长 1.6 mm，宽 0.4 mm，白色微黄，中间微弯曲，一端稍细，表面光滑。近孵化时为黄白色，可见黑色眼点。

③ 若虫

共 5 龄。1 龄、2 龄若虫体色灰白略带黄绿色，头冠部有 2 条黑色斑纹。3 龄黄绿色，胸、腹部背面出现 4 条暗褐色条纹。4 龄若虫亦黄绿色，并有翅芽出现。5 龄若虫前、后翅翅芽等齐，超过腹部第 2 节。

4. 发生规律

在陕西省关中地区 1 a 发生 3 代。各代的发生期分别为 4 月上旬至 7 月上旬、6 月上旬至 8 月中旬、7 月中旬至 11 月中旬，以卵在枝条的皮层内越冬。翌年 4 月中旬孵化成为若虫。初孵若虫常群集取食，在受害叶面上或嫩茎上。10～20 头为 1 群体，偶然受惊便斜行或横行，由叶面转到叶背或跳跃逃逸。一般早晨气温较低并较潮湿时，行动缓慢，中午前至黄昏极其活跃。

第 1 代若虫期约为 1 个半月，第 2 代、第 3 代不到 1 个月。成虫遇惊和若虫一样，斜行、横行或振翅而飞。成虫趋光性强，羽化后需进食补充营养 20 d 左右。雌雄交尾后 1 d 即开始产卵。第 1 代、第 2 代成虫产卵分散，多产在杂草上。第 3 代卵大多产在 1～5 cm 直径的枝条上。雌虫先用产卵器尖端刺出一个小孔，再用产卵器锯成新月形伤口排卵，一般 7～10 粒，整齐排列在伤口表皮下。受害严重的枝干，伤疤累累，易受冻害或失去水分而干枯死亡。

5．综合治理技术

① 结合修剪，剪除被害枝条，集中烧毁，这是消灭该虫卵的最简单、最有效的办法。

② 加强苗圃、花圃的管理。清除地边杂草。在清晨露水未干前，网捕若虫、成虫。

③ 在成虫发生期间，利用黑光灯等灯光诱集捕杀。

④ 如果成虫发生很严重，可选用 2.5%溴氰菊酯乳油 2 000～3 000 倍液、40.7%毒死蜱乳油 1 500～2 000 倍液喷雾消灭。

（二）柿血斑叶蝉 *Erythroneura mori* Mats

1．寄主植物

其主要为害柿树、枣、桃、李、葡萄和桑等树木。

2．为害特点

以若虫和成虫聚集叶片背面叶脉附近刺吸汁液，使叶片出现失绿斑点，影响叶绿素的形成和光合作用，导致树体不能正常的生长发育，削弱树势。严重时斑点密集成片，呈卷缩状，叶片苍白，中脉附近叶片组织变褐，造成大量落叶。

3．形态特征

① 成虫

体长约 2.5 mm，体翅长 3.1 mm。淡黄白色。复眼淡褐色。头冠突出成圆锥形，有淡黄绿色纵条斑两个。前胸背板前缘有淡枯黄色斑点两个，后缘有同色横纹，横纹中央和两端向前突出，在前胸背板中央显现出一个近似"山"字形斑纹。小盾板基部有橘黄色"V"形斑。两前翅对合时形成下述橘红色斑纹：翅基部有"Y"形斑，中央略似"W"形，紧接着是一倒梯形斑，近末端又有一"X"形斑，这些斑纹粗略看上去似血丝状。翅面散生若干红褐色小点。

② 卵

长约 0.7～0.8 mm，略弯曲。白色。

③ 若虫

共 5 龄，初孵若虫淡黄白色近透明，复眼红褐色，随着龄期增长体色加深，渐变为淡黄色。4～5 龄有翅芽。5 龄若虫体扁平，有很明显的白色长刺毛，淡黄色至黄色。翅芽黄色加深。如图 5-23 所示。

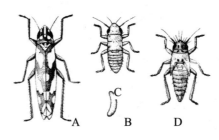

A. 成虫；B. 卵；C. 初孵若虫；D. 5 龄若虫

图 5-23　柿血斑叶蝉

4. 发生规律

1 a 发生 3 代，以卵在当年生枝条皮层内越冬。4 月中下旬柿树展叶时越冬卵开始孵化，第 1 代若虫期近 1 个月，5 月上中旬出现成虫，不久交尾产卵。卵散产在叶背面叶脉附近。卵期约半个月。6 月上中旬卵孵化成为若虫，7 月上旬第 2 代成虫出现，以后世代交错，重叠发生。若虫孵化后先集中在枝条基部，叶片背面中脉附近，不太活跃，长大后逐渐分散。老龄若虫和成虫性情活泼，喜横着爬行，成虫稍受惊动即跳跃起飞。若虫、成虫均在叶背中脉两侧刺吸汁液，被害叶正面初期出现失绿斑点，严重时整个叶片苍白，边缘上卷，甚至造成提前落叶。

5. 综合治理技术

① 树木发芽前及时刮刷老翘皮，清除落叶及杂草；结合修剪，剪除越冬卵数量较多的枝条，以减少越冬虫源基数。

② 在 4 月中下旬第 1 代卵孵化初期和 6 月上中旬第 2 代卵孵化初期，可选用 40.7%毒死蜱乳油 1 500～2 000 倍液、2.5%溴氰菊酯乳油 2 000～2 500 倍液喷雾，消灭初龄若虫。半月后改用 40.7%毒死蜱乳油 1 500 倍与 10%吡虫啉可湿性粉剂 2 000 倍混合药液喷雾，消灭老龄若虫和成虫。

③ 保护和利用天敌资源，如红色食虫螨等，充分发挥天敌对害虫的自然控制作用。

（三）斑衣蜡蝉 *Lycorma delicatula* White

1. 寄主植物

其为害臭椿、香椿、葡萄、苦楝、猕猴桃、合欢、珍珠梅、海棠、苹果、山楂、桃、李、杏、梅、女贞、月季、刺槐、榆、石榴、杨、花椒、悬铃木、三角枫、五角枫和梧桐等多种园林植物和果树。

2. 为害特点

成虫、若虫刺吸嫩叶、嫩梢和枝干汁液。嫩叶受害后造成穿孔，严重时叶片破裂。嫩梢受害后萎缩、畸形。枝条受害严重时干枯死亡。其排泄物污染下部枝叶和果实，诱发煤污病，影响光合作用；同时严重污染地面和行人衣帽，影响环境卫生和市容市貌。

3．形态特征

① 成虫

体长 14～22 mm，翅展 40～56 mm。雄虫较小。复眼黑色向两侧突出。触角 3 节，鲜红色，锥状。前翅长卵形，革质，基部 2/3 淡褐色，上有黑色斑点 20 余个；端部 1/3 黑色，脉纹淡白色。后翅扇状，基部 1/3 红色，有黑斑 7～8 个，翅中部有倒三角形白色区，端部黑色。体翅常有白色蜡粉。

② 卵

长椭圆形，长约 3 mm，宽约 2 mm，褐色，背面两侧有凹入线，中部成纵脊。卵粒平行排列整齐成块状，表面覆盖有一层土灰色粉状蜡质，如污泥状。每个卵块有 40～50 粒卵。

③ 若虫

初孵时白色，不久即变黑色，体上有许多小白斑。足长，头尖，停立如鸡。共 4 龄。1 龄若虫触角冠毛为全触角长的 3 倍；2 龄若虫触角冠毛略长于触角；3 龄若虫白色斑点显著，冠毛的长度与触角 3 节的和相等。4 龄若虫体背淡红色。足黑色，有白色斑点，翅芽明显，如图 5-24 所示。

A．成虫；B．若虫群体为害状

图 5-24　斑衣蜡蝉

4．发生规律

1 a 发生 1 代，以卵在树木枝干上或附近建筑物上越冬。越冬卵于翌年 4 月中旬开始孵化为若虫。若虫喜群集嫩茎和叶背为害，受惊扰即跳跃逃避。若虫期约 60 d，蜕皮 4 次，6 月中旬后羽化为成虫。成虫白天活动，多群集在嫩叶和叶柄基部，受惊猛跃起飞，以跳助飞，迁移距离 1～2 m。成虫、若虫都有群集性，弹跳力强。8 月中、下旬交尾、产卵，交尾多在夜间；卵块多产在茎蔓、枝干的腹面或枝杈阴面。成虫寿命长达 4 个月，为害至 10 月下旬陆续死亡。

5．综合治理技术

① 结合冬季修剪、整枝和园林管理，剪除带有卵块的枝梢；将枝条、树干和周围建筑物上的卵块压碎，彻底消灭越冬卵块。

② 在初龄若虫发生期，可选用 40.7%毒死蜱乳油 1 500～2 000 倍液、2.5%溴氰菊酯乳油 2 000～2 500 倍液喷雾消灭。在老龄若虫和成虫发生期，可改用 40.7%毒死蜱乳油

1 500 倍与 10%吡虫啉可湿性粉剂 2000 倍混合药液喷雾消灭，也可选用 2.5%溴氰菊酯乳油 2 000 倍液喷雾消灭。

③ 在成虫发生期，可设置黑光灯诱杀。

六、蝽类

（一）二色普缘蝽 *Plinachtus bicoloripes* Scott

1．寄主植物

在西安市偶发现，该虫仅为害陕西卫矛（金线吊蝴蝶）*Euonymus schensianus* Maxim，但不为害陕西卫矛的嫁接砧木丝棉木（桃叶卫矛、华北卫矛）*Euonymus bungeanus* Maxim。

2．为害特点

成虫、若虫均刺吸为害。在叶片背面为害，使叶片从叶尖向背面横向卷曲呈半圆筒形，并有黑色点状坏死斑。蒴果被害后亦呈黑色点状坏死斑。

3．形态特征

① 成虫

体中型，长约 15 mm，宽约 4 mm。黑褐色，密被细小深色刻点，腹面黄色。头小，前端显著伸出于触角基前方，中叶长于侧叶；触角较细，红色，圆柱形，稍长于体长的 2/3，第 2 节最长，第 3 节最短，第 4 节长于第 3 节；短部稍侧扁。喙短，末端黑色，达于中足基节。前胸背板梯形；侧缘黑色，平直；侧角不突出或成刺状；小盾片三角形，顶端黑色；前翅膜片浅褐色，达于腹部末端；足简单，各足股节基半部黄色，端半部、胫节及跗节红褐色。腹部背面略向下凹陷，侧接缘上翘；侧接缘基半部黄色，端半部黑色；腹面污黄色；气门黑色，与腹板后缘距离远小于距侧缘距离；雄虫生殖节后缘中央凹陷。

② 卵

椭圆形，长 2 mm 左右，亮黑色有光泽。

③ 末龄若虫

形似成虫，翅芽明显，腹部背中线有两个大棘刺，黑色，如图 5-25 所示。

A．成虫；B．末龄若虫；C．卵

图 5-25　二色普缘蝽

4. 发生规律

不详。8 月下旬～9 月上旬多数虫态为末龄若虫，少数虫态为成虫和卵。卵产在蒴果表面，虽相距很近但不相连。成虫和若虫白天活动，群集为害，有假死习性，受惊扰时掉落地面；夜晚在枝条上静伏不动。

5. 综合治理技术

使用 40.7%毒死蜱乳油 1 500 倍液、5%高效氯氰菊酯乳油 2 000 倍液和 2.5%溴氰菊酯乳油 2 000 倍液喷雾进行防治试验，效果为 100%。

（二）梨冠网蝽 *Stephanitis nashi* Esaki et Takeya

1. 寄主植物

其主要为害樱花、梅花、月季、杜鹃、海棠、梨、苹果、沙果、花红、山楂、樱桃、桃、李和杏等园林树木以及果树。

2. 为害特点

成虫和若虫群集栖息于寄主叶片背面刺吸汁液，被害叶片正面呈现苍白色斑点；叶片背面留有此虫排出的斑斑点点的褐色粪便和产卵时留下的蝇粪状黑点，使整个叶背面呈现出锈黄色，极易识别。受害严重时，被害斑扩大为褐色枯斑，使叶片提早脱落，严重影响园林树木的观赏价值，对果树的树势、产量和品质影响也很大，如图 5-26 所示。

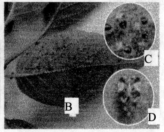

A. 叶片正面呈现的为害状；B. 叶片背面为害状；C. 若虫；D. 成虫

图 5-26　梨冠网蝽

3. 形态特征

① 成虫

体长 3.5 mm，扁平，黑褐色。头小，复眼暗黑色；触角丝状 4 节，第 1、2 节短，第 3 节细长，第 4 节端部略膨大。前胸背板有纵隆起，向后延伸如扁平状，盖住小盾片，两侧向外突出呈翼片状，上有网状花纹。前翅略呈长方形，平覆于身体上，翅面具黑褐色网状花纹，静止时由于两翅重叠，翅上的斑纹呈"×"状。前胸背板与前翅均为半透明，具褐色细网纹。胸部腹面黑褐色常有白粉。足黄褐色。腹部金黄色，上有黑色斑纹。

② 卵

长椭圆形，有孔口的一端略弯曲，呈"水瓶"状，长约 0.6 mm。初产的呈淡绿色半透明状，后渐变为淡黄色。

③ 若虫

共 5 龄。初孵若虫乳白色，近透明，数小时后变为淡绿色，最后变为深褐色。头、胸和腹部均有刺突，头部 5 根（前方 3 根，中部两侧各 1 根），胸部两侧各 1 根，腹部各节两侧与背面各 1 根。3 龄后有明显翅芽，腹部两侧及后缘有 1 环黄褐色刺状突起。

4. 发生规律

陕西省关中地区 1 a 发生 4 代。以成虫在落叶、树皮裂缝、翘皮下、土块下及杂草上越冬。翌年 4 月上旬越冬成虫开始出蛰，4 月中下旬为出蛰盛期；成虫出蛰后迁飞到寄主嫩梢上取食为害，当旬平均气温达 15℃以上时，即进行交尾、产卵。产卵于叶背面叶肉内，每次产卵 1 粒。常数粒至数十粒相邻产于主脉两侧的叶肉内，每雌可产卵 15～60 粒，卵期 15 d 左右。5 月中旬为第一代卵孵化盛期，6 月初孵化结束。初孵若虫不甚活动，有群集性，2 龄后逐渐扩大为害范围。6 月中下旬出现当年第一代成虫，此后随气温增高，繁殖速度加快，世代重叠现象严重，7～8 月是全年为害最严重的时期，此时既有成虫，又有若虫和卵，防治难度很大。

成、若虫喜群集叶背主脉附近，被害处叶面呈现黄白色斑点，随着为害的加重而斑点扩大，至全叶苍白干枯，早期脱落。叶背和下部叶面、果实上常落有黑褐色带黏性的分泌物和粪便，并诱发煤污病。10 月中、下旬以后，成虫寻找适当处所越冬。

5. 综合治理技术

① 冬春清园。在树木落叶后至来年发芽前，彻底清除园内及附近的杂草、枯枝落叶，集中烧毁或深埋，并进行翻耕改土，减少越冬虫源。

② 加强园林树木管理。合理施肥，增施磷、钾肥，促进树势健壮生长；合理整形修剪，保持良好的通风透光条件；及时清除杂草，减少害虫的栖息场所。

③ 药剂防治。药剂防治应抓住三个关键时期：一是越冬代成虫出蛰盛期，可视虫情喷药 1 次～2 次，药剂选用 40.7%毒死蜱乳油 1 500 倍液、20%甲氰菊酯（灭扫利）乳油 2 000 倍液或 2.5%溴氰菊酯乳油 2 000 倍液喷雾，使树体呈淋洗状态。二是第一代若虫期（第一代若虫孵化末期至第一代成虫出现以前），可视虫情喷药 2～3 次，药剂选用 10%吡虫啉可湿性粉剂 2 000 倍与 40.7%毒死蜱乳油 1 500 倍混合药液、10%吡虫啉可湿性粉剂 2 000 倍与 20%甲氰菊酯乳油 2 000 倍混合药液喷雾。三是在树木落叶前，选用 40.7%毒死蜱乳油 1 500 倍液、20%甲氰菊酯乳油 2 000 倍液、2.5%溴氰菊酯乳油 2 000 倍液喷雾，以消灭寻找越冬场所而尚未进入越冬状态的成虫。

七、螨类

（一）二斑叶螨 *Tetranychus urticae* Koch

1. 寄主植物

其为害月季、蔷薇、玫瑰、牡丹、大丽花、一串红、酢浆草、铁线莲、香豌豆、锦葵、腊梅、海棠、木槿、木芙蓉、樱花、苹果、梨、桃、杏、李、樱桃和葡萄等园林植物、果树和多种粮、棉、油、蔬菜作物以及近百种杂草。

2. 为害特点

其主要寄生在叶片的背面取食，刺穿细胞，吸取汁液。受害叶片正面先从近叶柄的主脉两侧出现苍白色斑点，随着为害的加重，可使叶片变成灰白色至暗褐色，抑制光合作用的正常进行，严重者叶片焦枯以至提早脱落。另外，该螨还释放毒素和生长调节物质，引起植物生长失衡，以致有些幼嫩叶呈现凹凸不平的受害状。大发生时园林树木呈现一片焦枯现象。在这种情况下，由于虫量密集，营养不足，大量叶螨下树爬行，寻找新的寄主植物，遇人和宠物亦可叮咬，造成皮肤红肿痒痛，影响人们的正常生活和休闲娱乐活动，如图 5-27。

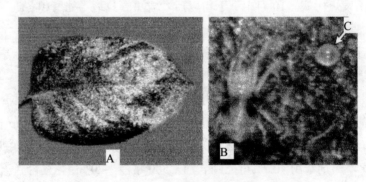

A. 为害状；B. 叶片上的成螨；C. 叶片上的卵

图 5-27 二斑叶螨

3. 形态特征

二斑叶螨体色不同于多数害螨的红色，而为黄白色或黄绿色，因此称之为"白蜘蛛"。

① 雌成螨

体长 0.42～0.52 mm，宽 0.30～0.32 mm，卵圆形，体背有刚毛 26 根，排成 6 横排。生长季节为乳黄色或黄绿色，体背两侧各有一块明显的黑斑，取食后呈浓绿、褐绿色；越冬型体色变为橙黄色。

② 雄成螨

身体略小，体长 0.36～0.41 mm，宽 0.19～0.22 mm，近卵圆形，体末尖削，体色与雌成螨相近，体背两侧也各有一块黑斑。

③ 卵

圆球形，长约 0.13 mm，光滑，初产为白色，近孵化时乳黄色，并显出红色眼点。

④ 幼螨

初孵时近圆形，体长 0.15 mm，白色，取食后变暗绿色，眼红色，足 3 对。

⑤ 若螨

前若螨体长 0.21 mm，近卵圆形，足 4 对，色变深，体背出现色斑。后若螨体长 0.36 mm，与成螨相似。

4. 发生规律

以受精的越冬型雌成螨在树木老翘皮和杂草根部越冬。越冬雌成螨在树上的分布以主枝翘皮为多，其次是主干。杂草如葎草、菊科、荠菜、田旋花和车前草等根部也是二斑叶螨的重要越冬场所。

次年 3 月上旬，在地面杂草上越冬的雌成螨开始出蛰，集中在杂草上活动、取食，出蛰盛期在 3 月下旬，4 月上中旬陆续上树为害。在树上越冬的雌成螨于 3 月下旬开始出蛰，盛期在 4 月上中旬，出蛰后直接在树上为害。

4 月中旬越冬后的雌成螨开始产第一代卵，盛期在 4 月下旬。5 月上旬出现第一代成螨，以后世代重叠现象明显。全年发生 10 代以上。5～10 月份，种群密度变化起伏，通常干旱、高温，适于发育和扩散为害。该虫营两性生殖，也可孤雌生殖。平均产卵 120 粒。

进入 9 月份由于气温降低，二斑叶螨繁殖速度减缓，加之寄主营养条件恶化，开始出现越冬型雌成螨，抗寒性、抗水性和抗药性显著增强。10 月后陆续潜入越冬场所。

二斑叶螨的发生具有以下特点：

① 寄主范围广，食性杂。二斑叶螨除为害多种园林植物和果树外，还为害许多农作物、蔬菜、药用植物和杂草。

② 生长速度快，繁殖能力强，竞争取代能力强，其生长发育的速度比山楂叶螨和苹果全爪螨快，年发生代数也多。二斑叶螨在与山楂叶螨、苹果全爪螨混合发生的情况下，其竞争能力处于优势，因此不需太长的时间将会逐步取代竞争对手而成为优势种。

③ 有很强的吐丝结网聚集栖息特性，虫口密度大时叶面上结薄层白色丝网或上千头虫体在新梢顶端群聚成"虫球"，甚至细丝还可在树株间搭接，害螨顺丝爬行扩散。

④ 受害园林植物多为密植栽培，周边有绿篱、草坪和花卉，圃地杂草较多，生态环境比较复杂。

⑤ 抗药力强。对防治其他叶螨有效的多种杀螨剂具有抗药性，更增加了防治的难度。

5. 综合治理技术

① 彻底清除园内和周边的杂草。这些杂草的存在，一方面使二斑叶螨可以转移取食，

躲避农药毒害，另一方面为其提供了较为理想的越冬场所。

② 树木落叶前，在主干部位束草诱集越冬螨，冬季解下集中烧毁。

③ 防治病虫应有的放矢，合理用药，不用不具杀螨作用的菊酯类农药。

树木芽萌动时，对主干、主枝基部、根颈部及地面喷 45%晶体石硫合剂 50～100 倍液、95%矿物油乳剂 300 倍和 5%噻螨酮（尼索朗）乳油 2 000 倍液，消灭越冬后出蛰或即将出蛰的雌成螨。生长期要尽早控制二斑叶螨的发生和为害，特别是在夏季要抓住害螨从树冠内膛向外围扩散初期的防治；在秋季要抓住越冬型雌成螨潜入越冬场所前的防治。可选用 1.8%阿维菌素乳油 5 000 倍液、24%螺螨酯（螨危）悬浮剂 4 000 倍液、20%四螨嗪（螨死净）水悬剂 2 500 倍液、5%噻螨酮乳油 2 000 倍液和 20%哒螨灵（扫螨净）可湿性粉剂 2 500 倍液等药剂喷雾。

④ 苗木调运时要搞好消毒工作，应在苗圃起苗前仔细喷洒一次杀螨剂，如噻螨酮、四螨嗪和螺螨酯等。

⑤ 叶螨的天敌种类很多，主要有深点食螨瓢虫、异色瓢虫、大草蛉、小花蝽、东亚小花蝽、塔六点蓟马、七星瓢虫及植绥螨和长须螨等，应加以保护和利用。

（二）山楂叶螨 *Tetranychus viennensis* Zacher

1．寄主植物

其主要为害多种蔷薇科植物，如山楂、苹果、沙果、杏、桃、李、梨、海棠、樱花、樱桃、月季和玫瑰等，还为害草莓、棉花、玉米、高粱、茄子、辣椒、烟草、榛、栎、核桃和刺槐等多种园林植物、果树、蔬菜、农作物以及许多杂草。

2．为害特点

被害叶子表面呈现灰白色失绿的斑点。早春在刚萌发的芽、小叶和根蘖处为害，随着叶子生长，逐渐蔓延全树。受害严重时，6 月上、中旬叶片焦枯，似火烧状，提早脱落。在这种情况下，由于虫量密集，营养不足，大量叶螨下树爬行，寻找新的寄主植物，遇人和宠物亦可叮咬，造成皮肤红肿痒痛，影响人们的正常生活和休闲娱乐活动。

3．形态特征

① 雌成螨

体长 0.45～0.53 mm，体宽 0.32 mm，椭圆形，深红色。足及颚体橘黄色。越冬雌成螨橘红色。须肢端感器短锥形，其长度与基部宽度略相等；背感器小枝状，其长略短于端感器。口针鞘前端略呈方形，中央无凹陷。气门沟末端具分支，且彼此缠结。

② 雄成螨

体长 0.35～0.45 mm，体宽 0.25 mm，体色橘黄。须肢端感器短锥形，但较雌螨细小；背感器略长于端感器。阳具末端与柄部呈直角弯向背面，形成与柄部垂直的端锤，其近侧突起短小、尖利，远侧突起向背面延伸，其端部逐渐尖细。

③ 卵

圆形，初为黄白色，孵化前变为橙红色，如图 5-28 所示。

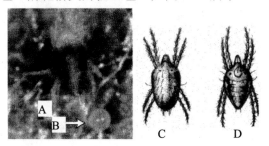

A. 叶片上的成螨；B. 叶片上的卵；C. 雌成螨；D. 雄成螨

图 5-28　山楂叶螨

④ 幼螨

体小而圆，黄绿色，3 对足。

⑤ 若螨

分为第 1 若螨和第 2 若螨，足 4 对，体色较深。第 2 若螨比第 1 若螨大，近似成螨，但腹部末端较尖。

4．发生规律

陕西省关中地区 1 a 发生 6～10 代。以受精雌成螨在树皮裂缝、虫孔、枯枝落叶及杂草根茎周围的土缝等处越冬。翌年 3 月下旬树木花芽萌动时开始出蛰，4 月中旬为出蛰盛期。在根茎处越冬的个体出蛰略早，出蛰后先在附近萌发的根蘖芽、杂草等叶片上吸食，随着气温升高，逐渐转移至树上刚萌发的新叶、花柄和花萼上吸食为害，常造成嫩芽花蕾不能开花展叶。

当日平均气温达 15℃以上时开始产卵。此后世代重叠。山楂叶螨在 27.5℃下，卵期为 5.2 d，幼若螨期 6.8 d。该螨可营两性生殖，也可进行孤雌生殖。雄螨一生可多次与多个雌螨交配。雌螨日产卵因温度高低而不同，1～9 粒不等，平均 4 粒左右；单雌产卵平均 70 粒左右。一般 6 月上旬以前种群增长缓慢；中旬开始数量激增。进入雨季后，种群密度骤降。8 月下旬至 9 月下旬出现第 2 个小高峰。自 9 月下旬开始部分成螨进入越冬状态，10 月底至 11 月上旬全部进入越冬状态。

5．综合治理技术

参见二斑叶螨综合治理技术。

复习思考题

1．园林植物上的刺吸害虫主要有哪些类群？其被害状表现为哪些形式？

2．刺吸害虫的生殖方式有哪些类型？各有什么特点？

3．刺吸害虫的传播方式有哪些类型？蚜虫以哪种传播方式为主？介壳虫以哪种传播方式为主？

4．蚜虫全年的生活史有异寄主全周期型、同寄主全周期型和不全周期型三个类型，各个类型对其生命活动有什么意义？

5．哪几种刺吸害虫对城市市容环境造成的污染最为严重？如何进行综合治理？

6．化学农药防治介壳虫、木虱类害虫的难点是什么？如何解决？

7．为什么实施化学农药防治主要在初龄若虫期？

8．城市天敌资源为什么匮乏？应采取何种措施加以保护？

第二节　食叶害虫

园林植物的食叶害虫种类繁多，主要包括鳞翅目的刺蛾、夜蛾、螟蛾和卷蛾，膜翅目的蜂类，鞘翅目的叶甲，直翅目的蝗虫，双翅目的蚊蝇类，其他食叶动物如蛞蝓、蜗牛、鼠妇和马陆等，其中蛾类占多数。这类害虫的发生和为害特点是：

① 以咀嚼式口器取食植株的叶片，造成缺刻、孔洞，甚至将整株叶片吃光。被害植物的地面布满虫粪、残叶，既影响园林植物的生长发育，又破坏景观，污染环境。

② 不同食叶害虫取食植物的虫态可能不同，如鳞翅目、膜翅目和双翅目的是幼虫，鞘翅目和直翅目是成虫和幼虫。

③ 食叶害虫大多裸露生活，少数卷叶、潜叶和营巢生活，因而受气候、食物和天敌因子的影响较大，表现为虫口消长明显。

④ 某些食叶害虫产卵集中，繁殖量大，并具有主动迁移和扩散的能力。如环境条件适合，往往能在短时间内暴发成灾。

一、刺蛾类

（一）黄刺蛾 *Cnidocam flavescens*（Walker）

1．寄主植物

其食性很杂，主要为害核桃、枫杨、重阳木、三角枫、桑、杨、柳、榆、刺槐、悬铃木、蜡梅、梅花、樱花、海棠、桂花、紫薇、紫荆、大叶黄杨、月季、苹果、梨、桃、李、杏、梅、樱桃、山楂和石榴等百余种园林植物和果树。

2．为害特点

初孵幼虫群集在叶背啃食下表皮和叶肉，仅留上表皮，形成圆形透明小斑，形如天窗；大龄幼虫取食叶片，形成孔洞、缺刻；老龄幼虫能将叶片全部吃光，仅留叶柄、叶脉。

该虫的幼虫俗称洋辣子，身体上有毒刺和毒毛，触及人体后能刺激皮肤，造成红肿，有疼、痒、辛、辣、麻和热等感觉，毒性极强，连小鸟都不会轻易接近。

3．形态特征

① 成虫

体长 13～16 mm，翅展 29～36 mm。体肥大黄褐色，头胸及腹前后端背面黄色。触角丝状灰褐色，复眼球形黑色。翅橙黄色，前翅基部黄色，外缘褐色，从顶角至后缘基部 1/3 处及臀角附近各有 1 条棕褐色细线，内侧线的外侧为黄褐色，内侧为黄色；沿翅外缘有棕褐色细线；黄色区有 2 个深褐色斑，均靠近黄褐色区，1 个近后缘，1 个在翅中部稍前。后翅淡黄褐色。边缘色较深。

② 卵

椭圆形，扁平，长 1.4～1.5 mm，初产时黄白色，后变黑褐色，表面有龟甲状刻纹。

③ 幼虫

初龄幼虫黄色，稍大后转为黄绿色。老熟幼虫体长 16～25 mm，肥大，呈长方形，黄绿色，背面有 1 个紫色哑铃形大斑，边缘发蓝。头较小，淡黄褐色；前胸盾板半月形，左右各有 1 个黑褐斑。身体第 2 节以后各节有 4 个横列的肉质突起，上生刺毛与毒毛、黑点，其中以 3、4、10、11 节较大。气门红褐色。气门上线黑褐色。气门下线黄褐色。臀板上有 2 个黑点，胸足极小，腹足退化，第 1～7 腹节腹面中部各有 1 扁圆形"吸盘"。

④ 蛹

长 11～13 mm，椭圆形，黄褐色。茧石灰质，椭圆形，质地坚硬，表面光滑，上有灰白色和褐色纵纹，形似鸟蛋，如图 5-29 所示。

 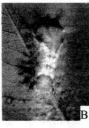 

A．成虫；B．幼虫；C．茧

图 5-29 黄刺蛾

4．发生规律

陕西省关中地区 1 a 发生 2 代。以老熟幼虫在小枝的分权处、主侧枝以及树干的粗皮上结茧越冬。5 月上旬化蛹，蛹期 15 d 左右。5 月下旬～6 月上旬越冬代成虫羽化，羽化多在傍晚。成虫昼伏夜出，有趋光性，羽化后不久即交配产卵，卵产于叶背，数十粒聚产成块，每雌产卵 49～67 粒，卵期 7～10 d。

幼虫有 7 龄，历期 22～33 d。初孵化幼虫先取食卵壳，然后群集在叶背取食下表皮及叶肉组织，仅留上表皮，形成圆形透明小斑；稍大后即分散为害，4龄时取食叶片成孔洞、缺刻，5龄后可食全叶，仅留叶脉。第一代幼虫为害期为6月中旬～7月中旬，第一代成虫于7月中下旬羽化。第二代幼虫为害盛期在8月上中旬、8月下旬，至9月幼虫陆续老熟，结茧越冬。幼虫结茧前，在树枝上吐丝做茧，茧开始时透明，后即凝成硬茧。第1代幼虫结的茧小而薄，第2代茧大而厚。

5. 综合治理技术

① 刺蛾以茧越冬，历时很长，在发生严重地块可结合冬春修剪，人工剪除越冬茧。

② 初孵幼虫有群集性，被害叶片成透明枯斑，容易识别，可组织人力摘除带虫叶片，消灭幼虫，防止扩散为害。摘叶时注意幼虫毒毛蜇人。

③ 利用黑光灯或频振式杀虫灯诱杀成虫。

④ 保护利用天敌资源。刺蛾的天敌有上海青蜂、刺蛾广肩小蜂、螳螂、金星步甲和许多有益鸟类，应加以保护和利用，充分发挥天敌昆虫的自然控制作用。

⑤ 化学药剂防治。在刺蛾幼虫发生严重时，可选用40.7%毒死蜱1 500倍液、2.5%敌杀死乳油2 000倍液、2.5%功夫水乳剂2 000倍液、4.5%高效氯氰菊酯乳油2 000倍液、25%灭幼脲3号悬浮剂1 500倍液和0.3%苦楝素乳油1 000倍液等药剂喷雾防治。

（二）扁刺蛾 *Thosea sinensis*（Walker）

1. 寄主植物

扁刺蛾主要为害樱花、樱桃、核桃、枫杨、三角枫、五角枫、苹果、梨、枇杷、柑橘、梅、海棠、山楂、红叶李、悬铃木、桂花、白玉兰、大叶黄杨、女贞、紫藤、茶花、栀子花、芍药、牡丹和月季等百余种园林植物和果树。

2. 为害特点

同黄刺蛾。

3. 形态特征

① 成虫

雌蛾体长13～18 mm，翅展28～35 mm。体暗灰褐色，腹面及足色深。前翅灰褐色，稍带紫色，中室的前方有一明显的暗褐色斜纹，自前缘近顶角处向后缘斜伸；后翅暗灰褐色。雄蛾中室上角有一黑点。

② 卵

扁长椭圆形，长1.1～1.4mm，初为淡黄绿色，孵化前呈灰褐色。

③ 幼虫

老熟幼虫体长21～26 mm，体扁、椭圆形，背部稍隆起，形似龟背。全体绿色或黄绿色，背线白色。体两侧各有10个瘤状突起，其上生有刺毛，每一体节的背面有2小丛刺毛，第4节背面两侧各有一红点，如图5-30所示。

A. 成虫；B. 幼虫

图 5-30 扁刺蛾

④ 蛹

长 10～15 mm，前端肥钝，后端略尖削，近似椭圆形。初为乳白色，近羽化时变为黄褐色。茧黑褐色，坚硬。

4. 发生规律

陕西省关中地区 1 a 发生 1 代，以老熟幼虫在树干周围 3～4 cm 土壤中结茧越冬。翌年 5 月中旬开始化蛹，6 月上旬成虫开始羽化，羽化盛期在 6 月中下旬～7 月上中旬。成虫昼伏夜出，有趋光性，羽化后即交尾，约 2 d 后产卵。卵多散产于叶面，每头雌虫产卵 40～50 粒，卵期 7 d。

初孵化幼虫肥胖迟钝，停息在卵壳附近，并不取食，蜕第 1 次皮后，先取食卵壳，再啃食叶肉，残留下表皮。7～8 d 后分散为害，取食整个叶片。一般从叶尖开始取食，将叶片吃成齐茬，最后只剩叶柄，虫量多时，常从一个枝条的下部叶片食至上部，每枝仅存顶端几片嫩叶。幼虫为害盛期在 8 月份。老熟幼虫于 9 月上旬开始下树入土结茧，下树时间在晚上 8：00 至次日晨 6：00，以午夜 2：00～4：00 下树最多。结茧的深度和距离树干的远近与树干周围的土壤质地有关。黏土地结茧部位浅且距树干远，茧比较分散；腐殖土及沙壤土结茧部位深，距树干近，而且密集。

5. 综合治理技术

参看黄刺蛾综合治理技术。

二、夜蛾类

（一）斜纹夜蛾 *Prodenia litura*（Fabricius）

1. 寄主植物

其寄主植物有 300 多种，主要有荷花、睡莲、香石竹、九里香、大丽花、木槿、栀子花、菊花、瓜叶菊、康乃馨、牡丹、芍药、月季、玫瑰、扶桑、杧果、丁香和山茶花等园林花木和多种禾草草坪草。

2．为害特点

斜纹夜蛾是一种暴食性害虫。幼虫取食叶片、花蕾和角果等部位。小龄幼虫仅蚕食叶肉，残留上表皮和叶脉，食痕白色纱孔状，后变黄色。大龄幼虫食量增长，可吃光叶片。在草坪中喜食细叶结缕草、黑麦草、早熟禾以及其他禾草，以幼虫食害叶片和根部，发生量多时可将整片草坪叶片吃光，致使草坪成片枯死。

3．形态特征

① 成虫

体长 14～20 mm，翅展 35～40 mm，全体褐色，胸背有白色丛毛，腹部前数节背面中央有暗褐色丛毛。前翅灰褐色（雄虫较深），斑纹复杂，内横线和外横线灰白色，呈波浪状，中间有白色条纹，环形纹不明显，肾形纹前部呈白色，后部黑色，在环形纹、肾形纹之间由前缘向后缘外方有 3 条白色斜线，据此命名为斜纹夜蛾。后翅白色。前后翅上常有淡红色至紫红色闪光。

② 卵

直径 0.4～0.5 mm，扁半球形，表面有纵横脊纹，初产黄白色，后渐变淡绿色，孵化前变紫黑色。由数十粒至上百粒卵粒聚集成 3～4 层的卵块，其上有雌蛾产卵时粘上的灰黄色绒毛。

③ 老熟幼虫

体长 38～51 mm，头部黑褐色，胴部体色变化较大，常因寄主和虫口密度不同而有变化，夏秋虫口密度大时体瘦，黑褐或暗褐色，冬春数量少时体肥，淡黄绿或淡灰绿色。全体遍布不太明显的白色斑点，从中胸至第 9 腹节各节的亚背线内侧有近三角形的黑斑 1 对，其中第 1 腹节、第 7 腹节和第 8 腹节的最大，中、后胸的黑斑外侧有黄色小点。

④ 蛹

体长 15～20 mm，长卵形，初蛹为脂红色，稍带青色，后渐变为赤红色。腹部背面第 4～7 节近前缘处各有一个小刻点，气门黑褐色。腹末臀棘短，有 1 对强大而弯曲的刺，刺的基部分开，如图 5-31 所示。

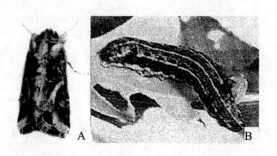

A．成虫；B．幼虫

图 5-31　斜纹夜蛾

4. 发生规律

斜纹夜蛾在我国南方无越冬现象，在长江流域以蛹越冬。陕西省关中地区 1 a 发生 4～5 代。是否以蛹在土壤内越冬，尚未定论，一般认为春季虫源可能是从南方迁飞而来。城市草坪生境复杂，在某些特殊环境条件下，斜纹夜蛾也可能以蛹越冬。全国各地发生代数虽有不同，但均以 7～10 月为害最重。

成虫昼伏夜出，成虫白天潜伏在叶背或土缝等阴暗处，夜间出来活动。飞翔力很强，有强烈的趋光性和趋化性，对黑光灯和糖醋液趋性强。成虫喜在植株茂密处嫩绿的叶背叶脉分叉处产卵，卵聚产成块，每只雌蛾能产卵 3～5 块，其上覆盖雌蛾的体毛，每块卵有 100～200 多粒。卵期 5～6 d。

幼虫共 6 龄。初孵幼虫群集在卵块附近叶背取食，2 龄后分散为害，4 龄进入暴食期，5～6 龄取食量占整个幼虫期取食量的 80%左右。幼虫多在傍晚以后为害，晴朗的白天躲在土缝中和其他阴暗处所，逢阴雨天气，白天也可取食活动。老龄幼虫有假死习性，遇惊就会卷缩落地；当食料不足或不当时，幼虫可成群集迁移至附近田块为害，故又俗称"行军虫"。在气温 25℃时，幼虫历期 14～20 d。幼虫老熟后入土，在 1～3 mm 深的土层内做一椭圆形土室化蛹。若土壤板结，则多在表土下或枯叶下化蛹。蛹期 11～18 d。

斜纹夜蛾具有较强的隐蔽性和突然暴发的特性，具有间歇性猖獗发生的特点。一是斜纹夜蛾具有多食性、暴食性和繁殖力强的特点，在适宜的条件下，只要有少量虫源，就存在暴发的可能；二是斜纹夜蛾属迁飞性害虫，一旦迁飞的成虫受到适宜的小气候因素影响，就有可能在一些地方突然暴发成灾。

斜纹夜蛾的天敌种类较多，主要有广赤眼蜂 *Trichogramma evanescens* Westwood、黑卵蜂 *Telenomus* sp.、螟蛉绒茧蜂 *Apanteles reficrus*（Hal.）和家蚕追寄蝇 *Exorista sorbillans* Wied. 等昆虫和杆菌、病毒等。

5. 综合治理技术

① 及时清除杂草和残株落叶，以减少在其上生活的多种害虫。

② 根据成虫具有趋光性、趋化性等特点，利用频振式杀虫灯、黑光灯、糖醋液和性诱剂诱杀成虫。

③ 根据斜纹夜蛾幼虫在 2 龄后分散为害、抗药性增强和昼伏夜出的生活习性，在 1 龄、2 龄幼虫期傍晚喷药是提高防治效果的关键技术措施。可选用 2.5%溴氰菊酯乳油 2 000～2 500 倍液、2.5%功夫水乳剂 2 000～2 500 倍液、4.5%高效氯氰菊酯乳油 2 000～2 500 倍液、40.7%毒死蜱乳油 1 500～2 000 倍液、0.36%苦参碱水剂 1 000～1 500 倍液、25%灭幼脲 3 号悬浮剂 1 000～1 500 倍液和 1.8%阿维菌素乳油 2 000～2 500 倍液等药剂喷雾防治。也可在老龄幼虫发生期和群集迁移期，选用 2.5%溴氰菊酯乳油 1 500～2 000 倍液突击喷雾消灭，以免蔓延扩散为害。夜蛾类害虫的幼虫对溴氰菊酯等菊酯类农药特别敏感，应作为首选药剂使用。

④ 保护和利用天敌资源，发挥它们的自然控制作用。

（二）小地老虎 *Agrotis ypsilon*（Rott.）

1. 寄主植物

小地老虎食性很杂，除为害草坪、花卉、苗圃幼苗和牧草外，还为害多种禾本科作物、蔬菜、棉花、烟草等多种农作物和杂草。

2. 为害特点

主要以幼虫为害植物的幼苗。为害草坪时，小龄幼虫将叶子啃食成孔洞、缺刻，大龄幼虫白天潜伏于根部表土中，傍晚和夜间切断近地面的茎部，致使整株死亡，发生数量多时，致使草坪大片光秃，需要重新种植。为害花卉和园林苗圃幼苗时，造成大量缺苗，需要补栽甚至需要重新育苗，延误农时。

3. 形态特征

① 成虫

体长 16～23 mm，翅展 42～54 mm，全体黄褐色至褐色。雌蛾触角丝状，雄蛾触角双栉齿状。前翅长三角形，前缘至外缘之间色深，从翅基部至端部有基线、内横线、中横线、外横线、亚外缘线和外缘线，内横线与中横线间和中横线与外横线间分别有一个环状纹和肾状纹，内横线中部外侧有一楔状纹，在肾状纹与亚外缘线间有两个指向内方，一个指向外方共计三个相对的箭状纹。后翅灰白色，脉纹及边缘色深。腹部灰黄色。

② 卵

直径约 0.5 mm，半球形，表面有纵横隆起线，顶端中心有精孔，初产时白色，后渐变黄色，近孵化时淡灰紫色。

③ 幼虫

老熟幼虫体长 37～47 mm，长圆柱形。头黄褐色，胴部灰褐色，体表粗糙，布满圆形深褐色小颗粒。背部有不明显的淡色纵带。腹部 1～8 节背面各节各有前、后两对毛片，前对的小且靠近，后对的大而远离。臀板黄褐色，其上有两条黑褐色纵带。腹足趾钩单序中带式，如图 5-32 所示。

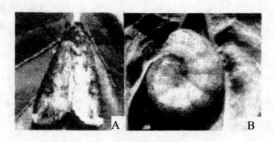

A. 成虫；B. 幼虫

图 5-32　小地老虎

④ 蛹

体长 18～24 mm。赤褐色有光泽。腹部第 5～7 节背面前缘深褐色，各有小黑点组成的黑纹，末端色深。具 1 对分叉的臀棘。

4. 发生规律

我国各地发生的代数因地而异，陕西省关中地区 1 a 发生 4 代，春季虫源可能是由南方迁飞而来。第一代成虫盛发期在 3 月中旬至 4 月下旬，第一代幼虫为害期在 4 月中旬至 5 月下旬，5 月是为害盛期。各地不论发生几代，均以第一代发生数量多、时间长及为害重。

成虫飞翔力很强，具远距离迁飞习性。昼伏夜出，以黄昏后活动最盛。活动受气温影响明显，以 16℃～20℃时活动最盛，低于 8℃、大风或有雨的夜晚，一般不活动。对黑光灯、糖蜜和发酵物具明显的趋性。羽化后需补充营养 3～5 d，然后交尾、产卵。产卵部位一般在草坪草的茎叶上，以 3 cm 以下的幼苗叶背和嫩茎上为多，一部分也可产在地面。卵多数散产，每雌产卵量 800～1 000 粒，最多 2 000 余粒。

幼虫 6 龄，少数个体有时可达 7～8 龄。幼虫 3 龄前昼夜为害，主要啃食叶片，因食量较小，只造成小孔洞和缺刻，一般为害不重；3 龄后昼伏夜出，白天潜伏在根部周围土壤里，夜晚出来为害，从茎基部将植株咬断，造成缺苗断垄；5～6 龄取食量最大，占整个幼虫期食量的 90% 以上。幼虫耐饥饿力较强，3 龄以前可耐饥饿 3～4 d，3 龄以后可耐饥饿 15 d，但在食物缺乏情况下个体之间常出现自相残杀现象。第 1 代幼虫历期 30～40 d。幼虫老熟后在地面以下 6～10 cm 处筑土室化蛹。蛹有一定耐水能力，但进入预蛹期后，则水淹很易死亡。

小地老虎的不同世代，因受温度等条件的影响，发育历期差异很大，在气温 25℃条件下，卵期 5～7 d，幼虫期 20～25 d，蛹期 13～15 d，成虫期 12～14 d。春季气温较低，第一代发育历期较长。

5. 综合治理技术

① 参看斜纹夜蛾综合治理技术。

② 利用泡桐叶诱集和捕杀幼虫。根据地老虎喜在泡桐叶下栖息的习性，可在 4 月下旬～5 月中下旬第一代幼虫发生期，在草坪、花卉苗圃和园林树木育苗苗圃，按每 10 m² 摆放一片泡桐叶的量，于傍晚均匀摆放地面，并用土块压住，次日清晨大部分幼虫在泡桐叶下栖息，可收叶捕虫。由于部分幼虫栖息在泡桐叶下的表土中，需仔细刨土查找捕杀。也可用泡桐叶蘸 90% 敌百虫结晶 200 倍液后再摆放，能直接消灭大部分诱集来的幼虫。

③ 人工查找捕杀幼虫。根据地老虎幼虫在晚上取食后，清晨还要咬断一株幼苗并拖入窝中的习性，清晨可在苗圃顺行检查，在被害苗周围刨土查找捕杀。根据地老虎白天在草坪中栖息是在地表作一通直的土室，直径约 15 mm，深度约 25 mm，清晨可拨开草丛检查，发现后捕杀。

三、卷叶类

（一）黄杨绢野螟 *Diaphania perspectalis* Walker

1. 寄主植物

其主要为害小叶黄杨、金边黄杨、雀舌黄杨、瓜子黄杨、锦熟黄杨、大叶黄杨、冬青和卫矛等园林植物。

2. 为害特点

以幼虫吐丝缀叶做巢为害植物叶片、嫩梢，致使枝、叶不能正常伸展，生长发育受阻，严重时整株叶片被吃光，仅留丝网、碎片，常造成绿篱植物枯萎死亡。

3. 形态特征

① 成虫

体长 20～30 mm，翅展 40～50 mm。除前翅前缘、外缘、后缘及后翅外缘为黑褐色宽带外，全体大部分被有白色鳞片，有紫红色闪光。在前翅前线宽带中，有 1 个新月形白斑。雄蛾腹部末端有黑色毛丛，较瘦；雌蛾腹部末端无毛丛，较肥大。

② 卵

长圆形，底面光滑，表面隆起。初产时淡黄绿色，近孵化时为黑褐色。

③ 幼虫

老熟时体长约 40 mm 左右，头部黑色，胸、腹黄绿色。背中线深绿色，两侧有黄绿色及青灰色横带，各节有明显的黑色瘤状突起，瘤突上着生刚毛，如图 5-33 所示。

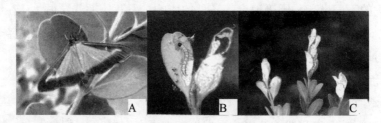

A. 成虫；B. 幼虫；C. 为害状

图 5-33 黄杨绢野螟

④ 蛹

纺锤形，臀棘 8 根，排成一列，尖端卷曲成钩状。

4. 发生规律

1 a 发生 3 代，以第 3 代幼虫在叶苞内做茧越冬，越冬幼虫龄期各地不一。翌年 4 月中旬越冬幼虫开始出蛰并活动为害，越冬幼虫出蛰整齐，为害一段时间后开始化蛹、羽化。5 月中旬始见成虫，中旬可见少量幼虫为害，以后世代重叠。10 月份以第 3 代幼虫开始越冬。

成虫多在傍晚羽化，次日交尾，交尾后第2天开始产卵，卵成块产于叶背或枝条上，少数散产，每块卵3～13粒，每雌产卵量123～219粒。成虫昼伏夜出，白天常栖息于荫蔽处，性机警，受惊扰时迅速飞离，夜间出来交尾、产卵。具趋光性。幼虫孵化后分散寻找嫩叶取食，初孵幼虫于叶背食害叶肉，2～3龄幼虫吐丝将叶片、嫩枝缀连成巢，在其内食害叶片，受害叶片呈缺刻状。3龄后取食范围扩大，食量增加，为害加重，受害严重的植株仅残存丝网、蜕皮、虫粪及少量残存叶边、叶缘等。幼虫昼夜取食为害，4龄后转移为害。幼虫性机警，遇到惊动立即隐匿于巢中，老熟后吐丝缀合叶片作茧化蛹。

5. 综合治理技术

① 根据幼虫缀叶结巢习性，在冬春剪除枯枝缀叶，将越冬虫苞集中烧毁，可有效减少来年虫源。生长期及时摘除虫巢，化蛹期摘除蛹茧，集中烧毁，可减轻当年发生虫量。

② 利用成虫的趋光性，可在成虫发生期利用频振式杀虫灯、黑光灯诱杀。

③ 防治关键期为越冬幼虫出蛰期和第1代幼虫低龄阶段，可选用20%甲氰菊酯乳油2 000倍液、2.5%溴氰菊酯乳油1 500倍液、40.7%毒死蜱乳油1 500倍液、1.8%阿维菌素乳油1 500倍液和25%灭幼脲3号悬浮剂1 000～1 500倍液等药剂喷雾消灭。

（二）顶梢卷叶蛾 *Spilonota lechriaspis* Meyrick

1. 寄主植物

主要为害苹果、梨、海棠、花红、桃、李、红叶李、红叶碧桃、杏、山楂、枇杷等园林植物和果树。

2. 为害特点

幼虫为害顶梢嫩叶，吐丝将数张叶片缠缀成虫苞，并啃下叶背茸毛做成致密的筒巢，潜藏入内，仅在取食时身体露出巢外。被害叶苞干枯后冬季也不脱落，十分明显。有时还可为害花蕾、花和幼果。剥开被害叶苞在致密的虫袋内可见污白色的幼虫，头部色深，红褐色至黑色。

3. 形态特征

① 成虫

体长6～8 mm，翅展12～15 mm，身体灰褐色。前翅近长方形，暗灰色，翅面前缘有数组褐色短纹；基部1/3处和中部各有一暗褐色弓形横带，后缘近臀角处有一近似三角形褐色斑，此斑在两翅合拢时成一菱形斑纹；近外缘处从前缘至臀角间有8条黑褐色平行短纹。

② 卵

长椭圆形，扁平，长约0.7 mm，宽约0.5 mm，乳白色，半透明，有光泽。

③ 幼虫

老熟幼虫8～10 mm，头部略带红褐色，前胸背板和胸足漆黑色，胴部污白色。越冬幼虫淡黄色，如图 5-34 所示。

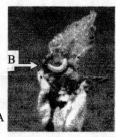

A. 成虫；B. 幼虫；C. 为害状

图 5-34　顶梢卷叶蛾

④ 蛹

纺锤形，体长 5～8 mm，黄褐色，腹部末端有钩状刺毛 8 个和齿状突 6 个。茧黄白色绒毛状，长椭圆形。

4．发生规律

1 a 发生 2～3 代。以 2～3 龄幼虫在被害梢的虫苞内做茧越冬。翌年树木发芽时越冬幼虫开始出蛰，出蛰后先钻食花芽和叶芽，然后卷叶转害新芽或侧芽。5 月上、中旬幼虫老熟，陆续化蛹。在 3 代区，越冬代成虫发生期为 5 月中旬至 6 月下旬，第 1 代成虫发生期为 6 月下旬至 7 月下旬，第 2 代成虫为 7 月下旬至 8 月下旬。成虫在黄昏时开始活动，有弱趋光性。产卵于枝条中部叶片上，单粒散产，卵期 4～5 d。第 1 代幼虫主要为害春梢，第 2 代、第 3 代幼虫主要为害秋梢，10 月上旬以后幼虫越冬。

5．综合治理技术

① 结合秋冬管理，彻底剪除被害梢是最有效的防治措施。剪下的被害梢集中烧毁，以减少来年虫源。树木生长期发现枝梢被害，也应及时剪除虫苞并及时采取灭虫措施。

② 在各代成虫发生期，利用频振式杀虫灯、黑光灯诱杀成虫，有利于保护天敌。

③ 在各代幼虫发生初期，可选用 2.5%溴氰菊酯乳油 1 500 倍液、40.7%毒死蜱乳油 1 500 倍液、1.8%阿维菌素乳油 1 500 倍液和 25%灭幼脲 3 号悬浮剂 1 000 倍液等药剂喷雾消灭。

四、叶甲类

（一）十星瓢萤叶甲 Oides decempunctacta（Billberg）

1．寄主植物

其为害葡萄、野葡萄、爬山虎、五敛莓、地锦、柑橘、柚子、黄荆树、紫藤、藤本月季、蔷薇、牡丹、芍药和美人蕉等植物。

2．为害特点

成虫和幼虫均取食寄主植物的嫩芽和叶片。芽被害后影响枝条和花序的萌生；叶片被害后初期造成许多缺刻和孔洞，严重时可将叶片全部吃光，仅留粗大叶脉。十星瓢莹叶甲的为害直接影响绿化质量和观赏效果。

3．形态特征

① 成虫

体长 9～14 mm，宽 7～9.8 mm。体卵形，黄褐色，似瓢虫。触角端末 3～4 节黑褐色，鞘翅盖及腹端，膜翅发达，每个鞘翅具 5 个近圆形黑斑，排列顺序 2-2-1；后胸腹板外侧、腹部每节两侧各有 1 个黑斑，有时消失。头为亚前口式，唇基不与额愈合，其前部明显分出前唇基，前缘平直。上唇前缘微凹缺，表面中部具一横排毛；额唇基隆突，三角形，额瘤明显，略近三角形；头顶具细而稀的刻点。触角较短，第 1 节很粗，第 2 节短，第 3 节等于或略小于第 2 节的 2 倍，第 4、5 节约与第 3 节等长，以后各节稍短。前胸背板宽略小于长的 2.5 倍，前角略向前伸突，较圆；表面刻点极细。小盾片三角形，光亮无刻点。鞘翅刻点细密。跗节为假 4 跗型（实际 5 节，第 4 节极小，隐藏于第 3 节的两叶中）。雄虫腹末节顶端 3 叶状，中叶横宽；雌虫本节顶端微凹，如图 5-35 所示。

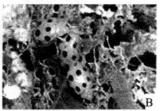

A．成虫；B．成虫为害状

图 5-35　十星瓢莹叶甲成虫及其为害状

② 卵

椭圆形，长约 1 mm，初为黄绿色，后变暗褐色。

③ 幼虫

幼虫共 5 龄，蛞型，咀嚼式口器，触角 3 节，胸足 3 节。老熟幼虫体长约 12 mm。体扁平，近长椭圆形。头小，黄褐色，体淡黄色，除尾节外，每节背面有褐色突起 2 行，每行 4 个，胸足 3 对，腹部无足。

④ 蛹

金黄色，长 9～12 mm，腹部两侧有齿状突起。

4．发生规律

1 a 发生 1 代，以卵在在寄主茎蔓或树干基部附近表土中或枯枝落叶下越冬。越冬卵于翌年 5 月下旬开始孵化，6 月上旬进入孵化盛期。幼虫孵化后先在地面爬行，后沿茎蔓或树干向上爬行，先群集为害下部叶芽、花序芽，然后向上转移为害，3龄后逐渐分散到上部的叶片上为害。幼虫多在早晨和傍晚取食，一般在叶面取食，在强光下则躲到背阴处取食，幼虫有假死性。老熟后从叶部爬到地面或跌落到地面，于6月底入土，钻入3～6 cm表土中作土茧化蛹，蛹期10 d左右。

7月上中旬成虫羽化。成虫羽化后，在蛹室中停留1 d才出土，出土时刻在9∶00～10∶00，出土后便向寄主植物爬去，经几日后开始取食。成虫白天活动，在强光直射下则躲在叶背面或荫蔽的茎叶上。有假死习性，受惊时能分泌黄色有臭气的液体，并下坠落地。有一定的飞翔能力。成虫羽化后经6～8 d交尾，交尾后8～10 d开始产卵，成虫寿命60～100 d，进入9月份后成虫陆续死亡。8～9月为产卵期，卵聚产成块，多产在距寄主植株30 cm范围内的表土中，也有产在枯枝落叶下地表面，或与枯枝落叶缀连在一起，每雌可产卵700～1 000粒，以卵越冬。

5．综合治理技术

① 冬春进行深翻改土，秋末清除枯枝落叶和杂草，及时烧毁或深埋，以消灭越冬卵。

② 在幼虫或成虫发生期进行药剂防治，要以幼虫发生初期为重点。可选用2.5%溴氰菊酯乳油2 000倍液、2.5%功夫水乳剂2 000倍液、4.5%高效氯氰菊酯乳油2 000倍液、40.7%毒死蜱乳油2 000倍液、25%灭幼脲3号悬浮剂1 000倍液等药液喷雾消灭。

③ 利用该虫的假死习性，震落捕杀成虫或幼虫，集中消灭，尤其要注意捕杀群集在下部叶片上的小幼虫。也可在初龄幼虫未分散前摘除有虫叶片，集中深埋或销毁，以消灭小幼虫。

④ 药剂处理土壤。在该虫化蛹时可在地面均匀喷洒40.7%毒死蜱乳油500倍液，然后进行土壤中耕，使药剂均匀混合在表土中，以破坏蛹室和消灭虫蛹。

（二）杨叶甲 *Chrysomela populi* Linnaeus

1．寄主植物

杨叶甲为害杨、柳科多种植物。

2．为害特点

以幼虫及成虫为害，以育苗苗圃受害最为严重。成虫食害嫩梢、幼芽；初龄幼虫群聚，沿叶脉处取食叶肉，残留表皮和叶脉，受害叶呈网状；2龄以后分散取食，被蚕食叶缘呈缺刻状。杨树叶被成虫或幼虫为害后，叶及嫩尖分泌油状黏性物，后渐变黑而干枯。

3．形态特征

① 成虫

雌虫体长12～15 mm，宽8～9 mm；雄虫体长10～11 mm，宽6～7 mm。体近椭圆形，后半部略宽。头部小，鞘翅橙红色。触角短，11节，第1～6节为蓝褐色，具光泽，第7～11节为黑色而无光泽。前胸背板蓝紫色，具金属光泽，两侧各有1纵沟，纵沟之间较平滑，其两侧有粗大的刻点。小盾片蓝黑色，三角心形。鞘翅比前胸宽，密布刻点，沿外缘有纵隆线。

② 卵

长椭圆形，长约 2 mm，初产时为淡黄色，后逐渐变深，至孵化以前为橙黄色或黄褐色。

③ 幼虫

老熟幼虫体长 15～17 mm。体扁平，头部黑色，胸腹部近白色。前胸背板有"W"形黑纹，其他各节背面有 2 列黑点。第 2、3 节两侧各具 1 个黑色瘤状突起，以下各节侧面与气门上、下线上亦有同样黑色瘤状突起。受惊时由这些突起中溢出乳白色液体，有恶臭气味，如图 5-36 所示。

A. 成虫；B. 卵块；C. 初龄幼虫；D. 老熟幼虫

图 5-36　杨叶甲

④ 蛹

初为白色，后渐变深，近羽化时变为橙黄色。蛹背有成列黑点。雄蛹长 9～10 mm，雌蛹长 12～14 mm。

4. 发生规律

1 a 发生 1 代，以成虫在落叶、草丛或浅土层中越冬。翌年春天杨、柳树发芽时成虫出蛰，开始上树取食，为害新芽和幼叶，影响枝叶伸展。成虫白天活动，不善飞，喜爬行，具有假死性，经取食后开始交尾、产卵。卵多成块产在叶背面或嫩枝叶柄处，每块有卵40～120 粒，每雌可产卵 240～350 粒，5 月份进入产卵盛期，卵期 4～12 d。

幼虫孵化后群集为害，2 龄以后逐渐分散。幼虫共 4 龄，平均历期 14 d。1～2 龄幼虫群集取食叶肉，残留表皮、叶脉，呈纱网状；3～4 龄能食尽叶片。6 月上旬以后幼虫老熟，倒悬于叶背或嫩枝上化蛹。1 周后羽化为成虫。成虫有假死习性。6 月下旬～8 月上中旬气温高于 25℃时，新羽化成虫多潜伏在草丛等隐蔽处或松散的表土层越夏，秋季再为害树叶，9 月底、10 月初潜入枯枝落叶或土中越冬。

5. 综合治理技术

① 冬春清除园林内的落叶、杂草，可消灭大部分越冬成虫。

② 利用成虫的假死习性，在早春、夏初和秋季成虫为害时，可人工振落捕杀。

③ 利用成虫成块产卵的习性，可人工摘除卵块消灭。

④ 在成虫、幼虫为害期，可选用 2.5%溴氰菊酯乳油 2 000 倍液、4.5%高效氯氰菊酯乳油 2 000 倍液或 40.7%毒死蜱乳油 2 000 倍液等药液喷雾消灭。

五、蟋蟀类

（一）南方油葫芦 Gryllus testaceus Welker

1. 寄主植物

南方油葫芦食性广泛，是草坪、育苗苗圃、农田的主要害虫。

2. 为害特点

成、若虫能取食几乎所有植物的叶、茎。枝、花、果、种子及根，先将叶片咬成缺刻和孔洞，再将整株吃光。密度大时还可啃食草根，对草坪、苗圃和农田可造成毁灭性的灾害。其雄虫发出的鸣声也影响人们的正常工作和生活秩序。

3. 形态特征

雄成虫体长 26～27 mm，翅长约 17 mm，雌成虫体长 27～28 mm，翅长约 17 mm。全体黄褐色，头顶黑色。前胸背板前缘隆起，与两复眼相接，复眼周围及颜面橙黄色，头部背面观，复眼间的"八"字横纹不明显。前胸背板黑褐色，可见 1 对模糊的角形斑纹，侧片背半部深色，前下角橙黄色，中胸腹板后缘中央有小缺口。雄虫光亮的黑褐前翅长达尾端，端网区较长，后翅发达，露出腹端如长尾。后足胫节背面有长刺 5～6 个，端距 6 个，跗节 3 节，基节最长，端节次之，中节最短，基节末端有距 1 对，内距显著长于外距。雌虫产卵管明显长于后足，剑状，如图 5-37 所示。

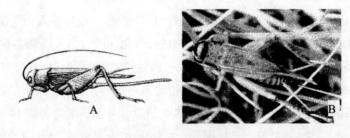

A. 成虫侧面观；B. 成虫背面观

图 5-37　南方油葫芦

4. 发生规律

1 a 发生 1 代，以卵在土壤内越冬。翌年 4～5 月越冬卵孵化。若虫 7 龄，初孵若虫蛆形，再蜕皮后为 1 龄若虫，若虫日夜活动取食为害，5 月至 8 月初羽化为成虫，雌虫较雄虫羽化略晚。成虫羽化后继续取食为害。9～10 月雌、雄成虫交尾，交尾后 2～6 d 产卵，卵多散产于草坪或附近杂草地的表土下约 2 cm 深处，雌虫一生可产卵 34～114 粒，平均 75 粒。成虫寿命约 145 d。成虫白天很少活动，一般隐藏于草间和砖石土块下，夜晚活动、觅食和交尾，夜晚雄虫可发出引诱雌虫的鸣声。雄虫可筑巢与雌虫同居，有时互相残杀。群集性较强，秋季为害严重；低洼、潮湿的草坪发生较重。

5．综合治理技术

① 清除园林植物周围的垃圾堆，减少其栖息场所。

② 清洁田园，铲除杂草，减少食源，恶化其生境条件。

③ 利用频振式杀虫灯、黑光灯诱杀成虫。

④ 在成虫、若虫为害期，选用 2.5%溴氰菊酯乳油 2 000 倍液、4.5%高效氯氰菊酯乳油 2 000 倍液或 40.7%毒死蜱乳油 2 000 倍液等药液喷雾消灭，以傍晚喷药效果最好。

（二）大扁头蟋 *Loxoblemmus doenitzi* Stein

1．寄主植物

与油葫芦相同。

2．为害特点

与油葫芦相同。

3．形态特征

雄成虫体长 15～20 mm，翅长 9～11 mm，雌成虫体长 16～20 mm，翅长 9～12 mm。全体黑褐色。雄虫头顶显著向前突出，俗称棺材头，前缘弧形黑色，前缘后有一橙黄或赤褐色横带，颜面深褐至黑色，扁平向前倾斜，下缘前端有一黄斑。前胸背板宽大于长，侧板前缘长，后缘短，形成下缘倾斜，下缘前端有一黄斑。前翅长达尾端，后翅细长伸出腹端似长尾，但常脱落仅留痕迹。足淡黄褐色，散生黑褐色斑点，前足胫节基部内、外均有听器，外侧较大，椭圆形，内侧小，圆形。雌虫俗称猴头，头倾斜度差，向两侧突出，前翅长达不到尾端，产卵管短于后腿节。

4．发生规律

1 a 发生 1 代，以卵在土中越冬，翌年 4～5 月孵化，8～9 月羽化为成虫。成、若虫均日夜活动取食为害，但若虫多在白天取食，而成虫多在晚上取食为害。9～10 月份雌、雄成虫交尾、产卵，卵长圆筒形，产于疏松草多的表土下。雄虫夜晚鸣声多以 7 个音节为一组，故又叫七音蟋。成虫具弱趋光性。成虫、若虫常栖息在园林苗圃、草坪、农田和菜园周围的垃圾堆，砖石堆及杂草多的场所。

5．综合治理技术

参见油葫芦综合治理技术。

六、潜叶类

（一）桃潜叶蛾 *Lyonetia clerkella* Linnaens

1. 寄主植物

寄主植物有碧桃、桃、山桃、红叶李、李、樱桃、樱花、苹果和梨等园林植物和果树。

2. 为害特点

以幼虫在叶组织内串食叶肉，形成灰白色弯曲的隧道，并将粪粒充塞其中。叶片的表皮不破裂，由叶面透视，清晰可见虫体，最后导致叶片干枯破碎而脱落。严重时，虫斑相连，影响叶片光合作用，造成叶片早期大量脱落。

3. 形态特征

① 成虫

体银白色，长约 3 mm，翅展约 7 mm。分冬型和夏型。冬型前翅暗褐色，夏型前翅银白色。触角丝状，黄褐色，基节的眼罩白色。前翅狭长，有长缘毛，翅先端有黑色斑纹，近端部有 1 金黄色卵形斑，斑周缘褐色；翅外缘有 4 对褐色斜纹，纹间有金黄色鳞毛；后翅灰色，缘毛细长。

② 卵

扁椭圆形，卵壳极薄而软，乳白色，半透明，长约 0.33 mm，宽 0.26 mm。

③ 幼虫

老熟时体长约 6 mm，长筒形，略扁。体浅绿色，有黑褐色胸足 3 对。

④ 蛹

近梭形，呈淡绿色，长约 5 mm，外结"工"字型白色薄茧。茧为扁枣核形，白色，两端有条长丝，悬挂于枝干或叶背面，如图 5-38 所示。

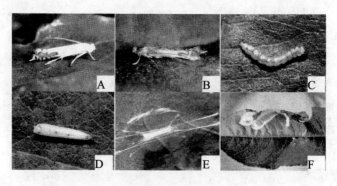

A. 夏型成虫；B. 冬型成虫；C. 幼虫；D. 蛹；E. 茧；F. 为害状

图 5-38　桃潜叶蛾

4．发生规律

1 a 发生 6 代，主要以冬型成虫在落叶、杂草或树皮缝隙中越冬，少数以蛹在受害叶背面结白色丝茧越冬。翌年 4 月寄主树木萌芽时开始出蛰活动，展叶时开始产卵。成虫寿命 6～8 d，越冬代成虫可达 150 d。成虫白天静伏不动，对黑光灯有较强的趋向性。雌蛾以产卵器刺破叶下表皮，将卵产在叶肉组织内，有卵处叶背面呈黄色小泡。每只雌虫产卵 19～34 粒，卵期 5～6 d。

4 月下旬至 5 月中旬为第 1 代幼虫为害期，幼虫孵化后直接取食叶肉组织，蛀食叶肉成不规则的弯曲虫道，表皮不破裂，在潜痕上可见 3～4 个半圆形缺口，幼虫历期一般为 7～12 d，第 1 代幼虫发生期由于温度较低，可达 15～20 d。第 1 代成虫期为 5 月中旬至 6 月上旬，盛期在 5 月下旬。第 2 代幼虫为害期为 5 月底至 6 月中旬，第 2 代成虫期为 6 月中旬至 7 月上旬，盛期在 6 月下旬。第 3 代成虫发生始期为 7 月中旬，以后世代重叠。第 4 代成虫发生始期为 8 月上旬。第 5 代成虫发生始期为 8 月下旬。第 6 代成虫发生始期为 9 月下旬，10 月下旬陆续越冬。生长季节幼虫老熟后蜕皮后多在叶背作茧化蛹，晚秋则多在枝干上结茧化蛹。树木严重受害时引起红叶、枯叶和落叶。

5．综合治理技术

① 秋、冬季节彻底清理杂草和枯枝落叶，集中烧毁，以消灭虫蛹和越冬成虫。

② 第 1 代及最后 1 代幼虫多在枝干上结茧化蛹，可刮刷灭蛹茧。

③ 对虫量较少、受害较轻的园林树木，人工摘除虫叶，集中处理，防止扩散。

④ 利用频振式杀虫灯、黑光灯诱杀成虫；利用桃潜叶蛾性信息素诱集雄成虫。

⑤ 在成虫期和初龄幼虫期，选用 2.5%溴氰菊酯乳油 2 000 倍液、40.7%毒死蜱乳油 1 500 倍液、1.8%阿维菌素乳油 1 500 倍液、25%灭幼脲 3 号悬浮剂 1 000 倍液和 3%啶虫脒可湿性粉剂 1 000 倍液等药剂喷雾消灭。

（二）美洲斑潜蝇 *Liriomyza sativae* Blanchard

1．寄主植物

美洲斑潜蝇主要为害花卉和蔬菜。其寄主植物达百余种，其中以菊科、豆科和葫芦科植物受害最重，其次还有十字花科、茄科、锦葵科、旋花科、桑科和伞形科等植物。

2．为害特点

雌成虫用产卵器刺伤植物叶片产生刺伤点，作为取食和产卵场所，形成近圆形凹陷状枯白色的点刻。雄虫不能产生刺伤点，以雌虫产生的刺伤点取食。产卵时形成肉眼可见的针尖大小的近圆形刺伤孔，初期为浅绿色，后渐变白，影响光合作用。

幼虫主要从叶正面潜食叶肉组织，幼虫在叶中随意穿行取食叶肉，随着虫体的发育成长，形成许多由细渐粗、弯弯曲曲的蛇状虫道。由于幼虫在叶片上部栅栏组织中为害，不为害下部的海绵组织，所以在叶片正面可见清晰的蛀道，虫道中有黑色细线状虫粪。该虫的为害，既影响光合作用，又影响花卉的观赏价值。发生严重时，致使叶片枯黄脱落，甚至整株枯死，如图5-39所示。

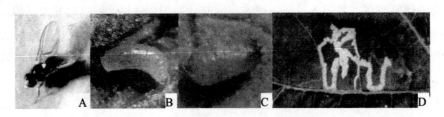

A. 成虫；B. 幼虫；C. 蛹；D. 为害状

图 5-39　美洲斑潜蝇为害状

3. 形态特征

① 成虫

体长 1.3～2.3 mm，暗黑色。触角和颜面为亮黄色，额略突于复眼上方，复眼后缘黑色，外顶鬃常着生于黑色区，越近上侧额区暗色渐减变淡，近内顶鬃基部色变褐，内顶鬃位于暗色区或黄色区；具2上侧额鬃和2下侧额鬃，后者鬃较弱。中胸背板亮黑色。背中鬃 3＋1，中鬃排成不规则的 4 列；中胸侧板黄色，有一变异的黑色区。小盾片鲜黄色。前翅膜质透明，翅长 1.3～1.7 mm，中室小，M3＋4 脉前段长度为基段长度的 3～4 倍，后翅退化为平衡棒。足的腿节和基节黄色，胫节和跗节色较暗，前足为黄褐色，后足为黑褐色。腹部大部分为黑色，背板两侧为黄色。

② 卵

椭圆形，长 0.2 mm，米黄色，半透明。

③ 幼虫

共 3 龄。蛆状，初孵化无色，取食后渐变淡黄绿色至橙黄色；老熟幼虫体长 2～2.5 mm，无足；后气门突呈圆锥状突起，顶端 3 分叉，各分叉顶端有小孔。

④ 蛹

长 1.3～2.3 mm，椭圆形，围蛹，腹面稍扁平，橙黄色，后气门突与幼虫相同。

4. 发生规律

陕西省关中地区，1 a 发生约 10 代。该虫在保护地可周年繁殖为害，无明显越冬现象，主要为害期为 10～12 月和 3～4 月。在露地不能越冬，露地虫源来自保护地，发生期为 4～11 月，主要为害期 7～9 月。在特殊生境条件下也可以蛹在地下土壤中越冬。该虫的发生特点是寄主范围广，为害隐蔽，繁殖力强，发育周期短，发生量大，世代重叠。

当气温在 20～30℃时成虫羽化，羽化高峰在每天 8：00～11：00，羽化后经 0.5～1 h 即可飞行，24 h 后即可交尾产卵。成虫在晴天 9：00～15：00 活动最盛，夜间静伏于叶面，有趋光性、趋绿性、趋黄性和趋蜜习性，寿命 2～4 d。雌成虫用产卵器刺破寄主叶片上表皮产卵，喜把卵产在已展开的叶片上，叶面上可见到不规则的灰白色小点。卵散产在叶片表皮下，每处产卵痕中产 1 粒卵。随着寄主植物的生长，产卵部位逐渐向上转移。卵期 3～5 d。

幼虫孵化后潜食叶肉，每蛀道中 1 头幼虫。随着幼虫龄期的增大，蛀道逐渐加长增粗。幼虫在叶片栅栏组织中为害，不为害下部的海绵组织，所以在叶片正面可见清晰蛀道。幼虫共 3 龄，幼虫期 5～6 d，其中 1 龄 1 ，2 龄 2 d，3 龄 3 d。幼虫老熟后在蛀道端部咬破叶片表皮钻出叶面，大部分自然掉落地面，潜入表土中，经 2～4 h 开始化蛹。还有一部分可在叶片和叶柄上化蛹。蛹期 7～13 d。完成一个世代需 19～29 d。天敌有黄腹潜蝇茧蜂 *Opius caricivorae* Fischer 等，在夏季寄生蜂的自然控制能力很强。

该虫远距离传播主要是卵和幼虫随花卉、蔬菜的长途调运而传入的。冬季在保护地中生活繁殖的斑潜蝇又成为来年露地花卉、蔬菜田的虫源。成虫的自然扩散能力虽不强，但可借助风力、气流传播。

5．综合治理技术

① 在花木的生产过程中，要彻底搞好产地病虫害的防治工作。调运时要严格按照植物检疫操作规程进行检查，并进行消毒处理，杜绝携带虫源的花卉调出、调入，防止扩散。但大量的虫源是随蔬菜的调运传播的，无法进行检疫，因此在生产无公害农产品的同时，也要搞好病虫害的防治工作。

② 在播种前整地时，在地面均匀喷洒 40.7%毒死蜱乳油 500 倍液，再用小齿耙精细耙平地面，使药剂均匀混合在表土中，以消灭在土壤中残留的蛹体。

③ 彻底铲除花卉圃周边杂草；生长期发现零星叶片受害时，要及时摘除有虫叶片并进行灭虫处理，切忌乱扔；收获后要及时清除和销毁田间残株败叶，以减少虫源基数。

④ 利用频振式杀虫灯、黑光灯和黄色黏胶板诱杀成虫。

⑤ 保护和利用天敌资源。

⑥ 在成虫盛发期叶面喷药防治，防治时间以 8∶00～11∶00 最好。可选用 1.8%阿维菌素乳油 1 500 倍液、40.7%毒死蜱乳油 1 500 倍液和 2.5%溴氰菊酯乳油 2 000 倍液等药剂喷雾消灭。

⑦ 在低龄幼虫期叶面喷药防治。可选用 1.8%阿维菌素乳油 1 500 倍液、40.7%毒死蜱乳油 1 500 倍液、25%灭幼脲 3 号悬浮剂 1 000 倍液和 3%啶虫脒可湿性粉剂 1 000 倍液等药剂喷雾消灭。

⑧ 在老熟幼虫落地化蛹初期，地面喷洒 40.7%毒死蜱乳油 1 500～2 000 倍液，以消灭老熟幼虫和蛹。

（三）菊瘿蚊 *Diarthronoyia chrysanthemi* Ahlberg

1．寄主植物

菊瘿蚊为害菊花、早菊、早小菊、悬崖菊、九月菊和万寿菊等菊科植物。

2. 为害特点

幼虫在植株的叶腋、茎生长点及嫩叶组织内为害，刺激组织形成绿色或紫绿色、上尖下圆的桃形虫瘿。为害严重时，一株植株上虫瘿累累，植株生长缓慢，直接影响花蕾的形成和花的开放，使菊花失去应有的观赏效果，如图 5-40 所示。

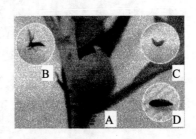

A. 虫瘿；B. 成虫；C. 幼虫；D. 蛹

图 5-40　菊瘿蚊

3. 形态特征

① 成虫

雌成虫体长 3～3.5 mm，初羽化时橘红色，渐变为黑褐色，腹部暗橘红色，背部各节有黑色横斑，触角念珠状。足黄色。翅淡灰色，半透明，端圆，有 3 条明显的纵纹，无横脉。雄成虫体较瘦小，体长约 3 mm。腹部灰色至灰褐色。触角念珠状。前翅圆阔，纵脉 3 条，后翅退化为平衡棒。腹背黑色。

② 卵

长 0.5 mm，长椭圆形，初为橘红色，后逐渐变为紫红色。

③ 幼虫

末龄幼虫体长 3.5～4.0 mm，纺锤形，橙黄色。头退化，不显著。

④ 蛹

裸蛹，长 3～4 mm，橙黄色，其外侧各具短毛 1 根。

4. 发生规律

1 a 发生 5 代，以老熟幼虫越冬。翌年 3 月化蛹，在菊花幼苗上产卵，第一代幼虫 4 月上中旬出现，不出现虫瘿，5 月上旬菊花定植后虫瘿形成，5 月中下旬成虫羽化。卵散产或聚产于植株的生长点和叶腋处。幼虫孵化后 1 d 即可蛀入植株组织中，经 5 d 左右形成虫瘿，虫瘿逐渐膨大。每个虫瘿中有幼虫 1～13 头。幼虫老熟后在瘿内化蛹。成虫多自虫瘿顶部羽化，蛹壳露出孔口一半。以后各代都在菊园内繁殖为害。第 2 代幼虫发生期为 5 月中下旬至 6 月中下旬；第 3 代幼虫发生期为 6 月下旬至 8 月上旬；第 4 代幼虫发生期为 8 月上旬至 9 月下旬；第 5 代幼虫发生期为 9 月下旬至 10 月下旬。10 月下旬以后幼虫老熟，从虫瘿里脱出，入土 1～20 mm 深处作茧越冬。天敌有多种寄生蜂。

5．综合治理技术

① 不从菊瘿蚊发生严重地区引进菊苗。育苗圃要进行严格的防虫处理措施。

② 加强田间管理，及时清理菊园及其附近的杂草，尤其是菊科杂草。

③ 在成虫盛发期，可选用 1.8%阿维菌素乳油 1 500 倍液、40.7%毒死蜱乳油 1 500 倍液和 2.5%溴氰菊酯乳油 2 000 倍液等药剂喷雾消灭。

④ 在卵孵化期和低龄幼虫期，可选用 1.8%阿维菌素乳油 1 500 倍液、40.7%毒死蜱乳油 1 500 倍液、25%灭幼脲 3 号悬浮剂 1 000 倍液或 3%啶虫脒可湿性粉剂 1 000 倍液等药剂喷雾消灭。

⑤ 在害虫发生后期，如果天敌数量大时，不要盲目使用化学农药。保护天敌，不但可以控制后期为害，还可压低翌春发生量。

七、其他食叶动物

（一）同型巴蜗牛 *Bradybena similaris*（Ferussac）

1．寄主植物

同型巴蜗牛为多食性动物，主要为害双子叶植物，是三叶草草坪的主要害虫，为害花卉、蔬菜和果树也很严重，还可为害棉、麻、甘薯、谷类和桑树等多种植物。

2．为害特点

以取食绿色植物为主，幼小时在三叶草草坪、花卉、蔬菜和果树叶片上仅取食叶肉，残留表皮或吃成小孔洞；稍大后用齿舌刮食叶面和果面，造成大的孔洞和缺刻。严重时可将叶片食光或将苗咬断，造成缺苗。直接影响草坪的质量，还对花卉、蔬菜的外观品质和果品的商品价值影响极大。

3．形态特征

① 成贝

体外螺壳高约 12 mm，壳宽约 16 mm，有 5～6 层螺层，呈扁圆球形，壳质较硬，黄褐色或红褐色，螺旋部低矮，螺层较宽大，层缝合线深，有稠密而细致的生长线，周缘常有 1 条暗褐色带。壳口呈马蹄形，口缘锋利，脐孔小而深，呈洞穴状，其形状个体之间差异较大。体前端头部发达，口位于头部腹面，口具触唇，身体腹面两侧具两宽的足，适于爬行。

② 卵

直径 2 mm，圆球形，初产乳白色有光泽，后渐变淡黄色，近孵化时变土黄色。

③ 幼贝

形态与成贝相似，仅体型较小。

4. 发生规律

在陕西省关中地区 1 a 繁殖 1 代，寿命长达数年。成贝或幼贝均可蛰伏在植物根部或土壤孔洞中越冬。3 月初开始取食，5～6 月和 9～10 月为交配产卵盛期，并大量取食。该虫喜在阴暗潮湿的环境里生活。在无雨、地面潮湿的情况下昼伏夜出活动，雨天昼夜活动。蜗牛的取食、交配和产卵等活动一般都在夜间和阴雨天进行。

蜗牛行动迟缓，以足部肌肉的伸缩活动爬行，同时分泌黏液，黏液遇空气便干燥且发亮，因此蜗牛爬过的地方留有黏液痕迹。在干旱、冬季严寒和夏季炎热等不良环境下，常分泌黏液形成腊状膜将贝壳口封住，在地面坑洼、裂缝等隐蔽处不食不动，渡过不良环境。当外界环境条件适宜时，则立即恢复活动。

蜗牛为雌雄同体，异体受精，也可自体受精繁殖。多次产卵，每头成贝可产卵 80～235 粒。卵多产于 2～4 cm 深疏松潮湿的表土中或枯叶下，卵粒圆球形，蜗牛在产卵时常分泌黏液将其黏接聚产成堆，每堆有卵 10～30 多粒。卵在阳光的暴晒下会破裂死亡。

5. 综合治理技术

① 根据蛞蝓和蜗牛的发生活动规律，在 5～10 月蜗牛的活动期，特别是 5～6 月和 9～10 月蜗牛的取食、产卵高峰期，趁雨后阴天、小雨间隙或灌水后蜗牛爬行的关键时期，于傍晚和第 2 天清晨连续喷洒碳酸氢铵 20～50 倍溶液防治蜗牛，效果很好。蜗牛接触到碳酸氢铵溶液，受刺激后头部立即过度伸长，体表开始分泌无色黏液。3～5 min 后头部缩回贝壳内，但腹足不能缩回，仍留在贝壳外，贝壳口无法封闭。5～10 min 腹足表皮渐变成淡黄色。由于虫体大量失水，逐渐皱缩而死亡。此法成本低，效果快，无污染，对植物安全，且具有一定的肥效，是一项环保措施，应首选应用。应用 6%密达（四聚乙醛）颗粒剂毒饵诱杀，效果较碳酸氢铵慢，且成本高。

② 草坪草、花卉播种前或定植前整地时，按 0.1 hm² 面积 50 kg 的量施入碳酸氢铵肥料，使其均匀混合在表土中，既满足了植物对氮素营养的需求，又可杀灭蜗牛、蛞蝓。

③ 春季草坪草返青前，用小齿耙耙除枯黄枝叶，疏松土壤，促进返青，同时可恶化蜗牛的生活环境，也可机械损伤一部分虫体。

④ 草坪、花卉灌水要适量。5～7 月尽量不要喷灌过多水分，以降低土壤湿度，创造一个不利于蜗牛交配、产卵和幼体生活的干旱环境条件。

⑤ 人工捡拾也是防治蜗牛的一种有效办法。由于蜗牛越冬场所比较集中，多在地面坑洼、裂缝以及安装地下管道的地沟中，可通过人工捡拾的办法消灭。

（二）卷球鼠妇 *Armadillidium vulgare*（Latreille）

1. 寄主植物

卷球鼠妇主要为害三叶草草坪和多种花卉植物，也为害十字花科、豆类、瓜类、茄果类、莴苣、苋菜、空心菜、草莓和食用菌等蔬菜和其他植物。

2. 为害特点

卷球鼠妇取食三叶草、花卉和蔬菜的幼芽、幼嫩根茎、叶片和果实。苗期幼芽和幼嫩根茎被害后，造成缺苗断垄，影响全苗；成株期根茎被害后，生长不良，枝叶枯黄，甚至整株死亡；叶片被害后，造成孔洞和缺刻。三叶草草坪受害严重时，不但叶片残缺不全，而且连片枯死，影响绿化效果；同时，傍晚至清晨虫体群集爬行，影响市容环境。

3. 形态特征

① 成体

雌性成体体长 9～12 mm，灰褐色；雄性成体较大，体长 14～16 mm，体色与雌性稍有差异，为灰蓝色。成体头部与第 1 胸节愈合，合称头胸部。有触角 2 对，第 1 对较小，分 3 节；第 2 对触角位于第 1 对外侧，较大，分 7 节。口器有 1 对大颚和 1 对小颚，端部黑色，其余部分褐色。胸部发达，占身体绝大部分，分 7 节，每节生有 1 对胸肢（足）。腹部小，也分为 7 节。成体体背有凹凸不平的刻纹，各节背板坚硬，边缘色淡，具弧形纵向条纹 7～9 条。

② 幼体

初孵幼体淡黄白色，半透明，体长约 1.3～1.5 mm。经几次蜕皮后，虫体增大，颜色逐渐变深，呈灰褐色或灰蓝色。幼体形态特征同成体。

③ 卵

淡黄色，近圆形，直径约 1 mm。

4. 发生规律

卷球鼠妇 2 a 发生 1 代，以成体和幼体在土壤缝隙等隐蔽处越冬，在保护地越冬期短或不明显，冬季仍有少量虫体活动为害。越冬虫体于 3 月份大量出现，取食为害。4～6月份和 8～10 月份为为害盛期，6～7 月份由于天气炎热，取食活动减慢。11 月份开始寻找越冬场所，进入越冬状态。

越冬后的成体于 4 月中下旬至 5 月上旬进行交配，雌虫将卵产于胸部腹面的抱卵囊内，每雌产卵 20～68 粒，卵期 10～15 d。5 月中下旬为卵孵化期，孵化出的幼体随母体的蠕动而释放出来。初孵幼体多随母体群集在一起，经 30～70 d 后开始独立生活，以幼体越冬。幼体孵化后至第 2 年春季经几次蜕皮发育成为成体。雌雄成体寿命长达一年半以上，可越冬并存活至来年夏秋季节。

卷球鼠妇喜阴暗、潮湿的环境条件，高温、干旱的环境条件不利于其生存。有负趋光性，群集性强，白天群集隐藏在植物根际表土中、土缝中、土块下、枯叶下、尚未腐熟的圈粪及枯草和枯枝落叶堆中；夜晚出来活动取食，春秋季节以 21：00～22：00、7：00～8：00 活动最盛；阴雨天可全天取食活动；在生长茂密阴湿的草坪中无论晴天、阴天均可全天取食活动。有假死习性，受惊后身体立即卷缩成球形。

5. 综合治理技术

① 卷球鼠妇的发生和为害，与草坪、花卉圃的生态环境关系极大。深翻改土，精细整地，及时清除田间杂草和枯枝、败叶等措施，可减少对卷球鼠妇的诱集作用。花卉圃要合理密植，合理灌水，改善通风透光条件和降低土壤湿度，可恶化卷球鼠妇的生活环境。

② 在卷球鼠妇发生为害严重时，要进行必要的喷药防治。根据其活动规律，应以傍晚和第二天清晨连续喷洒两次农药比较合适。可选用 2.5%溴氰菊酯乳油 2 000 倍液、4.5%高效氯氰菊酯乳油 2 000 倍液和 40.7%毒死蜱乳油 2 000 倍液喷雾效果最好。

③ 在田埂、地头堆集杂草和枯枝败叶，使其腐烂，可进行诱集和扑杀。但次日清晨必须清理干净，以免影响市容市貌。

复习思考题

1. 食叶害虫有哪几大类？它们的为害都有哪些共同特点？
2. 刺蛾类害虫都有哪些为害？如何进行防治？
3. 斜纹夜蛾在什么时期为害禾草草坪最为严重？如何进行综合治理？
4. 小地老虎在什么时期为害禾草草坪最为严重？如何进行综合治理？
5. 黄杨绢野螟主要为害哪些绿篱植物？其为害特点是什么？如何进行综合治理？
6. 十星瓢萤叶甲在爬山虎绿篱上大发生后，应采取哪些措施进行防治？
7. 花卉植物发生斑潜蝇后，如何进行综合治理？
8. 蜗牛在三叶草草坪上大发生后，应采取哪些措施进行防治？

第三节　蛀食害虫

蛀食害虫是指在园林植物茎干内为害的害虫，这类害虫包括鞘翅目的天牛、蠹甲、吉丁甲和象甲，鳞翅目的木蠹蛾、透翅蛾，膜翅目的茎蜂、树蜂等。它们的主要发生为害时期是在树木组织内度过，受气候变化的影响小，天敌种类少因而存活率高，种群相对稳定，防治难度较大，是一类最具毁灭性的园林植物害虫。

一、天牛类

（一）光肩星天牛 *Anoplophora glabripennis*（Motschulsky）

1. 寄主植物

其主要为害杨、柳、悬铃木、糖槭、元宝枫和榆树，还为害七叶树、樱花、泡桐、苦棟、红叶李、枫杨、桑、栾、海棠、柑橘和刺槐等。

2．为害特点

成虫喜食寄主植物的叶柄、叶片和嫩枝皮层，嫩枝受害后枯死。幼虫蛀食寄主侧枝、主枝和主干的木质部。在枝干内蛀成虫道，使树木生长衰弱，树体衰亡；严重时木质部被蛀空，可造成枝干枯死，易遭风折，影响行人安全，如图 5-41 所示。

A．成虫；B．幼虫；C．为害状

图 5-41　光肩星天牛

3．形态特征

① 成虫

雌体长 22～35 mm，宽 8～12 mm；雄体长 20～29 mm，宽 7～10 mm，亮黑色。头比前胸略小，后头经头顶至唇基具 1 纵沟。触角 12 节，第 1 节端部膨大，第 2 节最小，第 3 节最长，以后各节逐渐短小。自第 3 节开始各节基部呈灰蓝色。雌虫触角平均长 38 mm，约为体长的 1.3 倍，最后 1 节末端为灰白色；雄虫触角长 50 mm，约为体长的 2.5 倍，最后 1 节末端为黑色。前胸两侧各有 1 刺状突起。鞘翅上有白色绒毛组成的大小不同的斑纹 20 个左右。鞘翅基部光滑无小突起，可与星天牛相区别。身体腹面、腿节、胫节中部及跗节背面均生有蓝灰色绒毛。

② 卵

长椭圆形，两端略弯曲，长 5.5～7 mm。乳白色，将孵化时，变为黄色。

③ 幼虫

初孵幼虫为乳白色，取食后呈淡红色。老熟幼虫身体淡黄色，长约 50 mm，头宽约 5 mm。头部褐色，头壳 1/2 缩入胸腔中，其前端为黑褐色。前胸大而长，背板后半部色较深，呈"凸"字形，其前沿无深色细边；中、后胸背腹面各具步泡突 1 个，步泡突中央均有 1 横沟。腹部背面可见 9 节，第 1～7 腹节背腹面各有步泡突 1 个，背面的步泡突中央具横沟 2 条，腹面的为 1 条。

④ 蛹

乳白色至黄白色。体长 30～37 mm，宽约 11mm，附肢颜色较浅，触角前端卷曲呈环形。前胸背板两侧各有侧刺突 1 个，背面中央有 1 条压痕。翅尖端达腹部第 4 节前缘，各具 1 块由黄褐色绒毛形成的毛斑。第 8 节背板上有 1 个向上生的棘状突起；腹面呈尾足状，有若干黑褐色小刺。

4．发生规律

2 a 完成 1 代，跨 3 a，以幼虫在树体蛀道内越冬，或卵越冬。翌年 3 月下旬越冬幼虫开始活动取食，5 月中下旬开始在虫道上部作略向树干外倾斜的椭圆形蛹室内化蛹，蛹期20 d 左右。6、7 月份为成虫羽化期。

羽化后的成虫在蛹室停留约 6～15 d，然后从侵入孔上方咬直径约 10 mm 的羽化孔飞出，先取食叶柄、叶片和直径 18 mm 以下的嫩枝皮层，以补充营养。成虫白天活动，以8：00～12：00 最为活跃；阴天栖于树冠，33℃以上时静伏于荫凉处；飞翔力弱，敏感性不强，容易捕捉。成虫经 2～3 d 补充营养后交尾，可交尾数次。6 月中旬至 7 月下旬产卵，成虫产卵前先在树枝干上啃出椭形刻槽，将卵产在槽内，每槽产卵 1 粒，其后用分泌物封闭，以保护卵粒。成虫寿命长达数月，至 10 月份还可见到个别成虫活动。

卵期 20 d 左右。7 月上中旬幼虫孵化。而 9～10 月产的卵直到第 2 年才能孵化。幼虫共 5 龄，初孵幼虫先吃刻槽周围腐烂部分和韧皮部，将褐色粪粒及蛀屑从产卵孔排出。2龄幼虫开始向旁侧取食健康的树皮和木质部。3 龄后的幼虫才蛀入木质部，所排出的只是木丝。起初虫道横向稍有弯曲，然后向上，随着虫体增长而加大和加宽，最宽可达 15 mm。幼虫于 11 月开始越冬。

5．综合治理技术

① 由于天牛在树皮上留下的产卵孔和蛀孔非常明显，因此在调运时要严格检查，严禁可能携带天牛的苗木、种条和幼树调入、调出。绿化栽植时亦要严格把关，不栽带虫苗木。

② 天牛成虫发生期的雨前、雨后、降雨间隙和早晚等天气凉爽时段，正是交尾、产卵的活动盛期。此时可进行人工捕杀成虫的办法消灭。

③ 在成虫交尾、产卵期。可选用 2.5%溴氰菊酯乳油 2 000 倍药液、40.7%毒死蜱乳油 2 000 倍液，对寄主树干和大枝喷雾，消灭成虫。

④ 天牛产卵后，若产卵孔中心开始流出树液，这是幼虫已孵化并在韧皮部为害的标志。此时在产卵孔中心涂抹 40.7%毒死蜱乳油 500 倍药液，药液稍渗透即可杀灭天牛幼虫。

⑤ 产卵孔树液外流终至后，并开始排出木丝状排泄物，这是幼虫已在木质部钻蛀为害的标志。此时可用 40.7%毒死蜱乳油 100 倍药液填塞虫孔进行消灭。

⑥ 保护和利用天敌。如花绒坚甲、斑翅细角花蝽、肿腿蜂、天牛双革螨和啄木鸟等。

（二）星天牛 *Anoplophora chinensis*（Forster）

1．寄主植物

其主要为害杨、柳、栾、悬铃木、乌桕、榕树、桑、榔榆、冬青、山茶、海棠、樱花、无花果、柑橘、刺槐、核桃、楸、石榴、梧桐、苹果和梨等园林树木和果树。

2. 为害特点

成虫喜食寄主植物的嫩枝皮层，使枝梢枯死，遇大风易折断。幼虫蛀食主干和树干基部的木质部，下可蛀达根部。使树木生长衰弱，树体衰亡，如图 5-42 所示。

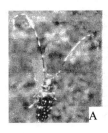 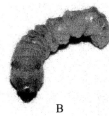 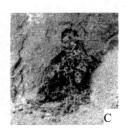

A. 成虫；B. 幼虫；C. 为害状

图 5-42　星天牛

3. 形态特征

① 成虫

体漆黑色，有时略带金属闪光，鞘翅上具有白色小斑点约 20 个，排成 5 横行，第 1 和第 4 行各 4 个斑，第 3 行约 5 个斑，第 4 行 2 个斑，第 5 行 3 个斑，鞘翅基部密布大小不等的颗粒，可与光肩星天牛相区别。雌虫体长 20～39 mm；雄虫体长 18～22 mm。头部中央有 1 条纵走凹线；触角细长，鞭状，11 节，1～2 节为黑色，其余各节基部有淡蓝色毛环。身体前胸两侧有突刺，前胸背板有明显的瘤。小盾片一般具不明显的灰色毛，有时较白或染有蓝色。头部和腹面被有银灰色细毛。雄虫触角长约为虫体的 2 倍。

② 卵

长椭圆形，乳白色。孵化前为黄褐色，长约 6 mm。

③ 幼虫

体长圆筒形，略扁，向后端稍狭，乳白色；腹部第 7、8 节又稍宽；头颅扁，长方形。前胸背板前方两侧各有 1 黄褐色飞鸟形斑纹，后半部有一块骨化的同色"凸"形大斑，微隆起。

④ 蛹

纺锤形，乳白色，羽化前黑褐色。

4. 发生规律

1 a 发生 1 代，以幼虫在枝干、树干基部或主根木质部蛀道内越冬。翌年 3 月份当气温回升时，越冬幼虫开始活动，4 月开始化蛹，蛹期 25 d 左右。5 月成虫开始羽化，8 月下旬仍有少数成虫羽化，至 10 月仍可见到成虫活动。成虫羽化后取食嫩枝条的皮层和叶片，以补充营养。交尾后刻槽产卵，卵槽一般为"T"字或"L"字形，每槽产 1 粒卵，产卵部位以树干基部以上 10 cm 处为多。每头雌成虫可产卵 20～30 粒，成虫寿命雌虫 40～60 d；雄虫 30～40 d。卵期 15 d 左右。初孵幼虫先在皮层下盘旋蛀食，经 1～2 个月后再深入木质部，并逐渐向根部蛀食，幼虫为害路径的树表皮有排泄孔及排泄物出现。11 月份在树体内越冬。

5. 综合治理技术

参见光肩星天牛综合治理技术。

二、蠹甲类

（一）日本双齿长蠹 *Sinoxylon japonicus* Lesne

1. 寄主植物

其为害栾树、合欢、国槐、刺槐、竹、柿、紫藤、紫荆、紫薇、红花羊蹄甲、小叶白蜡、盐肤木和黑枣等。

2. 为害特点

成虫与幼虫喜欢蛀食生长势弱的花木枝干。被害初期外观无明显被害状，等发现被害时，已为时过晚。由于该虫为害，切断养分和水分的输导，秋末冬初大风来临，被害新梢从环形蛀道处被风刮断，严重影响花木来年的正常生长。同时秋末冬初枝条被风刮断期间，既影响环境卫生，又影响行人安全。

3. 形态特征

① 成虫

体长为 6 mm 左右，体黑褐色，筒形。前胸背板发达，似帽状，可盖着头部。鞘翅密布粗刻点，后缘急剧向下倾斜，斜面有两个刺状突起，如图 5-43 所示。

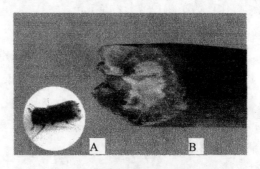

A. 成虫；B. 为害状

图 5-43　日本双齿长蠹

② 卵

椭圆形，白色半透明。

③ 幼虫

老熟时体长为 4 mm 左右，乳白色，略弯曲，蛴螬形，足 3 对。

④ 蛹

初期白色，渐变黄色，离蛹型。

4．发生规律

1 a 发生 1 代，以成虫在被害枝干韧皮部越冬。翌年 3 月下旬寄主发芽前开始在越冬虫道内为害，4 月下旬成虫飞出交尾，将卵产在枝干韧皮部虫道内。每雌产卵量百粒不等，卵期 5 d 左右，孵化时期很不整齐。5～6 月为幼虫为害期。5 月下旬～6 月上旬化蛹，蛹期 6 d 左右。6 月上旬始见成虫。成虫在原虫道串食为害，并不外出迁移为害。于 6 月下旬至 8 月上旬成虫才外出活动，8 月中、下旬又进入蛀道内为害。10 月下旬～11 月上旬成虫迁移到 1～3 cm 粗的新枝条内，横向环形蛀食，然后在虫道内越冬。

5．综合治理技术

① 加强养护管理，合理施肥和灌水，提高树木生长势，增强抗虫性。

② 保护和利用天敌资源。

③ 在 3～4 月成虫交尾期间和 6～8 月成虫外出活动期，选用 2.5%溴氰菊酯乳油 2 000 倍药液、4.5%高效氯氰菊酯乳油 2 000 倍液或 40.7%毒死蜱乳油 2 000 倍液，对先年受害严重的树木的树冠、主干和周围地面进行喷雾，消灭成虫。

（二）柏肤小蠹 *Phloeosinus aubei* Perris

1．寄主植物

其主要危害侧柏、圆柏和柳杉等。

2．为害特点

成虫在补充营养期间为害直径约 2 mm 的枝梢，常将枝梢蛀空，遇风吹即折断，影响树形、树势。成虫繁殖期间在韧皮部与边材之间构筑母坑道，幼虫孵化后的发育成长期间构筑子坑道，均可造成枯枝和树木死亡。

3．形态特征

① 成虫

体长 2.1～2.5 mm。复眼凹陷较浅，两眼间的距离较宽；额部底面平滑。前胸背板底面平滑，有稠密的刻点和黄色短毛，没有鳞片。鞘翅长与两翅合宽之比为 1.3；沟间部较粗糙，翅基部沟间部的刻点横皱褶状；翅后部渐变平细，点心生黄色刚毛，各沟间部横向 3～4 根，没有鳞片；鞘翅斜面；雄虫奇数沟间部有大瘤，瘤尖指向后下方，其中第 1 沟间部约 5～6 根，第 3 沟间部约 7～8 根，第 2、4 沟间部平滑无瘤，第 5 及以外各沟间部的颗瘤细小疏少；雌虫各沟间部的颗瘤远较雄虫为小。

② 卵

白色，圆球形。

③ 幼虫

老熟幼虫体长 2.5～3.5 mm，乳白色，体弯曲，如图 5-44 所示。

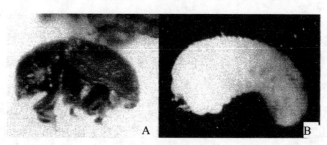

A. 成虫；B. 幼虫

图 5-44　柏肤小蠹

④ 蛹

乳白色，体长 2.0～3.0 mm。

4. 发生规律

1 a 发生 1 代，以成虫在柏树枝梢内越冬。翌年 3～4 月越冬成虫陆续飞出，主要侵害生长势衰弱或新移植后生长势尚未恢复的柏树。雌虫咬一圆形侵入孔侵入皮层下，雄虫跟踪进入，共同筑造不规则的交尾室，交尾后雌虫向上咬筑，形成单纵母坑道，并沿坑道两侧咬筑卵室在其中产卵。此间雄虫负责将雌虫咬筑母坑道产生的木屑由侵入孔推出孔外。母坑道长 15～45mm。每雌产卵量 26～104 粒，卵期 7 d。

4 月中旬出现初孵幼虫，由卵室向外沿木质部表面的韧皮部咬筑细长弯曲的子坑道，形成的子坑道长 30～40 mm。子坑道稠密，自母坑道两侧水平伸出，然后向上下方扩展，幼虫历期 45～60 d。5 月中、下旬老熟幼虫在子坑道末端咬 1 圆筒形蛹室化蛹，蛹期约 10 d。6 月上旬成虫开始出现，6 月中、下旬为成虫羽化盛期。成虫羽化后飞至健康柏树及其他寄主上咬蛀新梢补充营养，至 10 月中旬开始越冬。

5. 综合治理技术

参见日本双齿长蠹综合治理技术。

三、蛾类

（一）白杨透翅蛾 *Parathrene tabaniformis* Rottenberg

1. 寄主植物

其主要为害杨、柳等树木，以银白杨、毛白杨、小叶杨和青杨受害最重。

2. 为害特点

以幼虫蛀食枝、干及顶芽，苗木被害处形成虫瘿，如图 5-45 所示。

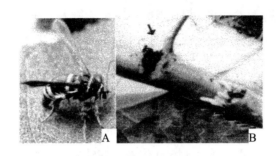

A.成虫；B.为害状

图 5-45 白杨透翅蛾

3. 形态特征

① 成虫

体长 11～21 mm，翅展 23～39 mm，青黑色，形似胡蜂。头胸间有 1 圈橙黄色鳞片，头顶有 1 束黄褐色毛簇。触角近棍棒状，端部稍弯曲。前翅狭长，覆盖赭色鳞片，中室与后缘略透明；后翅透明，缘毛灰褐色。腹部圆筒形，黑色，有 5 条橙黄色环带。雌蛾腹部末节有黄褐色鳞毛 1 簇，两侧各镶有 1 簇橙黄色鳞毛；雄蛾腹部末节全为青黑色粗糙的鳞毛覆盖。

② 卵

椭圆形，长径 0.62～0.95 mm，黑色，上有灰白色不规则多角形刻纹。

③ 幼虫

末龄幼虫体长 30 mm 左右，圆筒形。初孵幼虫淡红色，老龄幼虫黄白色。臀节略骨化，背面有 2 个深褐色略向上前方翘起的刺。

④ 蛹

体长 20 mm 左右，褐色，纺锤形。腹部第 3～7 节背面各生有横列的倒刺 2 排，第 9、10 节背面生有横列的倒刺 1 排。腹部末端周围有 14 个大小不等的臀刺。

4. 发生规律

1 a 发生 1 代，以幼虫在坑道内越冬。翌年 4 月中旬开始活动，5 月下旬成虫开始出现，并交尾产卵。成虫羽化前借蛹体反复的摇动，将蛹体约 2/3 伸出孔外，蛹体与树干垂直，腹面向上。成虫羽化后，蛹壳仍留于羽化孔处。成虫产卵于叶腋、柄基、旧羽化孔、伤口及树皮裂缝处，卵散产。6 月上旬新孵化的幼虫爬行迅速，寻找适宜的侵入部位。幼虫侵入树体后，先在韧皮部与木质部之间绕枝干蛀食，使苗木上部叶片由白绿色变成褐红绿色，被害处逐渐膨大形成瘤状虫瘿，随着树木的生长虫瘿不断增大。

5. 综合治理技术

① 调入、调出杨树苗木和枝条时，要经过严格的检查，及时剪除被害虫瘿，防止传播。

② 幼虫为害后形成虫瘿，目标明显，可结合修剪，剪除被害虫枝，消灭其中的幼虫。

③ 成虫集中羽化期，在树干上静息或爬行，可趁机人工捕杀。

④ 根据白杨透翅蛾未交尾的雌成虫释放性信息素求偶的习性，可利用合成信息素诱捕雄蛾，以降低虫口密度。在成虫羽化初期诱杀效果显著。

⑤ 成虫羽化初期，可选用 2.5% 溴氰菊酯乳油 1 500 倍液、40.7% 毒死蜱乳油 1 500 倍液喷雾消灭。

⑥ 由于幼虫蛀入后，先在韧皮部与木质部之间绕枝干蛀食。因此，可选用 2.5% 溴氰菊酯乳油 500 倍液、40.7% 毒死蜱乳油 500 倍液，在幼虫为害部位绕枝干涂抹药带一圈，药液渗透皮层后可杀灭幼虫。

（二）国槐小卷蛾 *Cydia trasas* Megrick

1. 寄主植物

其为害国槐、龙爪槐、蝴蝶槐和红花槐等，是国槐和龙爪槐的主要害虫之一。

2. 为害特点

幼虫蛀食复叶叶柄基部、花穗及果荚（槐豆），蛀孔外有虫粪，并流出胶质物；受害后叶片向上卷曲、萎蔫下垂或干枯，遇风从叶柄基部脱落，树冠枝梢出现光秃枝条，严重影响槐树的正常生长及绿化景观效果，如图 5-46 所示。

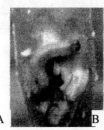

A. 成虫；B. 幼虫；C. 为害状

图 5-46　国槐小卷蛾

3. 形态特征

① 成虫

体长 5 mm 左右，黑褐色，胸部有蓝紫色闪光鳞片。前翅灰褐至灰黑色，其前缘为 1 条黄白线，黄白线中有明显的 4 个黑斑，翅面上有不明显的云状花纹，后翅黑褐色。

② 卵

扁椭圆形，乳白渐变黑褐色。

③ 幼虫

老熟幼虫体长 9 mm 左右，圆筒形，黄色，有透明感，头部深褐色，体稀布有短刚毛。

④ 蛹

黄褐色，臀刺 8 根。

4．发生规律

陕西省关中地区 1 a 发生 2 代，以幼虫在果荚、树皮裂缝等处越冬。成虫发生期分别在 5 月中旬至 6 月中旬、7 月中旬至 8 月上旬。成虫羽化时间以上午最多，飞翔力强，有较强的向阳性和趋光性。雌成虫将卵产在叶片背面，也有产在小枝或嫩梢伤疤处。每处产卵 1 粒，卵期 7 d，卵发育中期出现红色眼点，2 d 后卵变为灰黑色，并可见小虫躯体。

初孵幼虫寻找叶柄基部后，先吐丝拉网，后蛀入基部为害，为害处常见胶状物中混杂有虫粪。有迁移为害习性，一头幼虫可造成几个复叶脱落。老熟幼虫在虫孔内吐丝作薄茧化蛹，蛹期 9 d 左右。两代幼虫为害期分别发生在 6 月上旬至 7 月下旬、7 月中旬至 9 月。6 月份可见到各种虫态，7 月份两代幼虫重叠，其中以第 2 代幼虫孵化极不整齐且为害严重，7～8 月份树冠顶部出现明显光秃枝条，严重时整个树冠的幼嫩枝梢全部光秃。8 月中下旬槐树果荚逐渐形成后，大部分幼虫转移到果荚内为害，9 月可见到槐豆变黑，10 月份幼虫陆续进入越冬状态。天敌昆虫有肿腿蜂等。

5．综合治理技术

① 结合秋冬管理，剪打槐豆荚，以减少来年虫源。7 月中旬修剪被害小枝，对第二代的发生有一定的控制作用。

② 5 月中旬～6 月份是越冬代成虫发生期和第一代幼虫发生初期，是全年防治的关键时期，可选用 2.5%溴氰菊酯乳油 1 500 倍液、40.7%毒死蜱乳油 1500 倍液、1.8%阿维菌素乳油 1 500 倍液或 25%灭幼脲 3 号悬浮剂 1 000 倍液等药剂喷雾消灭。7～9 月份如幼虫为害仍很严重，亦可选用以上药剂防治。

③ 成虫发生期利用频振式杀虫灯、黑光灯诱杀成虫，有利于保护天敌。

④ 采用槐小卷蛾性诱捕器诱杀成虫，效果明显，前景广阔，亦可保护天敌。

复习思考题

1．为害园林植物的蛀食性害虫有哪几类？各类的为害特点是什么？

2．为害园林植物的天牛类害虫主要有哪些种类？怎样进行综合治理？

3．为害园林植物的蠹甲类害虫主要有哪些种类？怎样进行综合治理？

4．白杨透翅蛾主要为害哪些园林植物？其为害特点是什么？如何进行综合治理？

5．国槐小卷蛾主要为害哪些园林植物？其为害特点是什么？如何进行综合治理？

第四节　地下害虫

地下害虫是指在土壤中生活、主要为害植物地下部分的一类害虫。这类害虫是园林植物，特别是苗圃和草坪的重要害虫，主要包括蛴螬、金针虫、蝼蛄和根蛆等。

地下害虫长期生活于土壤中，其为害特点为：

① 寄主范围广。各种花木、果树、林木、农作物和草坪等的幼苗和播下的种子都可受害。

② 生活周期长。少则 1 a 发生 1 代，多则 2～3 a 发生 1 代，甚至更长。

③ 与土壤关系密切。土壤为地下害虫提供了食物、温度、湿度、空气和栖居庇护场所等必不可少的生活环境，因此土壤的理化性状对地下害虫的分布和生命活动有直接的影响。

④ 为害时间长，防治比较困难。地下害虫的为害期贯穿植物的整个生长季节，生活环境隐蔽，不易及时发现，加之药剂无法接触虫体，增加了防治的难度。

一、蛴螬类

（一）华北大黑鳃金龟 *Holotrichia oblita* Faldermann

1. 寄主植物

华北大黑鳃金龟食性很杂，成虫在地上为害，幼虫在地下为害，被害植物包括大多数园林树木、林木、草坪、花卉、果树、农作物和牧草等。

2. 为害特点

成虫又称金龟子，可蚕食多种植物的叶片，成缺刻状。幼虫称蛴螬，在土中咬食植物的种子、幼芽、幼苗的根部、成株的细根和粗根的根皮，可造成缺苗、地上部萎蔫甚至枯死。发生数量大时，成虫可将大片草坪植物的根、地下茎咬断，呈片状萎蔫枯死。

3. 形态特征

① 成虫

体长 16～22 mm，宽 8～11 mm。黑色或黑褐色，具光泽。触角 10 节。鳃片部 3 节呈黄褐或赤褐色，约为其后 6 节之长度。翅鞘长椭圆形，其长度为前胸背板宽度的 2 倍。每侧有 4 条明显的纵肋。前足胫节外齿 3 个，内方距 1 根；中、后足胫节末端距 2 根。臀节外露，背板向腹下包卷，与腹板相会合于腹面。雄性前臀节腹板中间具明显的三角形凹坑，雌性前臀节腹板中间无三角形凹坑，但具 1 横向的枣红色棱形隆起骨片。

② 卵

初产时长椭圆形，长约 2.5 mm，宽约 1.5 mm，白色略带黄绿色光泽；发育后期圆球形，长约 2.7 mm，宽约 2.2 mm，乳白色有光泽。

③ 幼虫

3 龄幼虫体长 35～45 mm，头宽 4.9～5.3 mm，头部前顶刚毛每侧 3 根，其中冠缝侧 2 根，额缝上方近中部 1 根。内唇端感区刺多为 14～16 根，感区刺与感前片之间除具 6 个较大的圆形感觉器外，尚有 6～9 个小圆形感觉器。肛腹板后覆毛区无刺毛列，只有钩状毛散乱排列，多为 70～80 根，如图 5-47 所示。

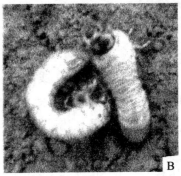

A. 成虫；B. 幼虫

图 5-47　华北大黑鳃金龟

④ 蛹

体长 21～23 mm，宽 11～12 mm。初期为白色，以后变黄褐色至红褐色，复眼的颜色依发育进度由白色依次变为灰色、蓝色、蓝黑色至黑色。

4. 发生规律

2 a 发生 1 代，以成虫和幼虫隔年交替在 30～46 cm 深土层内越冬。以幼虫越冬的，翌年春季受害重，以成虫越冬的，夏、秋季受害重。

以成虫越冬的，当春季 10 cm 土温上升达 15℃左右时，开始出土活动，活动盛期适温为 25℃，6 月上旬至 7 月上旬日均温达 24.3～27℃时为产卵盛期，一直可延续到 9 月下旬。6 月上、中旬开始孵化，盛期在 6 月下旬至 8 月中旬，孵化后的幼虫在土壤中为害根，当秋季 10 cm 土层温度低于 10℃时，即向深处移动，低于 5℃时全部进入越冬状态。

以幼虫越冬的金龟子，当翌年春季 10 cm 土温上升到 5℃时开始活动，13～18℃时是最适温度，也是幼虫为害盛期，6 月初开始化蛹，化蛹深度 20 cm 左右，这时 5 cm 土温若为 26～29℃时，前蛹期约为 12 d，蛹期约为 20 d。蛹于 7 月初开始羽化，7 月下旬至 8 月中旬为羽化盛期，羽化后的成虫当年不出土，即在土中潜伏越冬。

各虫态平均历期为：卵期 12～22 d，幼虫期 340～380 d（其中 1 龄为 22.4～26.6 d，2 龄 25.2～37.2 d，3 龄 307～316.8 d），蛹期 10～27 d，成虫期 150～420 d，一个世代 695～730 d。成虫昼伏夜出，白天潜伏于土中和作物根际，傍晚开始出土活动。尤以 20：00～23：00 活动最盛，午夜后相继入土；具趋光性、假死性，尤对黑光灯趋性强；对腐烂的有机物亦有趋性。成虫飞翔力不强，需补充营养，喜食树木、豆科植物的叶片，一个晚上或连续几个晚上成虫聚集，可将几株树木的叶片几乎吃光，而周围同种树木的叶片不一定被害。一生可交尾多次，产卵期平均 20d，每雌产卵量平均 102 粒。

孵化后的幼虫均在土壤中度过，有互相残杀习性。初龄幼虫先食卵壳，幼虫喜食黑麦草、早熟禾等禾草草坪，可将须根截断、咬食一空，造成成片草坪枯萎死亡。土壤温度直接影响幼虫在土中的垂直活动。土壤湿度是影响幼虫生长发育的主导因子，土壤含水量在 15%～25%，最适于其生存；含水量不足 10%，可引起幼虫大量死亡。产在草坪中的卵孵化率很高，因此草坪受害也很严重。

5. **综合治理技术**

① 园林树木、花卉和草坪播种前，或苗木、草皮移植前，要精细整地，合理施肥。整地时增施磷、钾肥和有机肥作底肥，改良土壤结构。不要施用未腐熟的有机肥，以免招引害虫产卵繁殖。合理施用碳酸氢铵化肥做底肥，可抑制和杀灭蛴螬等地下害虫。

② 结合整地，可选用 40.7%毒死蜱乳油 500 倍液地面均匀喷洒，然后用小齿耙细耙一遍，使药剂混合在表土中，以消灭在土壤中或在草皮中潜藏的地下害虫。

③ 根据金龟子的趋光习性，利用频振式杀虫灯、黑光灯诱杀。若选用黑绿单管黑光灯（发出一半绿光一半黑光）诱杀效果更为明显，可提高诱虫效果。

④ 根据金龟子喜聚集取食树木叶片的习性，可选用 2.5%溴氰菊酯乳油 2 000 倍液、4.5%高效氯氰菊酯乳油 2 000 倍液或 40.7%毒死蜱乳油 1 500 倍液等药剂，于傍晚对被害植株及相邻植株的树冠和地面进行喷雾消灭。

⑤ 根据金龟子喜在草坪产卵的习性，在成虫发生期，可选用 40.7%毒死蜱乳油 1 500 倍液，于傍晚对草坪进行喷雾，不但可以消灭金龟子，减少产卵量，而且还可以消灭初孵化的幼虫。

⑥ 蛴螬在草坪地下为害严重时，害状非常明显，可造成大片草坪枯死，而且枯死斑不断扩大。可选用 40.7%毒死蜱乳油 2 000 倍液灌根的办法消灭。灌根前先要用钢钎在地面按 15～20 cm 的距离打孔，然后灌药。药量一定要灌足，每 m² 要达到 10 kg。此法费工、费时且费药，成本也高，一般情况下不宜采用。若要更新草坪，需先用药剂处理土壤，然后再播种或移植草皮。

（二）暗黑鳃金龟 *Holotrichia parallela* Motschulsky

1. **寄主植物**

成虫食性杂，嗜食榆、杨、柳、樱花和樱桃的叶片，也取食核桃、槐、桑、梨、苹果、草坪、玉米、大豆、花生和甘薯等多种植物的叶片。幼虫食性极杂，主要取食草坪、小麦、大豆、花生、甘薯及多种园林树木、花卉的种子、幼芽、细根和粗根皮。

2. **为害特点**

成虫又称金龟子，取食多种植物的叶片，造成缺刻害状。幼虫称蛴螬，在土中咬食植物的种子、幼芽、幼苗的根部、成株的细根和粗根的根皮，常造成毁灭性灾害。

3. **形态特征**

① 成虫

体长 16～22 mm，宽 7.8～11 mm，长椭圆形，初羽化时为红棕色，渐变为红褐色、黑褐色或黑色。无光泽，被黑色或黑褐色绒毛。前胸背板侧缘中间最宽，前缘具成列的边毛，前角钝弧形，后角直，且尖。小盾片为宽弧状的三角形。鞘翅两侧缘近平行，尾端稍膨大，每侧 4 条纵肋不明显，两肩有稀的褐色长缘毛。前胫节 3 外齿，顶部与中部齿靠近。腹部腹面具青蓝丝绒色光泽。雄外生殖器阳茎侧突上部呈尖角突，下部不分叉。

② 卵

初产时长约 2.5 mm，宽约 1.5 mm，长椭圆形；发育后期呈近圆球形，长约 2.7 mm，宽约 2.2 mm。

③ 幼虫

老熟幼虫体长 35～45 mm，头宽 5.6～6.1 mm。头部前顶刚毛每侧 1 根，位于冠缝侧。内唇端感区刺多为 12～14 根；感区刺与感前片之间除具有 6 个较大的圆形感觉器外，尚有 9～11 个小圆形感觉器。肛腹板后部覆毛区无刺毛列，只有散乱排列的钩状毛 70～80 根，如图 5-48 所示。

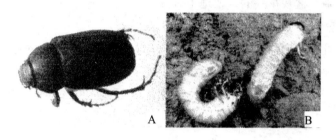

A．成虫；B．幼虫

图 5-48　暗黑鳃金龟

④ 蛹

体长 20～25 mm，宽 10～12 mm，腹部背面具发音器 2 对，分别位于腹部 4、5 节和 5、6 节交界处的背面中央。尾节三角形，2 尾角呈钝角岔开。

4. 发生规律

1 a 发生 1 代，以老熟幼虫和少数当年羽化的成虫在 15 cm 左右深的土层中越冬。以幼虫越冬的，一般春季不为害。翌年 5 月中旬幼虫筑蛹室化蛹，蛹历期约 30 d。6 月初成虫羽化。成虫趋光性较强，飞翔力亦强，喜取食柳、榆、樱花及果树的叶片。有定时出土交尾的习性。交尾后 5～7 d 产卵，7 月至 8 月中旬为产卵期，每雌产卵量平均百余粒，卵历期 8～10 d。成虫寿命 100～150 d。秋季幼虫为害，幼虫历期：1 龄平均 20.1 d，2 龄 19.3 d，3 龄 27 d。10 月中旬老熟幼虫越冬。

成虫活动的适宜气温为 25℃～28℃，相对湿度为 80% 以上，7 月、8 月闷热天气或雨后虫量常猛增，为害愈烈。食性杂、食量大，有集中取食习性和定树、定树段取食习性和暴食习性。常将某一地段或某些树木叶片吃光。有假死性和强趋光性，遇惊扰则迅速坠地，对黑光灯的趋向尤为强烈，有隔日出土和上灯的现象。成虫傍晚出土活动，黎明前飞回田间或林下土中潜伏。对苗木为害严重，可造成大量死苗。成虫产卵期和幼虫孵化期的降雨对发生数量影响很大，7月大雨、积水至土壤水分达饱和状态，初龄幼虫死亡率高。幼虫主要在草坪地和苗圃地的地下为害。

5. 综合治理技术

参见华北大黑鳃金龟综合治理技术。

二、根蛆类

（一）灰地种蝇 *Delia platura*（Meigen）

1. 寄主植物

其寄主植物很广。主要为害百合科、十字花科、禾本科、豆类和瓜类等多种花卉和蔬菜。是苗圃、花圃和盆栽花卉的重要地下害虫。

2. 为害特点

以蛆形幼虫蛀食为害播种后的种子、幼根、地下茎和花木插条的愈伤组织。常使种子不能发芽，造成缺苗；须根脱落成为秃根，使地上叶片发黄、萎蔫、生长停滞甚至死亡；为害地下幼茎时，常钻入茎内向上蛀食，鳞茎被取食后呈凹凸不平状，严重时腐烂发臭。

3. 形态特征

① 成虫

体长4～6 mm。雄成虫头部银灰色，复眼大，暗褐色，两复眼几乎相接。触角黑色，芒状，共3节，第3节长约为第2节的2倍。翅颜色稍暗，翅脉暗褐色，平衡棒黄色。足黑色，后足腿节前内侧的前半部生有长毛，后内侧生有3～6根细毛。后足胫节的后内侧全部生有稠密而末端弯曲的等长细毛，外侧有3根长毛，前外侧及前内侧疏生短毛。腹部长卵形，稍扁平，灰黄色，中央有黑色纵线。雌成虫体色稍浅，两复眼间的距离为头宽的1/3。中足胫节的前外侧有1根刚毛。

② 卵

长约1.6 mm，长椭圆形，白色稍透明。

③ 幼虫

老熟幼虫体长8～10 mm，乳白色稍带淡黄，头部退化，只有黑色的口钩，头端尖，向后渐粗。前气门稍带褐色，尾部截断状，其周围有7对肉质突起，其中第6对与第5对等长，第1对在第2对等高的位置上，如图5-49所示。

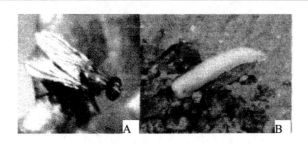

A. 成虫；B. 幼虫

图 5-49 灰地种蝇

④ 蛹

围蛹，体长 4～5 mm，纺锤形，黄褐色，两端色稍浅，末端的 7 对突起与幼虫相似。

4．发生规律

1 a 发生 3～4 代，以蛹在土中越冬。来年 3～4 月成虫羽化，4～5 月份为第 1 代幼虫为害期，卵历期 2～5 d，幼虫历期 10～39 d，蛹历期 7～8 d，成虫寿命：雌成虫 10～79 d，雄成虫 10～39 d。6～8 月份为第 2 代、第 3 代幼虫发生期。9～10 月份为第 4 代幼虫发生期。成虫善飞，喜欢在晴朗干燥的白天活动，早晚和阴雨天隐蔽，对腐败的有机物趋性强。裸露在地面未腐熟的有机肥可诱集成虫产卵。成虫还喜食花蜜和有发酵霉味的物质。雌成虫在潮湿的土缝里、有机肥上或近地面的叶片上产卵。幼虫孵化后取食发芽的种子和小苗，也可钻入花木根部为害，老熟后在花圃 7～8 cm 深度的土壤中化蛹。

5．综合治理技术

① 实行轮作倒茬，深翻改土，施用充分腐熟的有机肥料。

② 播种前结合整地，可选用 40.7%毒死蜱乳油 500 倍液地面喷洒，然后用小齿耙细耙一遍，使药剂均匀混合在表土中；育苗时在 1 m³ 营养土中喷拌 40.7%毒死蜱乳油 500 倍液 10 kg，以预防和消灭在土壤中的根蛆。

③ 在成虫发生期，可将糖、醋和水按 1∶1∶2.5 的比例混合，再加入少量敌百虫配制成糖醋毒液，盛入小容器中，按 30～50 m 间隔距离在花圃摆放，或在育苗圃摆放，诱杀成虫。

④ 在成虫发生期，可选用 40.7%毒死蜱乳油 1500 倍液、2.5%溴氰菊酯 3 000 倍液喷雾消灭，间隔 5～7 d 连续用药 2～3 次。

⑤ 在幼虫发生期，对育苗圃和盆栽花卉可选用 40.7%毒死蜱乳油 1 500 倍液灌根。

（二）葱地种蝇 *Delia antiqua*（Meigen）

1．寄主植物

葱地种蝇只为害百合科花卉和蔬菜。

2．为害特点

以蛆形幼虫蛀食植株地下部分，常使植物须根脱落成为秃根，鳞茎被取食后呈凹凸不平状，严重的腐烂发臭，地上叶片发黄、萎蔫、生长停滞甚至死亡。

3．形态特征

① 成虫

雄成虫体长 3.8～5.5 mm，暗褐色。复眼大，两复眼几乎接连。触角 3 节，芒状，黑色。胸部黄褐色，背面有 3 条黑色纵纹，有中刺毛 2 列，只有 1 对膜质透明的前翅，后翅退化为黄色平衡棒。足黑色，中足胫节有毛 4 根，后足胫节的 1/3～1/2 生有成列短毛。腹部纺锤形，扁平，背中央有 1 条黑色纵纹，各腹节分节明显。雌成虫体长 4.5～6.5 mm，灰色至灰黄色，中足胫节外上方有 2 根刚毛，胸背和腹背中央纵纹不明显。其他特征与雄成虫相同。

② 卵

长约 1 mm，长椭圆形，稍弯，弯内有纵沟，乳白色，表面有网纹。

③ 幼虫

老熟幼虫蛆状，体形前端细，后端粗，长 7～10 mm，宽约 2 mm，乳白略带浅黄色，头退化，仅有 1 个黑色口钩，粗大的腹部末端近平截形，截面中央有 1 对气孔，周缘有 7 对肉质突起，其中第 6 对比第 5 对长而大，第 1 对在第 2 对的内侧，第 7 对很小，如图 5-50 所示。

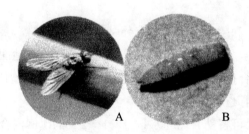

A．成虫；B．幼虫

图 5-50　葱地种蝇

④ 蛹

围蛹，体长 4～5 mm，宽 1.5～2 mm，长椭圆形，红褐色或黄褐色，分节明显，尾端可见与幼虫相似的 7 对突起。

4．发生规律

1 a 发生 1～4 代。以围蛹在百合科花卉根际周围 5～10 cm 深的土层中越冬，越冬蛹历期 59～109 d。4 月初成虫开始羽化并交尾、产卵，成虫寿命 8～15 d，卵期 2.5～5.5 d。4 月中旬出现幼虫，4 月下旬至 5 月初为第 1 代幼虫为害期。幼虫历期 12～18 d。5 月上中旬化蛹，蛹历期 14～21 d。5 月底至 6 月初第 1 代成虫初现，6 月上中旬为第 2 代幼虫为害期，以蛹在土壤中越夏。越夏蛹 27～56 d。9 月下旬至 11 月初为第 3 代幼虫为害期。11 月上中旬化蛹，以蛹越冬。第 1 代和第 3 代全历期约 2 个月，第 2 代全历期不足 1 个月。

成虫羽化与土壤含水量关系密切，以土壤含水量 5%～20% 为宜，过高则羽化率显著降低。成虫白天活动，晴天中午前后活动最盛。对植物的花，特别是伞形花科植物的花趋性强。对未腐熟的有机肥，发酵的饼肥趋性也很强。裸露在地面未腐熟的有机肥可诱集成虫产卵。卵多散产，有时也成堆或成列聚产于花卉周围的土块表面或假茎部，也喜欢产在新翻耕的潮湿土表或土缝里。

幼虫的发育与 5 cm 地温、湿度关系密切。地温在 15℃～30℃时发育正常，超过 30℃时进入越夏。最适宜的土壤含水量为 25% 左右。

5. 综合治理技术

参看灰地种蝇综合治理技术。

复习思考题

1. 为害园林植物的地下害虫有哪几类？各类的为害特点是什么？
2. 为害园林植物的蛴螬类害虫主要有哪些种类？怎样进行综合治理？
3. 为害园林植物的根蛆类害虫主要有哪些种类？怎样进行综合治理？

参考文献

[1]彩万志，庞雄飞，花保祯，等. 普通昆虫学（第 2 版）[M]. 北京：中国农业大学出版社，2011.

[2]宗兆锋，康振生主编. 植物病理学原理[M]. 北京：中国农业出版社，2010.

[3]徐汉虹主编. 植物化学保护学[M]. 北京：中国农业出版社，2011.

[4]李法圣. 中国木虱志（上、下卷）[M]. 北京：科学出版社，2011.

[5]朱卫兵，卜文俊. 河北动物志（半翅目异翅亚目）[M]. 北京：科学出版社，2009.

[6]中国科学院动物研究所主编. 中国农业昆虫（上册）[M]. 北京：农业出版社，1986.

[7]中国科学院动物研究所主编. 中国农业昆虫（下册）[M]. 北京：农业出版社，1987.

[8]张中义，冷怀琼，张志铭，等. 植物病原真菌学[M]. 成都：四川科学技术出版社，1991.

[9]张广学主编. 西北农林蚜虫志[M]. 北京：中国环境科学出版社，1999.

[10]张广学，乔格侠，钟铁森，等. 中国动物志昆虫纲第十四卷同翅目矿蚜科瘿绵蚜科[M]. 北京：科学出版社，1999.

[11]王云章，庄剑云. 中国真菌志(第十卷)锈菌目（一）[M]. 北京：科学出版社，1998.

[12]李振歧，曾士迈. 中国小麦锈病[M]. 北京：中国农业出版社，2002.

[13]陕西省植物保护工作总站，陕西省生物防治实验站. 陕西农业害虫天敌[M]. 陕西杨凌：天则出版社，1990.

[14]郭景福主编. 陕西农田蜘蛛[M]. 西安：陕西科学技术出版社，1985.

[15]中国植物保护学会植物检疫学分会主编. 植物检疫害虫彩色图谱[M]. 北京：科学出版社，1993.

[16]张广学，钟铁森. 中国经济昆虫志第二十五册同翅目蚜虫类（一）[M]. 北京：科学出版社，1983.

[17]廖定喜，李学骝，庞雄飞，等. 中国经济昆虫志第三十四册膜翅目小蜂总科（二）[M]. 北京：科学出版社，1987.

[18]中国科学院中国动物志编委会. 中国经济昆虫志第二十九册鞘翅目小蠹科[M]. 北京：科学出版社，1984.

[19]徐明慧主编. 园林植物病虫害防治[M]. 北京：中国林业出版社，1999.

[20]张执中主编. 森林昆虫学[M]. 北京：中国林业出版社，1997.

[21]杨旺主编. 森林病理学[M]. 北京：中国林业出版社，1996.

[22]甘肃农业大学主编. 草原保护学(第一分册草原啮齿动物学)[M]. 北京：中国农业出版社，1999.

[23]冯光翰主编. 草原保护学（第二分册草地昆虫学）[M]. 北京：中国农业出版社，1999.

[24]刘若主编. 草原保护学（第三分册牧草病理学）[M]. 北京：中国农业出版社，1998.

[25]商鸿生，王凤葵. 草坪病虫害及其防治[M]. 北京：中国农业出版社，1996.

[26]王孟章主编. 园林植物病虫害防治图谱（一、二、三、四）[M]. 北京：中国林业出版社，2009.

[27]徐志华主编. 园林花卉病虫生态图谱[M]. 北京：中国林业出版社，2006.

[28]夏希纳，丁梦然主编. 园林观赏树木病虫害无公害防治[M]. 北京：中国农业出版社，2004.

[29]杨子琦，曹华国. 园林植物病虫害防治[M]. 北京：中国林业出版社，2002.

[30]刘振宇，邵金丽主编. 园林植物病虫害防治手册[M]. 北京：化学工业出版社，2009.

[31]佘德松，李艳杰主编. 园林病虫害防治[M]. 北京：科学出版社，2011.

[32]孔德建，张明博. 园林植物病虫害防治[M]. 北京：中国电力出版社，2009.

[33]周庆椿，尚海庆主编. 园林植物保护[M]. 北京：机械工业出版社，2012.

[34]武三安主编. 园林植物病虫害防治（第2版）[M]. 北京：中国林业出版社，2007.

[35]陈雅君，李永刚主编. 园林植物病虫害防治[M]. 北京：化学工业出版社，2012.

[36]王润珍，王丽君，王海荣主编. 园林植物病虫害防治[M]. 北京：化学工业出版社，2012.

[37]谌有光，梁耀琦，孙秀芹. 苹果、梨病虫害防治[M]. 西安：陕西出版集团陕西科学技术出版社，2011.

[38]张广学，张万玉，钟铁森. 中国长足大蚜属研究及新种记述（同翅目大蚜科）[J]. 动物学集刊. 1993，10：121-141.

[39]李敏，席丽，朱卫兵. 基于DNA条形码的中国缘蝽属分类研究（半翅目；异翅亚目）[J]. 昆虫分类学报. 2010，32（1）：36-42.

[40]陈德牛，许文贤，刘延虹. 陕西省陆生贝类动物地理学分析及二新种记述[J]. 动物分类学报. 1995，20（4）：398-410.

[41]党心德，王鸿哲. 陕西省跳小蜂科十一新种[J]. 昆虫分类学报. 2002，24（4）：289-300.

[42]王平. 美洲斑潜蝇的发生及其防治[J]. 植物检疫. 1998，12（2）：80.

[43]张广学，乔格侠，胡作栋，等. 拟爪绵蚜新属及三新种记述[J]. 昆虫学报. 199，42（1）：57-65.

[44]胡作栋，张富和，乔格侠，等.苹果根爪绵蚜生物学特性研究[J]. 西北农业学报. 1999，8（2）：31-36.

[45]乔格侠，张广学，胡作栋，等. 苹果根爪绵蚜一些新型记述[J]. 西北农业学报. 2000，9（1）：1-5.

[46]胡作栋，沈宝成，赵耀先，等. 苹果和梨根部绵蚜防治技术研究[J]. 西北农业学报. 2000，9（3）：39-42.

[47]安英鸽，李长青，赵荔萍，等.美洲斑潜蝇的发生规律及其防治技术研究[J]. 西北农业学报. 2001，10（4）：107-110.

[48]李雪艳,吴金亮,刘红刚,等.黑麦草冠锈病的发生规律和防治技术研究[J]. 西北农业学报. 2004，13（2）：56-59.

[49]吴金亮,樊民周,张富和,等. 长绵粉蚧的发生规律和防治技术研究[J]. 西北农业学报. 2005，14（6）：145-148.

[50]马东艳，胡作栋，张汉明，等. 草坪中蜗牛和蛞蝓的发生规律与防治技术研究[J]. 西北农业学报. 2007，16（4）：241-244.

[51]杜勇军，高鹏，朱战强，等. 大喙长足大蚜在松树上的发生规律和防治技术[J]. 现代园艺. 2012（18）：146.

[52]高鹏，朱战强，杨立宁，等. 桑盾蚧的发生规律和防治技术[J]. 现代园艺. 2012（20）：133、135、136.

[53]朱战强，杨立宁，李亚君，等. 角蜡蚧的发生规律和防治技术[J]. 现代园艺. 2012（20）：134-135.